数据科学与大数据管理丛书

Artificial Intelligence
Technology, Business, and Society

人工智能

技术、商业与社会

闵庆飞 刘志勇 ◎ 编著

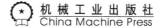
机械工业出版社
China Machine Press

图书在版编目（CIP）数据

人工智能：技术、商业与社会 / 闵庆飞，刘志勇编著 .-- 北京：机械工业出版社，2021.3
（数据科学与大数据管理丛书）
ISBN 978-7-111-67648-5

Ⅰ. ①人… Ⅱ. ①闵… ②刘… Ⅲ. ①人工智能 Ⅳ. ① TP18

中国版本图书馆 CIP 数据核字（2021）第 037458 号

　　针对现有人工智能（AI）教材大多重视技术、淡化商业应用的问题，本教材力图"透过技术的坚硬外壳，探索 AI 的商业潜力和社会影响"。作为一本"面向商学院学生的人工智能教材"，本教材的主要内容包括新一代人工智能基本技术原理、特点，人工智能技术的发展历史，新一代人工智能发展的驱动因素、特征和发展方向，人工智能应用层技术的特点、能力和商业意义，人工智能技术的主要行业应用及影响。本教材试图从战略融合的视角，启发学生思考"企业如何实现从数字化到智能化"。本教材还探讨了人工智能在宏观层面的长期影响，如人工智能将如何影响人类工作、人工智能的社会影响和伦理道德，以及人工智能的社会治理等。

　　本教材适用于商学院管理类专业本科生及研究生。

出版发行：机械工业出版社（北京市西城区百万庄大街 22 号　邮政编码：100037）

责任编辑：李晓敏　　宁　鑫		责任校对：殷　虹	
印　　刷：北京市荣盛彩色印刷有限公司		版　　次：2021 年 3 月第 1 版第 1 次印刷	
开　　本：185mm×260mm　1/16		印　　张：17.5	
书　　号：ISBN 978-7-111-67648-5		定　　价：49.00 元	

客服电话：（010）88361066　88379833　68326294
华章网站：www.hzbook.com

投稿热线：（010）88379007
读者信箱：hzjg@hzbook.com

　　人工智能（AI）技术的迅猛发展正在引发链式反应：催生了一批颠覆性技术，培育了经济发展新动能，塑造了新型产业体系，引领了新一轮的科技革命和产业变革。计算机视觉、自然语言处理和语音识别等人工智能技术的飞速进步，带动商业智能对话和推荐、自动驾驶、智能穿戴设备、语言翻译、自动导航、新经济预测等快速进入实用阶段。人工智能技术正在渗透并重组生产、分配、交换、消费等经济活动环节，形成从宏观到微观各领域的智能化新需求、新产品、新技术、新流程、新业态，改变着人类的生活、生产方式甚至社会结构，实现了社会生产力的整体跃升。人工智能展现出的技术属性、商业属性和社会属性高度融合的特点，是经济发展的新引擎，也是社会发展的加速器。

　　本教材的目标是"透过技术的坚硬外壳，探索 AI 的商业潜力和社会影响"。本教材定位为一本"面向商学院学生的人工智能教材"，兼顾 AI 的技术属性、商业属性和社会属性，探讨了人工智能对商业和社会的价值、影响和挑战，希望能帮助读者理解和把握新一代人工智能技术的现状和发展态势，并规划人工智能时代的学习方向和职业生涯。无论读者对 AI 发展是充满期待还是深感忧虑，我们都希望本教材能为读者带来一些启发。

　　本教材结构如下：第 1 章绪论介绍了新一代 AI 的内涵、技术体系、特点和驱动因素，并提出 AI 已经成为一种通用目的技术。第 2 章介绍了 AI 发展简史，着重叙述了 AI 发展三大学派的来龙去脉。第 3 章介绍了 AI 的底层技术基础，包括机器学习、神经网络、深度学习和知识图谱等，还借用大咖视角预测了 AI 技术的未来发展。第 4 ~ 7 章分别介绍了智能语音（语言）技术、计算机视觉技术、认知智能技术、智能机器人技术这四大类 AI 应用层技术。第 8、9 章介绍了 AI 在 8 个典型行业中的产业应用情况。第 10 章从个人层面分析人工智能对人类工作的影响，并提出了"协作智能"的发展模式。第 11 章从企业层面分析"智能化转型"的挑战、方法和策略。第 12 章从社会层面分析 AI 的伦理和安全问题，介绍了 AI 的社会治理体系，分析了广受关注的"人工智能威胁论"。本教材还穿插了一些"小知识""案例讨论"，力图帮助读者从更全面的视角来理解 AI，也提升了教材的趣味性。

本教材由大连理工大学闵庆飞和刘志勇联合编著，其中，闵庆飞负责第1、2、3、8、9、10、11、12章的编著以及全书的统稿工作，刘志勇负责第4～7章的编著。感谢我们的研究生苏超、胡丽霞、霍宏虹、王晓娣、姜林彤、李悦平、王晓宇、傅婧、刘一诺、曹霞、徐慧敏、何碌君、张乐在教材编著过程中所做的贡献，他们都是勤勉聪慧、前途可期的好青年。

在教材编著过程中，我们借鉴了大量学术同行的研究成果以及研究机构的研究报告，也参考了很多科技论坛上网友的观点和文章。我们尽量对引用的文献进行了标注，以表达对他人知识贡献的尊重。尽管如此，我们依然对可能存在的漏标之处深感不安，恳请广大同行、研究机构、网友及时指出我们的疏漏，我们将在第一时间做出修正。本教材的出版得到了机械工业出版社华章分社张有利先生、宁鑫先生的大力支持，在此一并致以诚挚的谢意！

人工智能是一个纷繁庞杂的话题，其技术体系本身依然在高速发展中，对其未来发展方向和社会影响，学界和业界至今仍在热烈探讨之中，加之编著者知识结构所限，书中的疏漏和错误在所难免，恳请广大读者不吝赐教，我们将不胜感激。

闵庆飞　刘志勇

2020 年 12 月

闵庆飞

大连理工大学经济管理学院教授、博士生导师，信息系统与商业分析研究所所长；辽宁省电子商务教育指导委员会副主任委员、秘书长。研究方向包括信息系统行为、电子商务、人工智能创新应用等。主持国家自然科学基金科研项目3项、国际合作项目1项，发表学术论文100多篇，出版专著4部、教材1部。

刘志勇

大连理工大学经济管理学院副教授、硕士生导师，信息系统与商业分析研究所副所长。研究方向包括业务流程管理、电子商务、人工智能、区块链技术、数字货币等。参与和主持省部级以上科研项目十余项，在 *Decision Support Systems* 等国际权威期刊发表学术论文十余篇，参与建设辽宁省精品资源课程"管理信息系统"。

目　录 ○━●━○━●

绪　　论

当下似乎人人都在讨论人工智能（AI）：从会议室到工厂车间，从呼叫中心到物流车队，从政府到风险投资者，从工学院到商学院的课堂，人工智能已然成为最热门的话题之一。但除了作为热门词外，人工智能一词是否还意味着更多？事实上，我们认为人工智能或许是人类有史以来最大的一场技术革命。

1.1　人工智能：一种通用目的技术

过去20多年，全世界范围内的所有企业几乎都遭遇了以互联网为代表的数字技术的颠覆性冲击。事实是令人震撼的：自2000年以来，数字技术带来的颠覆性冲击已令半数的《财富》500强企业从榜单除名，而2020年上榜的互联网相关公司共有7家。我们非常坚定地相信，人工智能将让数字技术颠覆来得更加猛烈。这是因为人工智能很可能成为经济学家口中的一种"通用目的技术"（General Purpose Technology，GPT），而通用目的的技术（如发电机和内燃机）的影响通常巨大且深远！通用目的的技术的影响不仅体现为对社会的直接贡献，还会通过溢出效应，激发广泛的互补式创新。例如，正是由于发电机的出现，工厂电气化、电信联络以及随之而来的一切才成为可能，而内燃机则催生出了汽车、飞机乃至现代化的运输和物流网络。本书编著者认为，人工智能将成为继电力、互联网之后的又一种通用目的的技术，将对整个人类社会的方方面面产生巨大、深远、广泛的影响。

人工智能已经来了，而且它就在我们身边，已经开始广泛地影响着每一个人、每一家企业，进而影响整个社会。打开智能手机，我们会看到人工智能技术已经是手机上许多应用程序的核心驱动力。苹果 Siri、百度小度、谷歌 Duplex、微软小冰、亚马逊 Alexa 等智能助理和智能聊天类应用，正试图颠覆我们和手机交流的根本方式，将手机变成聪明的小秘书。一些热门的新闻类 App 也在依赖于人工智能技术向人们推送最适合他们的新闻内容，甚至今天的不少新闻稿件根本就是由人工智能程序自动撰写的。谷歌照片（Google Photos）利用人工智能技术，快速识别图像中的人、动物、风景、地点，帮助用户检索和组织图像。美图秀秀利用人工智能技术自动对照片进行美化。Prisma 和 Philm 等图像、视频类应用则基于我们拍的照片或视频完成智能"艺术创作"。在人工智能的驱动下，谷歌、百度等搜索引擎早已提升到了智能问答、智能助理、智能搜索的新层次，以谷歌翻译、百度翻译为代表的机器翻译技术正在深度学习的帮助下迅速发展。而使用滴滴或优步（Uber）出行时，人工智能算法不但能帮助我们尽快叫到车，还会帮助司机选择最快的行驶路线。

综上所述，我们已经在生活中接触到了各种各样的人工智能技术。尽管如此，在这里，还是请大家思考如下问题：

1）我们真的知道什么是人工智能吗？我们该如何理解和把握新一代人工智能技术的现状和发展态势？

2）在一个个枯燥、晦涩的术语背后，人工智能对商业和社会真正的价值、影响和挑战是什么？

3）我们真的准备好与人工智能共同发展了吗？我们该如何正确看待人与机器之间的关系？我们该如何规划人工智能时代的未来生活？

4）人工智能技术不是"万能灵药"。与所有新兴信息技术一样，利用人工智能有成本、有风险。商业组织需要怎样的资源、能力、方法才能有效利用人工智能完成智能化转型？

5）全球人工智能发展已经呈现出跨界融合、人机协同、群智开放等新特征，正在深刻影响着人类的生活。如何在社会治理层面促进新一代人工智能安全、可靠、可控地发展？这是摆在人类命运共同体面前的重要议题。

本书试图系统地回答上述问题，砸开技术的坚硬外壳，透视人工智能的商业潜力和社会影响。

小知识：通用目的技术

通用目的技术的概念由经济学家 Bresnahna 和 Trajtenberg 于 1995 年正式提出，目前尚未形成统一、权威的学术定义。但学术界一般认为，GPT 是所有人、所有行业、所有企业都要使用的技术，也是可以对人类经济社会产生巨大、深远、广泛影响的革命性技术，如蒸汽机、内燃机、电动机、信息技术等。其基本特征有以下几个方面：

一是能被广泛地应用于各个领域。通用目的技术的一个显著特征是能够从初期的一个特定应用领域实现向后期多个领域的广泛应用。

二是能持续促进生产率提高，降低使用者的成本。随着新技术的发展和应用，技术应用成本不断下降，技术应用的范围不断被拓展。

三是能促进新技术创新和新产品生产。通用目的技术与其他技术之间存在着强烈的互补性，具有强烈的外部性。其自身在不断演进与创新的同时，能够促进其他新技术的创新和应用。

四是能不断促进生产、流通和组织管理方式的调整和优化。通用目的技术的应用不仅促进了产品与生产环节的技术创新和生产方式的转变，还促进了组织管理方式的优化，实现了产品技术、过程技术、组织技术的提升。

1.2　新一代人工智能的技术体系

人工智能究竟是什么？回答这一问题并不像看起来那么简单。事实上，就连一个统一的"人工智能"定义也尚未出现。有关人工智能的定义很多，例如：

- 人工智能就是让机器完成人类不能胜任的事。
- 人工智能就是与人类思考方式相似的计算机程序（或者说，人工智能就是能按照人类的思维逻辑进行思考的计算机程序）。
- 人工智能就是与人类行为相似的计算机程序。
- 人工智能就是会学习的计算机程序。
- 人工智能就是根据对环境的感知，做出合理的行动，并获得最大收益的计算机程序。

本书编著者认为，人工智能并不特指某项技术，而是涵盖了一系列不同的技术。通过有效的组合，机器能够以类似人类的智能方式和水平展开行动。因此，本书倾向于将人工智能技术视为一套技术体系或者能力框架。我们相信这是了解人工智能、知晓其背后广泛技术的最佳方式。我们的框架以人工智能技术支持机器实现的主要功能为核心，其中包括以下几个方面。

1. 感知智能

人工智能使机器可以通过获取并处理图像、声音、语言、文字和其他数据，感知周围的世界。人类有听觉、视觉、嗅觉、味觉、触觉五种生物感知能力，而计算机目前具备了一定的听觉（语言）能力和视觉能力。

2. 认知智能

人工智能使机器可以通过识别模式来认知所收集到的信息。这类似于人类的信息诠释过程：解读信息的呈现方式及其背景，尽管这种方式未必能推导出真正的"含义"。例如知识图谱、智能问答等技术。

3. 行动智能

人工智能使机器可以基于上述感知和认知能力，在实体或数字世界中主动采取行动。例如各种类型的智能机器人，包括最简单的扫地机器人，还包括复杂的物流仓储机器人和自动驾驶。

4. 学习能力

人工智能使机器可以从成功或失败的行动中汲取经验教训，不断优化自身性能。新一代人工智能最重要的特点就是"学习"。机器各种各样的能力本质上都不是人类编写好的计算机程序，而是机器自己学出来的，或者说是被训练出来的。这种学习能力是动态的，可以适应环境的变化。这是人工智能和传统计算机程序最本质的区别。人工智能前面三种能力也主要是基于机器学习发展出来的。

据此，我们尝试给出人工智能的定义：人工智能泛指可以感知客观世界、收集数据、认知信息，并独立做出决策和行动的系统（机器），而这些能力都是基于机器的学习。新一代人工智能的基本框架如图 1-1 所示。

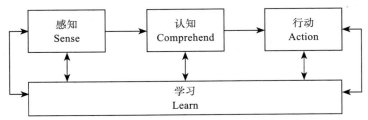

图 1-1　新一代人工智能的基本框架

具体来看，新一代人工智能的技术体系包括如下内容：

1）人工智能感知技术包括计算机智能语音（语言）技术和计算机视觉技术两大类，这两类技术都各自有不同的分支和应用类型。

2）人工智能认知技术主要包括智能搜索、智能问答、智能规划、智能决策等技术。

3）人工智能行动技术主要指各种类型的智能机器人的感知、推理、导航、控制技术。

4）新一代人工智能蓬勃发展的技术基础是机器学习，其中最重要的是基于神经网络的深度学习技术。

当然，人工智能是典型的跨学科、多领域体系。人工智能的发展离不开知识科学、数据科学、认知科学、语言学、生物学、符号学、博弈论、运筹学等学科的强力支撑。可以说，人工智能是一门以计算机科学中的机器学习技术为主要支撑的跨学科技术体系，如图 1-2 所示。

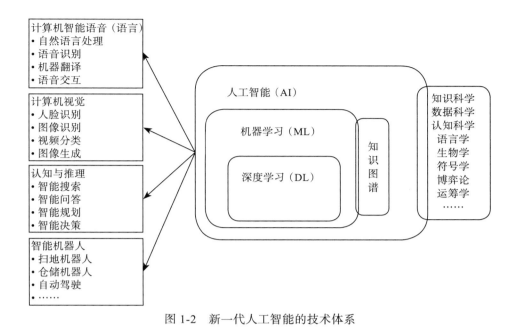

图 1-2 新一代人工智能的技术体系

1.3 新一代人工智能的特点

如果想要对人工智能有一个快速、基本的了解，请记住波士顿咨询公司（BCG）总结的人工智能的十个特点。

1. 人工智能是归纳的

人工智能系统从它们收集到的数据和反馈中学习，来响应它们早期的决策。它们的预测和行动只取决于它们所训练的数据。这一特点使得人工智能系统与传统的基于演绎（固定规则）的计算机程序有很大的不同。传统的计算机程序根据既定规则处理数据，但并不从中学习和总结。人工智能是从大数据（训练集）中发现规律，形成自己的规则，所以人工智能是归纳的。

小知识：归纳 vs. 演绎

归纳（Induction）是从个别到一般，从一系列特定的观察中，发现一种模式，在一定程度上代表所有给定时间的秩序（规则）。演绎（Deduction）是从一般到个别，从既有的普遍性结论或一般性事理，推导出个别性结论。

2. 人工智能的算法并不复杂

人工智能的历史很长，其核心的学习算法不算复杂。常用的人工智能算法包括决策树、随机森林算法、逻辑回归、支持向量机（SVM）、朴素贝叶斯、K- 近邻算法、K- 均值算法、AdaBoost 算法、神经网络、马尔可夫等。这些算法在数理逻辑上不是非常复杂，实现上述算法的计算机代码也只是从几行代码到几百行代码不等。因此，基本的人工智能算法很容易学习，这也是人工智能最近进展如此迅速的原因之一。你不需要成为一名计算机科学家就能对人工智能有一个直观理解。人工智能的复杂性来自将其应用于现实问题，并取得成效。

3. 人工智能以超人的速度和规模工作

计算机电子信号的传播速度比大脑中的电化学信号快一百万倍，因此人工智能可以处理大量数据，并迅速学习和行动。在很多实际应用场景中，其处理速度都是微秒级的，例如在"双十一"当天的电子商务交易系统背后，人工智能可能是参与者和监管者唯一的选择。而且，计算机处理能力（也包括存储能力）的进化遵循摩尔定律，几乎是以指数形式在增长，而人类大脑的处理能力则遵循生物进化的一般规律，漫长而缓慢。同时，计算机具有很强的记忆能力，一台计算机学到的东西会立刻被其他所有计算机学得，甚至可以实现"全球秒级同步"，并且容易实现并机运算（网格运算、云计算等）。相比之下，人类大脑至少在处理能力上很难实现"并机运算"，而且还容易受到"主观偏见""自利倾向"等因素的困扰，难以形成高效合作。机器不知疲倦、不会闹情绪，因此与人类相比，人工智能的最大优势在于其算力强、处理速度快、处理规模大。

4. 人工智能的语言和视觉能力进步最快

人工智能领域近来最重要的突破之一，就是机器通过与人类互动、获取人类知识，从而在现实世界中辨别事物和方向。目前人工智能在感知层面的能力（计算机语音、自然语言处理和计算机视觉）发展是最快的，尽管这些技能还不完善，但在很多情况下已经很有用了，而且它们还在快速改进。

有些业界专家把人工智能在语音和视觉方面的快速发展比喻成"寒武纪"。寒武纪（Cambrian）距今 5.45 亿～ 4.95 亿年。在寒武纪后期几百万年的很短时间内，地球上绝大多数无脊椎动物几乎"同时""突然"地出现了，这被称为寒武纪的物种大爆发。寒武纪物种大爆发的重要原因，是地球生物开始具备了视力，当动物第一次获得这种能力时，它们能够更有效地探索环境。这促进了物种数量的大量增加，包括捕食者和猎物，以及二者间的其他物种。现在，计算机也开始具备视觉能力（不仅能看到这个世界，而且能"看懂"这个世界，尽管这种"看懂"和人类相比还有巨大差距）。因此，有人大胆预测会有"数字化寒武纪"，基于人工智能技术，爆炸式地产生很多新的产品、新的业务流程和新的商业模式。

5. 人工智能克服了传统的复杂性障碍

人工智能可以处理线性问题（本质上是直线的一般化）和非线性问题（其他所有问

题）。这种双重能力为物流、生产和能源效率等领域提供了大量的解决方案。人类社会进入大数据时代后，我们有了越来越多的数据，各种数据之间构成了海量、复杂的关系，其中大量是非线性关系。要想有效处理这些数据，人工智能技术正好可以大显身手。例如，人类想改善整个城市的交通状况，但是需要考虑的因素实在太多，并且各因素间存在大量非线性关系。这超出了人类和传统计算机程序的能力，此时便需要人工智能来助一臂之力。

6. 人工智能解决问题的方式与人类完全不同（潜水艇不游泳）

尽管机器和人类都依赖于类似的启发式方法（例如试错法）来进行学习，但他们以完全不同的方式完成任务。人工智能的目标是解决问题，而不是创造模仿人类特定工作方式的机器人。工程师不会设计一辆汽车，让它像马一样移动，同理，自动驾驶也不应该模仿人类驾驶员的行为。

最直观的例子是人工智能在医学影像诊断方面的应用。医生往往需要具备大量的医学知识，再结合医学影像的信息，才能做出诊断决策，而人工智能系统完全没有医学背景知识，也可以做出诊断，在很多情况下，其准确率甚至高于医生。实际上，即使面对的是医学影像，人工智能系统看到的也是"数据"，而医生看到的才是"影像"。也可以说，人类决策依靠的是"语义逻辑"，而人工智能（尤其是基于深度学习的人工智能）依靠的是"统计逻辑"。因此，我们可以说，人工智能解决问题的方式与人类完全不同。

7. 人工智能较难被质询

为了理解机器为什么做出特定的决策，人类必须设计系统来使得机器的决策过程是可跟踪的。为此可能还需要避免使用一些前沿算法，比如那些在深度学习应用程序中使用的算法。这类应用程序越来越能够提供难以追踪其起源的、出于直觉或创造性的答案。

实际上，最近几年人工智能最重要的进展大多与深度学习有关。深度学习依赖于多层神经网络，层数越多，学习效果越好，但是其可解释性也越差。这被称为人工智能的"黑箱"（见图 1-3），或者被称为人工智能的"逻辑不可解释性"。这是目前以深度学习为主要支撑的人工智能技术所面临的最大挑战之一。在实际应用场景中，如果我们关注过程甚于关注结果，应用人工智能就会遇到很大障碍。例如，人工智能医学诊断系统可以给出诊断建议，但是不能解释为什么，这时候还需要医生来解释。

图 1-3　人工智能的"黑箱"

8. 人工智能行动是分散的，但学习是集中的

人工智能结合了集中化（Centralization）和分布式（Decentralization）两种架构。例如，无人驾驶汽车可自动驾驶，但它们会将数据传输到一个中央数据中心。然后，该系统使用车队中每辆车的聚合数据来促进中央系统的学习，这些车再基于中央系统的学习得到定期的软件更新。

大数据既是训练人工智能的"养料"，又是人工智能应用的主要背景，因此所有厂商都不会放弃收集数据的机会，这势必会引起隐私保护、数据伦理等一系列问题。

9. 人工智能的商业价值来自数据和训练

想建立一个成功的人工智能系统，更好的数据和训练远比好的裸写算法重要，就像后天培养常常会超过人类的本性一样。数据将成为最重要的资产，而不仅仅是资源。对大数据（训练集）的依赖，也是这一代人工智能的局限之一。而且，如果训练集有偏差，那么训练出来的人工智能系统也是有偏差的。同时，人工智能的"泛化迁移能力"很差，基本不具备"举一反三""触类旁通"的能力。训练好的人工智能系统只能解决特定问题，如果问题的背景、条件、影响因素等发生变化，人工智能只能重新训练。

10. 人机交互转变

人机交互转变有两方面含义。第一，从宏观层面，优化人机交互的努力已经远远超出了训练人类使用静态计算机程序的范围。在越来越多的实际场景中，我们开始用人工智能来提高人的绩效，反之亦然，人工智能的算法优化也离不开人类的帮助。简言之，人类和人工智能正处在一个相互增强的循环当中。第二，从具体技术来讲，我们可以看到基于计算机语音、自然语言处理、计算机视觉等技术的新一代人机交互方式已然出现，例如自然用户界面、拟人化交互设计、上下文感知计算、情感计算、语音交互及多模态界面等。

1.4 新一代人工智能发展的驱动因素

人工智能的历史几乎与计算机的相同（甚至更加久远），但是人工智能的发展并非一帆风顺（第2章将详述人工智能的发展历史）。新一代人工智能技术迅猛发展，是算法、算力、大数据（算料）、开源开发方式、政策、资本等多种因素共同作用的结果。

1. 算法改进：DNN

新一代人工智能不是基于既定规则的传统计算机程序，而是依靠机器学习形成某种能力，而机器学习的方法就是最重要的人工智能算法基础。可以说，人工智能是机器自己学会的，但是机器学习的方法是人类开发的。

传统人工智能发展缓慢的原因之一就是机器学习方法过于低效。传统机器学习算法

一般要人工提取特征，由机器根据输入的特征和分类构建"IF…THEN…"关联规则，其本质是实现特征学习器功能。传统机器学习算法（如支持向量机和决策树等）的扩展性较差，适合小数据集，其模拟现实世界的特征规律的能力很差。新一代人工智能迅速发展的主要原因之一就是基于深度神经网络（DNN）的深度学习算法的发展（相关内容见第 2 章）。深度学习算法的特征提取和规则构建均由机器完成。深度学习是一个复杂的、包含多个层级的数据处理网络，根据输入的数据和分类结果不断调整网络的参数设置，直到满足要求为止，形成特征和分类之间的关联规则。多层人工神经网络是最典型的深度学习算法，深度学习的隐含层数量将决定网络的拟合能力。

2. 算料富集：大数据

互联网造就了大数据时代，海量、多维、异构的大数据为机器学习提供了养料。深度学习算法就需要以海量大数据作为支撑，数据驱动是深度学习算法区别于传统机器学习的关键点。人工神经网络算法起源于 20 世纪 40 年代，它的兴起一定程度上源于互联网带动数据量爆发。互联网生产并存储大量图片、语音、视频以及网页浏览数据，移动互联网更是将数据拓展到线下场景，线下零售消费、滴滴打车等数据丰富了大数据维度。2009年，由美国斯坦福大学李飞飞教授团队发布的 ImageNet 图片数据集包含了超过两万类物体的图片，其中超过 1 400 万张图片被 ImageNet 手动注释，以指示图片中的对象。在至少 100 万张图片中，还提供了边界框。ImageNet 为整个人工智能视觉识别领域奠定了数据基础。自那时起，诸多计算机视觉任务的新模型、新思想的本质都是在 ImageNet 数据集上进行预训练，再对相应的目标任务进行微调，以取得良好的效果。

3. 算力暴涨：摩尔定律 +GPU

"深度学习 + 大数据"需要高速率和大规模的算力作为支撑条件。算力增长首先得益于至今仍在发挥作用的摩尔定律，计算机处理器的能力几十年来一直在高速发展，而其成本却在不断下降。但是，传统的中央处理器（Central Processing Unit，CPU）芯片擅长逻辑控制和串行计算，大规模和高速率计算能力不足。从 CPU 芯片架构来看，负责存储的Cache、DRAM 模块和负责控制的 Control 模块占据了 CPU 的大部分，而负责处理计算的 ALU 仅占据了很小一部分，因此 CPU 难以满足深度神经网络所要求的大规模和高速率。而图形处理器（Graphics Processing Unit，GPU）芯片弥补了 CPU 在并行计算上的短板，其大规模、高速率的算力加速了深度学习训练。GPU 芯片最初用于电脑和工作站的绘图运算处理，对图片每个像素的处理是一件庞大且带有重复性的工作，由于负责计算的ALU 单元占据了 GPU 芯片架构的大部分，因此 GPU 可一次执行多个指令算法。以英伟达公司（Nvidia）的 GPU 芯片为例，Tesla P100 和 Tesla V100 的推理学习能力分别是传统CPU 的 15 倍和 47 倍。2011 年，GPU 被引入人工智能，并行计算加速了多层人工神经网络的训练。吴恩达教授领导的谷歌大脑研究工作结果表明，12 颗英伟达公司的 GPU 可以提供相当于 2 000 颗 CPU 的深度学习性能。这对于技术的发展来说是一个实质性的飞跃，被广泛应用于全球各大主流深度学习开发机构与研究院所。

4. 协作开发：群智开放

以往的人工智能系统是基于本地化专业知识进行设计开发，以知识库和推理机为中心而展开，推理机设计内容由不同的专家系统应用环境决定，且模型函数与运算机制均为单独设定，一般不具备通用性。同时，知识库是开发者收集录入的专家分析模型与案例的资源集合，只能够在单机系统环境下使用且无法连接网络，升级更新较为不便。

近些年，开源框架不断推动构建人工智能行业解决方案。人工智能系统的开发工具日益成熟，通用性较强且各具特色的开源框架不断涌现，如谷歌的 TensorFlow、Facebook 的 Torchnet、百度的 PaddlePaddle 等，其共同特点是基于 Linux 生态系统，具备分布式深度学习数据库和商业级即插即用功能，能够在 GPU 上较好地继承 Hadoop 和 Spark 架构，广泛支持 Python、Java、Scala、R 等流行开发语言，并可与硬件结合，生成各种应用场景下的人工智能系统与解决方案。

5. 应用落地：政策 + 资本

政策的密集出台和资本的大力投入为人工智能发展提供了沃土，使技术逐渐转化为商业应用，并成功落地。在政策支持方面，中国、美国和欧洲均出台了产业发展规划，中国对人工智能产业的政策支持力度不断加大。在 2015 年，人工智能还只是中国制造 2050 和"互联网+"战略的子集，而到了 2017 年，人工智能已形成了独立战略规划和实施细则，并被写入政府工作报告和十九大报告。2016 年，美国白宫陆续发布了《为了人工智能的未来做好准备》《美国国家人工智能研究与发展战略规划》《人工智能、自动化和经济》等报告，为美国人工智能产业发展制定宏伟蓝图。此外，法国、欧盟和日本也推出了人工智能战略。

在资本投入方面，随着新一代人工智能不断在交通、金融、安防、医疗、教育等领域发挥作用，人们发现人工智能已经变成一种具有巨大经济潜力的技术，很多企业已经把人工智能看成一种战略性投入。目前人工智能发展呈现出业界投入、资本驱动的局面。人工智能研究从过去的学术驱动转变成了产业和应用驱动，形成"数据—技术—产品—用户"的往复循环。谷歌、亚马逊、苹果、阿里巴巴、百度、腾讯等互联网巨头都大力投入人工智能研发，成为人工智能行业的领军企业和基础设施提供商。

图 1-4 总结了新一代人工智能发展的驱动因素。

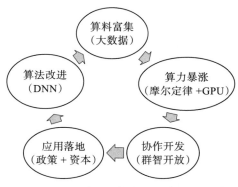

图 1-4　新一代人工智能发展的驱动因素

● **思考题**　●──○──●──○──●

1. 在新一代人工智能发展的几个驱动因素中，你认为最重要的是哪个？重要性相对较小的是哪个？为什么？

2. 大数据是新一代人工智能发展的主要驱动因素之一，请自己查资料，了解大数据的含义。对于结构化数据和非结构化数据，你认为二者中哪个对人工智能发展更有用？

3. 在感知智能、认知智能、行动智能三大技术体系中，你觉得现在哪个体系发展得最好？哪个最差？

4. 你认为人类有可能打破人工智能的"黑箱"吗？如果能，该如何做？

第 2 章 ●─○─●─○─●

人工智能发展简史

2.1 人工智能的开端（1943 ~ 1956 年）

2.1.1 早期孕育

当前，业界一般认定人工智能的最早工作是由神经学家莫克罗（W. Mcculloch）和数理逻辑学家华特·皮茨（Walter Pitts）完成的。他们通过数学与阈值逻辑算法发明了一种关于神经网络的计算模型。他们利用了三种资源：基础生理学知识和脑神经元的功能、归功于罗素和怀特海德的命题逻辑形式分析，以及阿兰·图灵（Alan Turing）的计算理论。该模型中每个神经元均被描述为处于"开"或"关"的状态，若一个神经元对足够数量的邻近神经元的刺激产生反应，其状态将出现从"关"到"开"的转变。神经元的状态被设想为"事实上等价于提出使其受到足够刺激的一个命题"。关于神经网络的研究由此分为了两个方向，其中就包括将神经网络应用于人工智能的研究方向。之后，他们的学生马文·明斯基（Marvin Minsky）在 1950 年与迪恩·埃德蒙顿（Dean Edmonds）共同建造了第一台神经网络计算机"SNARC"。

虽然还有若干早期工作的实例可以被视为人工智能的雏形，但是阿兰·图灵的计算理论也许是最有影响力的。图灵是英国著名的数学家、逻辑学家，被后世称为"计算机科学之父"和"人工智能之父"。他于 1950 年在《思想》杂志发表的论文"Computing Machinery and Intelligence"试图探讨到底什么是人工智能，引发了人工智能的第一次狂热浪潮。这篇文章作为人工智能科学的开山之作，提出了影响深远的"图灵测试"（Turing Test），具体如下。

假如有一台宣称自己会"思考"的计算机，人们该如何辨别计算机是否真的会思考，具有智能呢？一种好方法是让被测试的人和计算机或者通过键盘和屏幕进行对话，并且不让被测试的人知道与之对话的到底是一台计算机还是一个人，以此来检测计算机是否具有智能。因此，"图灵测试"由三部分组成：计算机、被测试的人、主持人或试验人。测试过程是让主持人进行提问，由计算机与被测试的人进行回答（二者被隔开）。计算机尽量模拟人的思维回答问题，被测试的人则尽量表明自己是"人"。如果测试者无法分清对方是人还是机器，即如果计算机能在测试中表现出与人等价（或至少无法区分）的智能，那么我们就可以说这台计算机通过了测试并具备人工智能（见图 2-1）。"图灵测试"对计算机智能与人类智能进行了形象的描绘，成为后来人们检测计算机是否具有智能的重要方法。

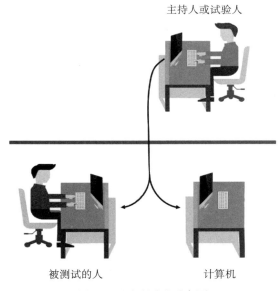

图 2-1　图灵测试示意图

简单地说，图灵从人们心理认知的角度，为"人工智能"下了一个定义。他认为，人们很难直接回答一般性的有关人工智能的问题，比如，机器会思考吗。但是，如果把问题换一种形式，也许就变得易于操作和研究了。图灵所提出的新形式的问题是：在机器试图模仿人类对话的过程中，有思考能力的计算机可以做得和人类一样好吗？另外，在论文中，图灵还提出了机器学习、遗传算法和强化学习，阐述了儿童程序（Child Program）的思想，并解释为"与其试图编写程序去模拟成年人的头脑，为什么不尝试编写模拟儿童头脑的程序呢"。对于这种思想，我们可以简单理解为，与其去研制模拟成人思维的计算机，不如去试着制造更简单的、也许只相当于一个小孩智慧的人工智能系统，然后让这个系统去不断学习。这种思路正是我们今天用机器学习来解决人工智能问题的核心指导思想。

小知识："人工智能之父"阿兰·图灵

"图灵机""图灵奖""图灵测试""图灵完备"，这些在计算机和人工智能领域耳熟能详的术语，都源于同一位伟大的天才：阿兰·图灵（1912—1954）。他是英国的数学家、逻辑学家，被称为计算机科学之父、人工智能之父。1931年，图灵进入剑桥大学国王学院，在美国普林斯顿大学取得博士学位。图灵的一生灿若夏花，《科学美国人》杂志曾经评价图灵："个人生活隐秘，喜欢大众读物和公共广播，自信满怀又异常谦卑。他虽然认为电脑能够跟人脑并驾齐驱，但其本人的处事风格是率性而为、我行我素、无法预见，一点也不像一台'机器'。"图灵是可计算理论的先驱，他设计了"图灵机"，把计算和自动机联系起来，奠定了现代计算机的工作原理。他也是人工智能领域最重要的奠基人之一（详见本节正文）。除了在计算机、人工智能领域有重要影响之外，图灵还在译码方面展露出非凡的天赋。在第二次世界大战期间，他为破译德军的密码系统（Enigma）做出了重大贡献，也因此获得了英国皇室授予的最高荣誉——不列颠帝国勋章，这是英国用来奖励为国家和人民做出巨大贡献之人的勋章。为了纪念图灵在数学和计算机科学上的杰出贡献，美国计算机协会在1966年设立了"图灵奖"，用以表彰那些在计算机领域做出重大贡献的人，图灵奖也因此被称为"计算机界的诺贝尔奖"。

2.1.2　正式诞生：达特茅斯会议

1956年被认为是人工智能的元年，因为在这一年8月，一场影响人类技术发展的会议在美国汉诺斯镇的达特茅斯学院举行，"人工智能"一词首次被提出。

这次会议的参与人员主要是达特茅斯学院的成员，包括马文·明斯基（Marvin Minsky，哈佛大学数学与神经学初级研究员）、约翰·麦卡锡（John McCarthy，达特茅斯学院助理教授）、克劳德·香农（Claude Shannon，贝尔电话实验室数学家）、艾伦·纽厄尔（Allen Newell，计算机科学家）、赫伯特·西蒙（Herbert Simon，诺贝尔经济学奖得主）等。

达特茅斯会议的主要内容为，用机器模仿人类的学习以及其他方面的智能行为。会议的提案申明如下：

我们提议1956年夏天在新罕布什尔州汉诺威镇的达特茅斯学院开展一项由10个人参与的、为期两个月的人工智能研究。原则上，我们推断学习的每个方面或智能行为的任何其他特征，都可以被精确地描述，并建造一台机器来模拟。该研究将基于这个推断来进行，并尝试着发现如何让机器使用语言，形成抽象与概念，求解多种现在只能由人来求解的问题，进而改进机器。我们认为如果仔细选择一组科学家针对这些问题一起研究一个夏天，那么其中的一个或多个问题就能够取得意义重大的进展。

事实上，达特茅斯会议并未实现任何新的突破，其间各位专家也没有对"人工智能"达成普遍共识。尽管如此，随后 20 年的人工智能领域几乎被当时参与会议的主要人物及他们的团队支配了。

小知识：马文·明斯基（1927—2016）

马文·明斯基是 1956 年达特茅斯会议的发起者之一，是框架理论的创立者，曾被授予 1969 年度图灵奖，也是第一位获此殊荣的人工智能学者。他于 1927 年 8 月 9 日出生于纽约市，于 1946 年进入哈佛大学主修物理，于 1951 年提出了关于思维如何萌发并形成的一些基本理论，并和迪恩·埃德蒙顿一起在 1950 年建造了一台神经网络计算机——SNARC。这台计算机使用了 3 000 个真空管和 B-24 轰炸机上一个多余的自动指示装置来模拟由 40 个神经元构成的一个网络，其目的是学习如何穿过迷宫。其组成中包括 40 个"代理"（Agent，国内资料也译为"主体""智能体"）和一个对成功给予奖励的系统，是世界上第一个神经网络模拟器。基于 Agent 的计算和分布式智能是当前人工智能研究中的一个热点，明斯基也许是最早提出 Agent 概念的学者之一。

明斯基在 20 世纪 60 年代专注于"微世界"的研究，并且取得了一定的成果。但他在 20 世纪 70 年代对人工智能的发展方向做出了错误的判断，导致人工神经网络的研究停滞了十多年。虽然明斯基的某些观点不符合人工智能的发展方向，但毋庸置疑的是，以他为代表的一批人工智能先驱者开创了该领域研究的基础方法与数学理论。

小知识：约翰·麦卡锡（1927—2011）

约翰·麦卡锡在 1956 年举办的达特茅斯会议上提出了"人工智能"一词。麦卡锡 1927 年 9 月 4 日出生于美国波士顿。他极具数学天分，1948 年获得加州理工学院数学学士学位，1951 年在所罗门·莱夫谢茨（Solomon Lefschetz）的指导下，获得了普林斯顿大学数学博士学位。他于 1958 年发明了 LISP 语言，并于 1960 年将其设计发表在《美国计算机学会通讯》上。麦卡锡曾在麻省理工学院、达特茅斯学院、普林斯顿大学和斯坦福大学工作过，曾是斯坦福大学的荣誉教授。他兴趣广泛，其贡献涵盖了人工智能的许多领域，包括逻辑、自然语言处理、计算机国际象棋、认知、反设事实、常识，并且习惯于从人工智能立场提出一些哲学问题。

鉴于他对人工智能做出的贡献，麦卡锡于 1971 年获得了图灵奖。他还获得了数学、统计和计算科学方面的其他国家级科学奖，以及计算机和认知科学中的本杰明·富兰克林奖等。

2.1.3　两大学派：符号主义和联结主义

自阿兰·图灵提出"图灵测试"后，人工智能领域的专家迅速分为两个派别："符号主义"和"联结主义"，他们共同关注如何才能让机器具有智能，但具有不同的研究路线。

1. 符号主义

"符号主义"相信人类认知和思维的基本单元是符号，而认知过程就是在符号表示上的一种运算。它认为人是一个物理符号系统，计算机也是一个物理符号系统，因此，我们能够用计算机来模拟人的智能行为，即用计算机的符号操作来模拟人的认知过程。"符号主义"以艾伦·纽厄尔和赫伯特·西蒙为代表，他们提出了物理符号系统假设，即只要在符号计算上实现了相应的功能，那么在现实世界就实现了对应的功能，这是智能的充分必要条件。因此，符号主义认为，只要在机器上是正确的，在现实世界就是正确的。他们基本上倾向于智能已经达到数理逻辑的最高形式，并将符号处理作为研究重点。

符号主义在人工智能研究中扮演了重要角色，其早期工作的主要成就体现在机器证明和知识表示上。在机器证明方面，早期西蒙与纽厄尔做出了重要的贡献，他们共同发表了著名论文《逻辑理论家》（"Loge Theorist"，1956），王浩、吴文俊等华人科学家也得出了很重要的结果。自机器证明以后，符号主义最重要的成就是专家系统和知识工程，其中第一个大的突破当属约翰·麦卡锡发表的文章《常识性程序》（"Programs with Common Sense"，1959），他认为："将来随着科技的发展，机器对重复性工作及计算类任务的处理能力会轻松地超越人类，拥有'常识'的智能才能被称为智能，常识主要源自对知识的积累。"这篇文章催生出了"知识表示"学科，旨在探讨机器如何从世界中汲取知识，并利用这些知识做出判断。这种方法后来被诺姆·乔姆斯基（Noam Chomsky）的理论证实存在一定的合理性。乔姆斯基在语言学巨著《句法结构》（*Syntactic Structures*，1957）中指出：从理论上理解，语言能力源自语言中规定句式表达正确的语法规则。语法规则是表示语言组织方式的"知识"，并且一旦你具备了这些知识（以及一定的词汇），你就可以用这种语言说出任何句子，包括你以前从来没有听说过或是阅读过的句子。计算机程序设计的快速发展极大地促进了人工智能领域的突飞猛进。随着计算机符号处理能力的不断提高，知识可以用符号结构表示，推理也简化为符号表达式的处理。这一系列的研究推动了"知识库系统"（或"专家系统"）的建立，例如爱德华·费根鲍姆（Edward Feigenbaum）等人在1965年开发的专家系统程序DENDRAL。这套系统由"推理引擎"（融合了全球数学家公认的合理性推理技术）和"专家库"（"常识性"知识）组成。在这项技术中，为了创造出专家的"克隆"系统（和人类专家一样专业的机器），必须从该领域专家那里汲取特定知识。而专家系统的局限性在于它们只在某个特定领域拥有"智能"的表现。

后来人们逐渐意识到实现符号主义面临着三个现实挑战，包括概念的组合爆炸问题、命题的组合悖论问题，以及经典概念在实际生活当中很难得到且知识也难以提取的问题，上述三个问题构成了符号主义发展的瓶颈。

2. 联结主义

相对于符号主义，人工智能的另一学派则采用截然不同的方法：从神经元和突触的物理面模拟大脑的工作。这一学派的思想被称为"联结主义"，他们认为大脑是一切智能的基础。该学派主要关注大脑神经元及其联结机制，试图发现大脑的结构及处理信息的机制，揭示人类智能的本质机理，进而在机器上实现相应的模拟。该学派旨在通过对大脑结构的仿真设计来模拟大脑的工作原理，进而模拟人类大脑的思维方式，产生智能。

20 世纪 50 年代左右，人们对于神经科学的研究刚刚起步，那时候的计算机科学家只知道大脑是由数量庞大的、相互联结的神经元组成。而神经学家愈发坚信，"智能"源自神经元之间的联结，而非单个的神经元。可以将大脑看作由相互联结的节点组成的网络，借助上述联结，大脑活动的产生过程为，信息从感觉系统的神经细胞单向传递到处理这些感觉数据的神经细胞，并最终传递到控制动作的神经细胞。神经系统间联结的强度可以在零到无穷大之间变化，改变某些神经联结的强度，结果可能截然不同。换句话说，可以通过调整联结的强度，使相同的输入产生不同的输出。而对于那些设计"神经网络"的人来说，问题在于如何能够通过联结的微调，使网络整体做出与输入相匹配的正确解释。例如，当出现一个苹果的形象时，网络就会反应"苹果"一词，这种方式被称为"训练网络"。又如，当向此系统展示很多苹果并最终要求系统产生"苹果"的回答时，系统会调整联结网络，从而识别多个苹果，这被称为"监督学习"。所以，系统的关键是要调整联结的强度，"联结主义"也因此得名。

弗兰克·罗森布拉特（Frank Rosenblat）在 1957 年发明的感知机（Perceptron）模型以及奥利弗·塞尔弗里奇（Oliver Selfridge）在 1958 年提出的"万魔殿"（Pandemonium）理论是"神经网络"的开路先锋：摒弃知识表示和逻辑推理，独尊传播模式和自主学习。与专家系统相比，神经网络是动态系统（可以随着系统的使用场景改变配置），并倾向于自主学习（它们可自主调整配置）"无监督"网络。感知机可自主给事物归类，例如，系统能发现若干图像所指的是同一类型的事物。

我们可以通过类比来理解这两种不同的思想：假设有两种破案方法，一种方法是聘用世界上最聪明的侦探，他们能利用自身经验，通过逻辑推理抓到真正的罪犯。另一种方法是我们在案发区域安装足够多的监控摄像头，通过摄像记录发现可疑行为。上述两种方式可能得出同样的结论，只是前一种方式使用了逻辑驱动方法（符号处理），而后一种方式使用了数据驱动方法（视觉系统归根结底是一种联结系统）。

在当时与联结主义的较量中，符号主义凭借着其在算法上的简捷特性逐渐占据了优势，因为在联结主义下需要占用大量的计算资源，而这些资源在当时是非常稀缺和昂贵的。

2.2 发展中的第一次起伏（1957 ~ 1980 年）

2.2.1 专家系统

达特茅斯会议后，人工智能迎来了它的黄金时代。在此期间，专家系统取得了良好的发展，它作为人工智能十分重要的一个技术分支，实现了从理论到实际应用的转变，大大促进了人工智能领域的突破性发展。

在日常生活中，人们十分信任专家，因为他们具备某一特定领域的专门知识，从而可以较好地解决该领域的问题。但专家的数量远不够满足人们对专业知识的需求，于是人们设想：是否可以将专家脑中的知识以特殊的方式存储于计算机中，从而让计算机系统利用得到的知识模拟人类专家，去解决特定领域的复杂问题呢？这就是研究专家系统的初衷。

费根鲍姆将专家系统定义为，一种运用知识和推理来模拟专家解决复杂问题的智能的计算机程序。要注意的是，这里说到的知识和复杂问题都属于同一特定领域。专家系统通常由知识获取、知识库、推理机、解释器、动态数据库和人机交互界面这 6 个部分组成（见图 2-2），其中知识库和推理机是系统的核心，它们是互相分离的。

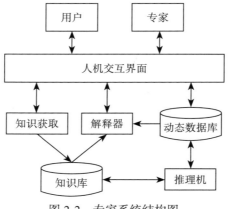

图 2-2 专家系统结构图

知识库通常用来存储专家的知识，它的质量严重影响着专家系统的质量。知识库中的知识表示用的是最普遍的产生式规则，以 " IF <前提> THEN <结论>" 的形式出现，即若前提被满足，则得到结论。推理机可以利用知识进行推理，知识库通过推理机来实现自我价值。专家系统中，知识以规则的形式表现，推理机可以针对已知信息，对知识库中的规则进行反复匹配，从而找到一个满足前提的规则，得到结论并执行相应操作。知识获取也十分关键，知识库中的内容可以通过它进行扩充和修改。动态数据库用于存储初始条件、推理过程中所用到的数据和最终结果。人机交互界面允许系统与用户进行交互：用户将原始数据输入系统，系统则将结果通过交互界面展示给用户。交互期间，用户若存有疑问，也可以向专家系统提问，此时由解释器对求解过程及所得结论进行说明。

历史上第一个专家系统 DENDRAL 是由费根鲍姆、翟若适（Carl Djerassi）和李德伯格（Joshua Lederberger）三个人合作研究的，该系统输入的是质谱仪的数据，输出的是给定物质的化学结构。DENDRAL 中的知识规则是由费根鲍姆根据翟若适的化学分析知识进行提取的，能够很好地帮助当时的人们判断某物质的分子结构。

DENDRAL 研发团队的核心成员之一是布鲁斯·布坎南（Bruce Buchanan）。在 DENDRAL 获得成功后，他开始寻找新的方向，并将目光投向了医学领域。1975 年，哈佛大学的肖特莱福（Edward Shortliffe）在布坎南的指导下完成了关于专家系统 MYCIN 的论文，该系统可以帮助医生对血液感染者进行诊断，还能提供抗生素类药物的选择。当时 MYCIN 专家系统的处方准确率已经能够达到 69%，而人类医生的准确率为 80%，但 MYCIN 始终未被临床使用过。

专家系统和自然语言理解共同催生了知识表示。知识表示是人工智能的一个领域，它指的是将人类知识形式化或模糊化，旨在让计算机存储并应用人类知识。知识表示方法有产生式表示法、框架表示法和状态空间表示法。产生式表示法在上述专家系统中已有简单介绍，它既可以表示确定性规则，也可以表示不确定性知识。框架表示法中，框架由若干"槽"组成，可用某个槽来描述对象的某一属性，而每个槽又可由若干"侧面"构成，每个侧面对应着相应属性的一个方面。状态空间表示法则是利用状态变量和操作符号来表示相关知识，其思想就是经过一系列操作算子，由初始状态节点到达目的状态节点。

2.2.2　自然语言处理的早期发展

自然语言处理（Natural Language Process，NLP）的历史几乎跟计算机和人工智能一样长。计算机出现后就有了人工智能的研究，而人工智能的早期研究已经涉及机器翻译以及自然语言理解。因此，自然语言处理的历史可以追溯到计算机科学发展之初。自然语言处理是计算机科学的一个子领域，汲取了图灵思想的概念基础。基于一些早期思想，自然语言处理可以从两个不同的角度考虑，即符号化和随机。诺姆·乔姆斯基的形式语言理论体现了符号化。这种观点认为语言包含了一系列的符号，这些符号必须遵循其生成语法的句法规则。这种观点将语言结构简化为一组明确规定的规则，允许将每个句子和单词分解、组合。

人们还发展了解析算法，将输入端分解成更小的意义单元和结构单元。20 世纪 50 年代和 60 年代，解析算法产生了几种不同的策略，如自上而下的策略和自下而上的策略。泽里格·哈里斯（Zelig Harris）发展了转换和话语分析项目（Transformations and Discourse Analysis Project，TDAP），这是解析系统的早期示例。后来的解析算法工作使用动态规划的概念将中间结果存储在表中，构建了最佳的解析。因此，符号方法强调了语言结构以及对输入的解析。使输入的语句转换成结构单元的另一种主要方法是随机方法，这种方法更关注使用概率来表示语言中的模糊性。来自数学领域的贝叶斯方法用于表示条件概率，这种方法的早期应用包括光学字符识别以及布莱索（Bledsoe）和布朗尼（Browning）建立的早期文本识别系统：给定一个字典，通过将字母序列中所包含的每个字母的似然值进行相乘，我们可以得到字母序列的似然值。

第一个实现人机对话的程序是 20 世纪 60 年代由约瑟夫·魏岑鲍姆（Joseph Weizenbaum）开发的 Eliza，在自然语言问题还没有得到有效解决的情况下，Eliza 的出现着实令人惊讶。其实，Eliza 可以按照设定好的套路作答，或是利用程序内部设定的方式，按照一定的语法，将用户提出的问题进行复述。而在 Eliza 与用户的聊天过程中，其对自然语言的处理方式会使用户觉得自己是在与真实的人交谈。

2.2.3 压倒神经网络学科的最后一根稻草

1969 年是人工神经网络遭遇滑铁卢的一年。虽然马文·明斯基对于促进人工智能革命的到来做出了极大的贡献，但他也被认为差点亲手将人工智能扼杀在摇篮之中。1969 年，马文·明斯基和西摩·佩珀特（Seymour Papert）出版了有关神经网络的专著《感知机：计算几何学》（*Perceptrons: An Introduction to Computational Geometry*），成为压倒神经网络学科的"最后一根稻草"。这本书被业内普遍认为极大地阻碍了神经网络的发展。明斯基在这本书中着重阐述了"感知机"存在的限制。他指出，神经网络被认为充满潜力，但实际上无法实现人们期望的功能。在他看来，处理神经网络的计算机存在两点关键问题。首先，单层神经网络无法处理"异或"问题。异或是一个基本逻辑问题，如果连这个问题都解决不了，那说明神经网络的计算能力实在有限。其次，当时的计算机缺乏足够的计算能力，无法满足大型神经网络长时间运行的需求。由于被明斯基这样的权威人士看衰，神经网络和深度学习技术的研究遭受了极大打击，政府资助机构逐渐停止了对神经网络研究的支持，神经网络研究逐渐式微并迅速陷入了低谷。

与此同时，专家系统开始在学术界崭露头角，并赢得科学家的青睐。其中，比较有代表性的是 1972 年布鲁斯·布坎南开发的用于医疗诊断的 MYCIN 专家系统，以及 1980 年由约翰·麦克德莫特（John McDermott）开发的用于产品配置的 XCON 系统。到了 20 世纪 80 年代，随着知识表示取得诸多创新性发展，专家系统在工业及商业领域迅速得到普及和应用。1980 年，第一家重要的人工智能初创公司 Intellicorp 在硅谷成立。

2.2.4 人工智能的第一次低谷

20 世纪 70 年代，人工智能在经历了一段时间的快速发展后，由于研究者们没有兑现项目研发的承诺，开始遭遇批评，致使研究经费逐渐转移到一些目标明确的特定项目上。研发进展停滞，各种问题开始显现出来，人工智能的发展也开始放缓，导致了第一次低谷的到来。在这之前，人工智能获得了极大的发展，特别是在知识的处理和形式化推理方面已经形成了比较成熟的理论和经验。但是也正是由于其以知识为主导，在发展过程中也出现了较大的难题。

以机器翻译为例，当一句具有多义性的话语出现时，就需要根据具体的情境设置和经验判断来进行翻译，而这一问题在机器翻译中是不可能实现的。

可见，如何利用人工智能把常识进行具体应用，是这一阶段人工智能难以解决的问题。因此人工智能的发展进入了一个知识获取和处理的瓶颈期。知识导入在使人工智能发展到一个新高度的同时，反过来又阻碍了人工智能的发展，从而间接导致了人工智能高速发展时代的消退。

1973 年，著名数学家莱特希尔爵士（Sir James Lighthill）针对英国人工智能研究状况进行了批评，发表了著名的《莱特希尔报告》，指出人工智能研究在实现"宏伟目标"上的完全失败。基于该报告，英国政府决定终止对大部分人工智能研究的支持，人工智能的发展第一次陷入低谷。

人工智能研究项目之所以发展缓慢，除了资金方面的原因以外，主要还有技术方面的原因，早期人工智能系统在一些简单的实例上体现出了令人鼓舞的性能。然而，在几乎所有情况下，当这些早期系统面对更复杂、困难的问题时，结果都非常不尽如人意，并体现了几种局限。

第一种局限在于大多数早期程序对其主题一无所知：它们只是依靠简单的句法处理获得成功。一个典型的故事发生在早期的机器翻译工作中。该工作由美国国家科学研究委员会资助，试图加速俄语科学论文的翻译。起初，人们认为基于俄语和英语语法的简单语句变换以及电子词典的单词替换，就足以保证句子的确切含义。事实是上述做法无效，因为准确的翻译需要背景知识来消除歧义并建立句子的内容。1966 年，国家科学研究委员会的一份报告认为"尚不存在通用科学文本的机器翻译，近期也不会有"，并取消了学术翻译项目的所有美国政府资助。

第二种局限在于人工智能不能有效解决"组合爆炸"问题。"组合爆炸"指当解决问题所需计算的数量级过大时所造成的障碍。例如，在设计围棋软件时就遇到过组合爆炸的困扰：对每一步棋都要计算和分析其后续走法，其可能性的范围非常庞大。人似乎比电脑更擅长解决这类问题，因为人可以凭借非常玄妙的"直觉"把可能的步法限制在力所能及的范围内。最好的人类棋手不是那些思维敏捷、能把所有可能性都考虑一遍的人，而是那些有异常准确的直觉，能迅速把思考范围缩小的人。显然，计算机不具备这种直觉，这就是优秀的人类棋手一直能打败最好的围棋程序的原因所在。

第三种局限在于用来产生智能行为的基本结构的某些根本局限。例如，明斯基和佩珀特证明了虽然感知机（神经网络的一种简单形式）能学会它们能表示的任何东西，但是它们能表示的东西很少。

学者们十分清楚这些局限，也曾尝试提出一些新方法来解决这些问题，但他们没有找到能训练更加复杂的多层网络的学习方法。很快，对神经网络研究的资助便被削减到几乎没有。

2.3 发展中的第二次起伏（1980 ~ 2005 年）

2.3.1 专家系统的成功商业应用

在人工智能的第一次低谷中，大家对人工智能进行批评的原因之一就是其没有商业应用。但在 1980 年，美国数字设备公司（DEC）的 XCON 专家系统改变了这一局面，该系统可以称得上人工智能在专家系统时代最成功的作品。

XCON 专家系统拥有超过 1 000 条的由人工整理出来的规则，能够实现为新计算机系统配置订单的功能。DEC 公司于 1980 年正式开始使用 XCON，当顾客订购该公司的 VAX 系列计算机时，XCON 专家系统可以根据需求来自动配置零部件，大大节省了人力。据统计，截至 1986 年，XCON 帮助 DEC 公司处理的订单高达 8 万个，每年节省了约 4 000 万美元。

XCON 专家系统是一个十分成功的商业应用，之后陆续有专家系统以此为借鉴，成功进入商业市场。如在 1996 年，清华大学开发了一个可以根据市场数据自动生成市场调查报告的专家系统，并成功运用于一家企业中。此后，专家系统逐渐应用于更多的领域，如医学、农业、运输等。

2.3.2 第五代计算机

1981 年，日本宣布研究第五代计算机。1978 年，日本通产省（MITI）委托日本计算机界学者、时任东京大学计算机中心主任的元冈达（Tohru Moto-Oka）研究新一代计算机系统。当时的计算机工业按照电路工艺划分计算机的发展：第一代计算机是电子管，第二代是晶体管，第三代是集成电路，第四代是超大规模集成电路。计划中的第五代计算机则是把信息采集、存储、处理、通信同人工智能结合在一起的智能计算机系统，希望打破冯·诺伊曼体系结构的顺序控制流方法，采用模拟人脑的并行数据处理逻辑——认知逻辑。第五代计算机的基本结构通常由问题求解与推理、知识库管理和智能化人机接口 3 个基本子系统组成。

日本通产省决定于 1981 年开始研究第五代计算机，这是日本试图从制造大国转型到经济强国的计划的一部分。首创第五代计算机，可以建立日本在全球信息产业的领导地位。1981 年，以元冈达为首的委员提交了一份长达 89 页的报告，他们认为第五代计算机不应再按硬件工艺划分，更应看重体系结构和软件。这份报告的题目就是《知识信息处理系统的挑战：第五代计算机系统初步报告》。该报告提出了 6 种先进的体系结构：逻辑程序机、函数机、关系代数机、抽象数据类型机、数据流机、冯·诺伊曼机上的创新。

1982 年 4 月，通产省为第五代计算机制订了为期 10 年的"第五代计算机技术开发计划"，预计项目总投资额为 1 000 亿日元。通产省对五代机的自信来自 DRAM 存储芯片的成功。20 世纪 70 年代，日本半导体工业在通产省的协同下组织了业界协会通力合作，在很短的时间内，其 DRAM 研发全面赶超美国，日本在计算机硬件制造方面由此对美国构成威胁。然而通产省不满足于超越美国，并产生了更大的野心：要在整个 IT 领域设立自己的标准。如图 2-3 所示，日本第五代计算机技术开发计划的功能包括人机对话、图像识别、语言翻译和进行推理，这些显然都是雄心勃勃的人工智能发展目标。

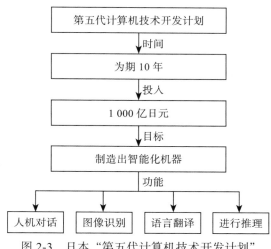

图 2-3 日本"第五代计算机技术开发计划"

日本的"五代机"计划一经提出，西方发达国家旋即展开了"五代机"竞赛。1982 年，美国政府决定成立"微电子计算机技术联盟"，每年投资 7 500 万美元。英国政府于 1982 年夏婉拒了日本邀请其联合开发第五代计算机的倡议，宣布将在未来 5 年内投入 25 000 万英镑实施英国人自己的阿维尔计划。1983 年，欧洲启动了"欧洲信息技术战略计划"，其未来 10 年的预算是 15 亿欧元。

然而，第五代计算机的衰落在 1988 年已露端倪，因为其逐渐成为"大杂烩"，失去了焦点，并且没能证明它能干传统冯·诺伊曼体系结构机不能干的活儿，在典型应用中，它也没比传统的结构机快多少。同时，第五代计算机后期赶上了互联网的兴起，相比互联网，第五代计算机存在更多的局限。而当日本第五代计算机研发举步维艰时，各国开始采取谨慎态度：英国宣布放弃阿维尔计划，德国则更加务实些，成立了德国人工智能研究中心（DFKI）。

小知识：冯·诺伊曼体系结构

美籍匈牙利数学家冯·诺依曼于 1946 年提出了计算机制造的三个基本原则：采用二进制逻辑、程序存储执行以及计算机由五个部分组成（运算器、控制器、存储器、输入设备、输出设备），这三个原则组成了冯·诺依曼理论体系（见图 2-4）。时至今日，大多数计算机依然只是在遵循冯·诺依曼理论体系的基础上略有改进而已。冯·诺依曼理论体系下计算机的结构特点是"程序存储，共享数据，顺序执行"。根据冯·诺依曼理论体系构成的计算机，必须具有如下功能：能够把需要的程序和数据送至计算机中；具有长期记忆程序、数据、中间结果及最终运算结果的能力；能够完成各种算术、逻辑运算和数据传送等数据加工处理；能够根据需要控制程序走向，并能根据指令控制机器的各部件协调操作；能够按照要求将处理结果输出给用户。

在冯·诺伊曼理论体系结构下，指令和数据存储在同一个存储器中，形成系统对存储器的过分依赖，CPU与共享存储器间的信息交换的速度成为影响系统性能的主要因素，而信息交换速度的提高又受制于存储元件的速度、存储器的性能和结构等诸多条件。指令在存储器中按其执行顺序存放，所以指令的执行是串行，影响了系统执行的速度。该结构强于数值处理，但在非数值处理应用领域发展缓慢。以上这些都被认为是冯·诺伊曼体系结构的主要缺陷。

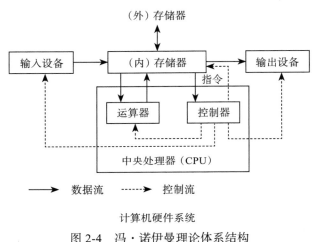

图 2-4　冯·诺伊曼理论体系结构

2.3.3　联结主义重回大众视野

联结主义是一种综合了三大领域的理论，包括人工智能、心理哲学、认知心理学。在上述三大领域的统合下，联结主义形成了不同的形式，其中最常见的是神经网络模型。

20 世纪 80 年代，神经网络理论重回大众视野，并在 21 世纪初广为流行。当时，基于知识的"专家系统"没有按照人们的预期扩展：专家们对克隆人类自身（知识）的理念并不怎么兴奋，并且"专家系统"的可靠性不容乐观。

专家系统的失败还可归因于万维网的出现：成千上万的人类专家随时随地可以上网解答各类问题，专家系统因此也就失去了存在的价值。现在你只需要一个强大的搜索引擎，加上全世界网民所发布的浩如烟海的免费信息，就可以完成本应由"专家系统"完成的工作。专家系统本是知识表示与启发式推理的高难度智力演练，而万维网远远超出了所有专家系统设计者所梦想的知识库规模。搜索引擎虽没有故弄玄虚的复杂逻辑，但依赖计算机和互联网的速度，它能从万维网上找到问题的答案。在计算机程序世界中，搜索引擎简直就是一位"巨匠"，它可以胜任原本专属于艺术家的工作。不过，需要注意的是，万维网表面上的"智能"（指其能够提供各种类型答案的能力）实际上来源于成千上万的网友的"非智能"贡献，这与无数蚂蚁用非智能贡献缔造了智能的蚁群是一个道理。

回想过去，许多基于逻辑的复杂软件不得不在速度缓慢、价格昂贵的机器上运行。随着机器的价格不断降低，运行速度不断加快，体积不断缩小，复杂的逻辑已然过时，如今仅仅依靠很简单的技术就能实现从前我们认为很复杂的功能。

实际上，在进入 20 世纪 80 年代后，《感知机》一书提到的两大问题都已得到解决。一方面，摩尔定律的应验使计算机的处理能力得到飞速提升，计算能力不再成为制约神经网络的因素。另一方面，反向传播算法（BP 算法）的提出解决了关于"异或"电路实现的难题。

1982 年，美国加州理工学院的物理学家约翰·霍普菲尔德（John Hopfield）提出了新一代神经网络模型，开启了人工神经网络学科的新时代。约翰·霍普菲尔德基于对退火物理过程的模拟，提出了新一代的神经网络模型，该模型完全不受明斯基批判理论的影响。霍普菲尔德的主要成就在于发现其与统计力学之间的相似性。站在霍普菲尔德的巨人肩膀上，杰弗里·辛顿（Geoffrey Hinton）与特里·谢泽诺斯基（Terry Sejnowski）在 1983 年发明了玻尔兹曼机（Boltzmann），这是一种用于学习网络的软件技术。1986 年，保罗·斯模棱斯基（Paul Smolensky）在此基础上进一步优化，发明了受限玻尔兹曼机（Restricted Boltzmann Machine）。这些技术的背后都采用了经过严格校准的数学算法，可以确保神经网络理论的可行性（考虑到神经网络对于计算能力的巨大需求）与合理性（能够准确地解决问题）。

人工智能神经网络学派还逐渐得到另一个以统计和神经科学为背景的学派的大力加持。朱迪亚·珀尔（Judea Pearl）对此功不可没，他成功地将贝叶斯思想的精髓引入人工智能领域来处理概率知识。隐马尔可夫模型（Hidden Markov Model）——贝叶斯网络中的一种形式——已经在人工智能领域，特别是语音识别领域得到了广泛的应用。隐马尔可夫模型是一种特殊的贝叶斯网络，具有时序概念，并能按照事件发生的顺序建模。该模型由伦纳德·鲍姆（Leonard Baum）于 1966 年在美国新泽西州国防分析研究院建立，1973 年被卡内基－梅隆大学的吉姆·贝克（Jim Baker）首次应用于语音识别。

瑞典统计学家乌尔夫·格雷南德的"通用模式论"为识别数据集中的隐藏变量提供了数字工具，后来他的学生戴维·芒福德（David Mumford）通过研究视觉大脑皮层，提出了基于贝叶斯推理的模块层次结构。它既能向上传播也能向下传播。芒福德还将分层贝叶斯推理应用于建立大脑工作模型。

1995 年，辛顿发明了 Helmholtz 机，并基于芒福德和格雷南德的理论，成功地实现了用一种无监督学习算法发现一组数据中隐藏的结构。

20 世纪 80 年代，网络取向的联结主义取代了符号取向的认知主义，成为现代认知心理学的理论基础。

2.3.4 自然语言处理的进一步发展

20 世纪 80 年代和 90 年代初，随着一些早期思想的再次流行，有限状态模型等符号方法得以继续发展。在自然语言处理的早期，人们在初步使用这些模型后，就对它们失去了兴趣，是卡普兰（Kaplan）等在有限状态语音学和词法学方面的研究以及丘奇（Church）在有限状态语法模型方面的研究，带来了它们的复兴。

在这一时期，人们将再次流行的趋势称为"经验主义的回归"，这种方法受到 IBM 的沃森（Watson）研究中心工作的高度影响。这个研究中心在语音和语言处理中采用与数据驱动方法相结合的概率模型，将研究的重点转移到了对词性标注、解析、附加模糊度和语义学的研究上。经验方法也带来了模型评估的新重点，为评估开发了量化指标，其重点是与先前所发表的研究进行性能方面的比较。

到了 20 世纪 90 年代中后期，自然语言处理领域迎来了大融合，这一时期的变化表明，概率和数据驱动的方法在语音研究的各个方面（包括解析、词性标注、参考解析和话语处理的算法）都已成为 NLP 研究的标准。它融合了概率，并采用从语音识别和信息检索中借鉴来的评估方法。这一切似乎都与计算机速度和内存的快速增长相契合：计算机速度和内存的增长让人们可以在商业中利用各种语音和语言处理其子领域的发展，特别是包括带有拼写和语法校正的语音识别领域。同样重要的是，Web 的兴起强调了基于语言的检索和基于语言的信息提取的可能性和需求。

进入 21 世纪后，自然语言处理得到了重要的发展：语言数据联盟（LDC）之类的组织提供了大量可用的书面和口头材料，如 Penn Treebank2 语料库这样的集合就注释了具有句法和语义信息的书面材料。在开发新的语言处理系统时，这种资源的价值立刻得以显现。通过比较系统化的解析和注释，新系统可以得到训练。监督机器学习成为解决诸如解析和语义分析等传统问题的主要方法。

随着计算机的速度和内存的不断增加，可用的高性能计算系统加速了自然语言处理的发展。随着大量用户需要用到更多的计算能力，语音和语言处理技术被广泛应用于很多商业领域，特别是具有拼写校正和语法校正等功能的语音识别变得更加常用。信息检索和信息提取成了 Web 应用的关键部分，同理，Web 是这些应用的另一个主要推动力。

近年来，无人监督的学习方法开始重新被关注，这些方法被有效地应用在对单独、未注释的数据进行机器翻译上。开发可靠、已注释的语料库的成本则成了监督学习方法使用的限制因素。

2.3.5 AI 寒冬

人工智能的新一波浪潮经过了 7 年的发展，在逐渐走向繁荣的过程中也遭遇了前所未有的危机，由于实际的技术水平和应用现状无法满足人们对智能机器和市场过高的心理预期，泡沫经济出现了。20 世纪 80 年代，商业机构对人工智能从追捧到冷落的转变过程，正符合泡沫经济的经典模式。

专家系统不再独领风骚，同样，基于专家系统商业应用发展起来的硬件公司所生产的通用型计算机也开始落伍，其性能优势所形成的独特地位逐渐被苹果和 IBM 生产的台式机取代。雪上加霜的是，由于人们对"专家系统"的失望和对人工智能的质疑，人工智能的发展再次遭遇经费危机，并陷入了僵局。经历过 1974 年经费削减的人工智能研究者创造出一个词"AI 寒冬"（AI Winter）。他们注意到大众对专家系统的狂热追捧，并悲观地预计不久后人们将再一次转向失望。事实不幸被他们言中：从 20 世纪 80 年代末到 20 世纪 90 年代初，第二次人工智能浪潮遭遇了一系列财政问题。

20 世纪 80 年代末，各国都大幅削减了对人工智能项目的投资。例如，美国国防部高级研究计划局的新任领导认为人工智能并非"下一个浪潮"，财政拨款向那些看起来更容易出成果的项目倾斜。同时，专家系统的维护费用居高不下，且不断暴露出各种各样的问题，其较大的局限性和有限的商业应用范围也大大打击了人们对人工智能的热情。

尽管语音识别技术在第二次人工智能浪潮中获得了极大的突破，但依旧没能阻止"AI 寒冬"的到来。因为专家系统本质上只是用最初设定好的解决方案来解决问题，并没有自主学习能力，即还不够"智能"。所以，第二次人工智能浪潮的慢慢消退也在情理之中。

2.3.6　第一次成功的人机对弈

众所周知，无论是否在学术界，人们都喜欢用规则明确的对弈类游戏作为测试人工智能发展水平的手段。早在二战尚未结束的时期，图灵就开始了对计算机下棋的研究，并在 1947 年编写了他的第一个下棋程序，然而当时的程序水平并未达到预期。在此后的几十年里，众多学者投身于计算机下棋的研究中，分别研发了多个下棋程序，但这些程序都未能在人机对弈中战胜人类。后来，由 IBM 公司出资研发的名为"深蓝"（Deep Blue）的计算机程序打破了这一局面。

1996 年，深蓝和当时的国际象棋世界冠军卡斯帕罗夫展开了一场六番棋的比赛。卡斯帕罗夫是极富传奇色彩的国际象棋选手，他创下的等级分纪录一直保持了十多年，其能力可见一斑。与深蓝对决前，他曾多次在与机器对弈并战胜机器后宣称"机器下棋没有洞见（insight）"。然而在这次比赛中，深蓝先声夺人赢下了第一盘，虽然卡斯帕罗夫后来居上，最终以 3.5∶1.5 的比分战胜了深蓝，但这足以让世界为之震惊。

1997 年，改进后的深蓝卷土重来，最终战胜了卡斯帕罗夫，取得了历史上人机对弈中的第一次胜利。赛后，卡斯帕罗夫曾回忆："在与深蓝的对决中，第二局十分关键，机器的表现完全超出了我的预期——它经常可以放弃短期利益。这个对手有着如同人一般的危险性。"

深蓝使得机器在与人的对弈中取得了第一次胜利，这在当时引起了不小的关注，甚至《每周新闻》杂志在介绍那次比赛时将其描述为"人脑最后的抵抗"，而 IBM 的股票也由此升值了约 180 亿美元。但深蓝的获胜并未造成职业棋手的转行，反而促使人们开始利用计算机程序进行训练。由机器来当教练，人类棋手可以更方便地与特级高手进行比赛，更快地取得进步。深蓝的成功没有持续太久，人类棋手对卡斯帕罗夫的失败进行了研究，在之后的几年中，人类棋手已经能够与深蓝战成平局。

2.3.7 "躯体的重要性"：行为主义

到 20 世纪 80 年代后期，研究者们为人工智能的发展提供了一个新的研究方向，他们一致认为人工智能设备需要一个能够感知和运动的躯体（只有大脑是不够的），从而能够以此为载体，在物理世界中帮助人们完成多项工作，而机器人恰好是一个好的选择。研究者们试图将机器人与人工智能相结合，用人工智能程序去控制机器人，从而使得这样的智能机器人在人们的生活中发挥重要作用。

在对人工智能的研究中，始终存在着"从生物学里寻找计算的模型"这一研究方向，该方向大致来说可分为两条传承脉络。一条是神经网络，逐渐演化成如今的深度学习；另一条是由冯·诺依曼提出的细胞自动机（Cellular Automata），历经遗传算法⊖和遗传编程后，细胞自动机的一条分支演变成了强化学习。强化学习的概念最早是由马文·明斯基在 1954 年提出的，但后来相关研究一直进展缓慢，直到 20 世纪 80 年代后，随着人们对神经网络的研究不断取得突破，强化学习才又出现了研究热潮。如今的强化学习思想是由霍兰德的学生们——巴托（Andy Barto）和萨顿（Richard Sutton）提出的，他们关注的是更原始、更抽象的可适应性，探究婴儿如何去适应环境。监督式学习中的目标是清晰的，但对婴儿来说，他们并不清楚自己想要什么，只能不断地与外界进行交互，通过受到奖励或惩罚来强化其对外部世界的认知。强化学习的基本原理是，智能体（Agent）与环境交互，若智能体的某个行为引发了环境正向奖赏，那么智能体之后便会加强产生这个行为的趋势，从而使动作在环境中获得的累积奖赏值最大。

强化学习的灵感来源于心理学中的行为主义理论。在 20 世纪 80 年代后，以布鲁克斯（Rodney Brooks）为代表的研究人员将行为主义的观点引入了人工智能领域，发展到 20 世纪末，形成了一个新的人工智能学派——行为主义（Actionism）。行为主义又称进化主义（Evolutionism）或控制论学派（Cyberneticsism），其原理为控制论及感知—动作型控制系统。行为主义认为智能取决于感知和动作，而不需要知识表示和推理，从而提出了智能行为的"感知—动作"模式。行为主义的贡献主要是在机器人控制系统方面，希望从模拟动物的"感知—动作"开始，最终复制出人类的智能。20 世纪末，行为主义正式提出"智能取决于感知与行为，以及智能取决于对外界环境的自适应能力"的观点。至此，行为主义演化成了一个新的学派，并在人工智能的舞台上拥有了一席之地。

⊖ 遗传算法是由约翰·霍兰德（John Holland）及其同事、学生首先提出的，是一种通过模拟自然进化中"优胜劣汰"过程去搜索最优解的计算模型。

小知识：我们可能高估了大脑的作用

就大脑重量与体重之间的比例而言，最高纪录不属于智人（Homosapiens），而属于松鼠猴（据研究，松鼠猴的大脑占其体重的 5%，而人类只占了 2%），麻雀以微小的差距排名第二。相较之下，地球上寿命最长的生物（细菌和树）却没有大脑。

2.4　深度学习蓬勃发展（2006 年至今）

2.4.1　深度学习概念的提出

今天，当人们提到人工智能时，大家普遍都会想起深度学习。可以说，在当下甚至是未来较长的一段时间内，深度学习都会是引领人工智能发展的核心技术。深度学习又被称为深度神经网络。它源于人们对人工神经网络的研究，能够解决深层结构相关的优化难题，是第一个真正的多层结构学习算法。深度学习算法主要包括卷积神经网络（CNN）、循环神经网络（RNN）等。

深度学习的概念最初是由被誉为"神经网络之父"的加拿大多伦多大学教授杰弗里·辛顿（Geoffrey Hinton）在 2006 年提出的。他与学生在 2006 年发表的两篇文章开辟了深度学习这一新领域，其中有一篇论文提出了"降维"和"逐层预训练"的方法，促进了深度神经网络的实用化。深度学习通过无监督学习实现"逐层预训练"，有效克服了深度神经网络在训练上的难度。深度学习是一种特征学习方法，能够把原始数据转变成更高层次的、更加抽象的表达。深度学习概念来源于人们对人工神经网络的研究，它是传统的简单神经网络的继承与发展，与简单神经网络在算法上存在着异同。神经网络是一个包含着输入层、隐含层和输出层的简单计算模型。与之相比，深度神经网络的不同之处在于它有多层隐含层，通常至少有 4 层（见图 2-5），这就很好地体现了深度学习中的"深"，即其使用的层数更多。隐含层数的增多带来的是刻画现实能力的增强。可以发现，随着隐含层数的增多，算法得到的结果会更符合实际情况。

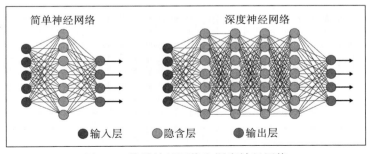

图 2-5　简单神经网络和深度神经网络

图片来源：赵天奇.人工智能为 3D 影视行业注入新动力 [J].科技导报，2018，36(9)：66-72，有改动。

深度学习的实质是通过构建具有很多隐含层的机器学习模型和海量的训练数据来学习更有用的特征，从而提升分类或预测的准确性。一直以来，研究人员都在寻找让计算机实现"机器学习"的方法，即让计算机利用算法自主解析并不断学习数据，从而在面对具体情况时产生自主判断与决策。而深度学习则可以用很多层神经元构成的神经网络来完成机器学习任务。在深度学习算法的支持下，研究人员不用考虑所有情况，也无须编写具体的解决问题的算法，可以直接利用大量的实践和数据对机器进行"训练"。

2.4.2 图像识别和语音识别迅速发展

2012 年，深度学习在图像识别和语音识别领域均取得了出色成绩，这为业界提供了新的发展方向，许多的创新企业开始尝试在各行业、各类应用场景中应用图像识别和语音识别。

计算机视觉从 20 世纪 60 年代开始就在不断发展进步，2012 年后，伴随着深度学习的复兴、大数据的应用以及高性能设备的出现，很多计算机视觉算法的性能得到飞速提升，尤其是在人脸识别、图像识别等任务上。2012 年 6 月，谷歌的深度学习项目中的两名成员——吴恩达（Andrew Ng）和杰夫·迪恩（Jeff Dean），搭建了一个用于图像识别分类的深度学习系统。该系统由 1 000 台计算机和 16 000 个芯片搭建而成，它可以先对数百万张猫脸图片进行"学习"，然后自动地将亮度、色彩、线条等多个特征进行分类。最终的学习成果是，系统在"看"到相关猫的图片后，能自动识别并将其归入相应的分类。同年 10 月，辛顿教授研究组设计了深度卷积神经网络模型 AlexNet，并用 ImageNet 中的大规模训练数据对其进行训练。在 ImageNet 大规模视觉识别挑战赛（ILSVRC）中，该模型成功地将"图像分类"任务的 Top5 错误率降低至 15.3%，此时传统方法的错误率为 26.2%，相比之下可见其优越性。到了 2013 年，参赛队伍纷纷使用深度学习的方法，最后图像分类任务的冠军队伍以 11.7% 的错误率取得了最终胜利。2014 年，还是在 ILSVRC 中，谷歌设计了深度达 22 层的深度卷积神经网络，成功将 Top5 的错误率降至 6.6%。2015 年，该挑战赛的错误率再创新低，降到了 3.6%，该纪录是由深达 152 层的 ResNet 模型实现的（见图 2-6）。

语音识别就是要根据声学信号去辨识某人所说的单词序列，现已经成为人工智能的主流应用之一。人们对语音识别技术的研究可以追溯到 20 世纪 50 年代初期：在 1952 年，贝尔实验室就已经成功研制出了能够识别 10 个英文数字的识别系统。但语音识别真正开始取得突破性进展的阶段，还是要始于深度学习在该领域的应用。2011 年，微软将深度神经网络应用于语音识别领域中，成功地将公共数据上的单词错误率降低了 30%。到了 2012 年，谷歌将深度学习算法应用于语音识别任务中，能够在一个语音输入基准测试中将单词错误率降低到 12.3% 的水平。

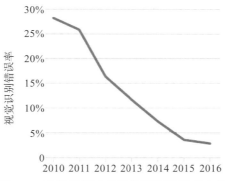

图 2-6　计算机算法的视觉识别错误率变化

图片来源：What IT Can: Cannot Do for Your Organization[J]. Harvard Business Review, 2017.

2.4.3　震惊世界的 AlphaGo

深度学习理论在围棋这一研究领域中得到了广泛应用。早在 2006 年，雷米·库伦（Remi Coulom）便将蒙特卡罗树形检索算法应用于围棋比赛中，使得机器战胜围棋大师的概率得到了有效提高。2009 年，中国台湾的棋王周俊勋被加拿大阿尔伯塔大学研发的 Fuego Go 系统打败。在此之后的许多年中，由研究人员研发的算法在与人类的对弈中陆续获得了胜利，但这些获胜并未获得人们过多的关注，直到 AlphaGo 的出现。

AlphaGo 是由隶属于谷歌的 DeepMind 公司所研发的一款围棋人工智能程序，它在 2016 年与李世石进行了一次人机大战（见图 2-7），而后者则是前世界围棋第一人、韩国职业九段棋手。对决结果让所有人都大跌眼镜，最终 AlphaGo 以 4∶1 的成绩赢得了比赛。这次比赛的胜利掀起了第三次人工智能热潮，而 AlphaGo 也成为新一轮人工智能的标志性成果。AlphaGo 是典型的深度学习的产物，鉴于人类无法编写出能够打败人类自己的围棋程序，所以采用机器学习的方法来训练围棋程序的思路早已有之，AlphaGo 就是在学习了 30 万张人类对弈棋谱并经过 3 000 万次的自我对弈后，具备了击败人类顶尖棋手的棋力。

图 2-7　AlphaGo 与李世石的世纪对决

图片来源：https://blog.csdn.net/u010094934/article/details/61934551?locationNum=6&fps=1.

在李世石被打败后，二代 AlphaGo 化身为神秘棋手"Master"，在中国弈城围棋网中与中外顶尖棋手进行对决，并取得了惊人的 60 连胜的纪录，随后更是在 2017 年以 3∶0 的比分打败了中国围棋高手柯洁。在与柯洁的对决中，AlphaGo 表现出的进步极为明显，中国棋手常昊九段曾这样评价改进后的 AlphaGo："AlphaGo 和李世石下棋的时候，人类的痕迹更重一点，到了现在的版本，好像更有自己的想法了。"实际上，AlphaGo 已经开始拥有自己的"直觉"。

同样是在棋类对弈中战胜了人类，深蓝与 AlphaGo 还是有差异的。深蓝是专用于国际象棋的硬件，其核心思路是粗暴地穷举，即它会列出所有可能的走法并执行尽可能深的搜索，然后根据局面来寻找最佳走法。AlphaGo 是可以在通用硬件上运行的软件程序，其本质是机器学习。AlphaGo 首次引用了强化学习，这让机器能够和自己展开对弈学习，它的胜利意味着我们对人工智能的探索已达到一个新的阶段。

小知识：令人担忧的 AlphaGo Zero

2017 年 10 月，在国际学术期刊《自然》（Nature）上发表的一篇论文中，谷歌下属公司 DeepMind 报告了新版程序 AlphaGo Zero。AlphaGo Zero 仅拥有 4 块 TPU（谷歌开发的用于人工智能的专用芯片），在无任何人类输入的条件下，从空白状态学起，仅用 3 天时间自我对弈了 490 万盘围棋（无监督学习），便以 100∶0 的战绩击败了"前辈"——打败李世石的 AlphaGo Lee。对比 AlphaGo Lee 需要 48 块 TPU 并且需要学习人类棋谱，还要耗时几个月进行几千万次博弈，AlphaGo Zero 的成长效率显然十分惊人。AlphaGo Zero 最令人兴奋和担忧的地方在于，它摆脱了对人类经验和大数据的依赖，无须人类输入，可以"从零开始"自我学习。它采用基于行为的自我循环算法，且所需要的算力在减少。在某种意义上，它无须人类指导，只需要类似"第一推动"的一系列算法下的冷启动，即可在无人类监督的情况下，迅速地完成学习和演进。

这难道不是一种"进化"吗？当然是的，机器在某种意义上具备了自我进化的能力！当机器智能持续进化，直到有一天机器可以自己设计更好的机器，毫无疑问，那将会是一次智能爆炸，人类智能将从此远远落后，这就是对所谓的"技术奇点理论"的简单表述。这样的想法引发了人们对人工智能未来发展的巨大担忧。（有关对人工智能未来发展的担忧，将在第 12 章详细讨论。）

● 思考题 ━●━○━●━○━●━

1. 请分析并比较人工智能发展历史中三大学派（符号主义、联结主义、行为主义）的异同和关系。
2. 符号主义、联结主义、行为主义三大学派，在应用层的人工智能技术中，各自有哪些体现？
3. 关于人工神经网络的研究很早就有，为什么直到 2006 年之后才正式出现深度学习？
4. "第五代计算机"最终黯然收场，你认为这一发展思路今后还有前途吗？为什么？

人工智能技术基础

人工智能三大学派各自形成了不同的技术发展路线（见图 3-1）。简单来说，联结主义试图模拟人脑结构以发展机器智能，这一学派以人工神经网络为基础，逐渐发展出了机器学习和深度学习技术，目标是开发"聪明的人工智能"，在计算机感知、识别、判断等领域有较好的表现。以深度学习为代表的联结主义路线也是近十几年来表现最亮眼的人工智能技术。

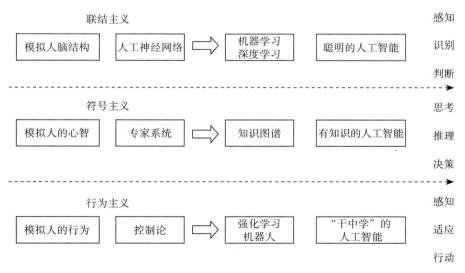

图 3-1　人工智能三大学派及其技术发展路线

符号主义试图模拟人的心智，关注用机器进行知识表示与推理，这一路线从专家系统逐渐演变到了知识图谱，目标是开发"有知识的人工智能"。这一路线是智能交互、智能决策等应用的支撑技术，专注于思考、推理、决策。

行为主义源于控制论，认为智能取决于感知适应与行动（只有大脑是不够的），期望模拟人的行为以发展智能。这一技术路线逐渐发展成各种类型的智能机器人技术，近年来备受关注的"强化学习"是算法层面对行为主义的体现。行为主义的目标是开发从"行动—感知"模式中形成人工智能，类似我们常说的"干中学"（Learning by Doing）。

本章主要介绍的技术基础是机器学习（包括深度学习）和知识图谱，有关智能机器人的技术基础将在第 8 章介绍。值得注意的是，人工智能三大学派的技术发展从来不是互相孤立的，而是愈发呈现出高度耦合的状态。

3.1 机器学习

3.1.1 机器学习概述

1. 机器学习的定义

机器学习是一门多领域交叉学科，涉及计算机科学、统计学、人工智能、算法复杂度理论等多个领域，旨在研究计算机怎样模拟或实现人类的学习行为，以获取新的知识或技能，以及重新组织已有的知识结构使之不断改善自身的性能。它是目前新一代人工智能的核心技术基础之一。机器学习有如下几种定义：

- 机器学习是一门人工智能的科学，该领域的主要研究对象是人工智能，特别是如何在经验学习中改善具体算法的性能。
- 机器学习是对能通过经验自动改进的计算机算法进行研究。
- 机器学习是用数据或以往的经验来优化计算机程序。
- 机器学习是研究如何打造可以根据经验自动改善的计算机程序。

本教材将机器学习定义为，机器学习是指计算机利用"学习算法"去学习一组经验数据（或者说人类教给计算机一些学习算法，然后利用经验数据去训练计算机）。经过学习（或训练）的机器能基于这些经验数据产生模型，在面对新情况时模型会给出相应的判断，而分类、回归、聚类是机器学习的主要学习任务。举例来说，我们利用深度学习算法训练计算机识别图片，首先要利用训练数据集让计算机学会一种基于聚类的模型，然后才能利用这个模型去识别图片。

2. 机器学什么

目前，计算机并不能像人类一样直接从实体世界中学习，机器学习方法主要是从数字化的数据集中学习。机器学习归根结底是要通过对一组数据（训练集）的学习或者训练，使计算机程序（模型）具备如下三种基础能力：分类、回归和聚类。视觉识别、语音识别、智能决策等很多人工智能应用，都是基于机器能学会的这三种能力。

（1）分类

分类是找出数据集中的一组数据对象的共同特点，并按照分类模式将其划分为不同的类，其目的是通过分类模型，将数据库中的数据项映射到几个给定的类别中。分类可以应用到趋势预测中。例如，银行贷款员需要分析数据，弄清哪些贷款申请者是安全的，哪些是有风险的（将贷款申请者分为"安全"和"有风险"两类）。

（2）回归

回归分析反映了数据集中数据的属性值特性，通过函数表达数据映射的关系来发现属性值之间的依赖关系。它可以应用到对数据序列的预测及相关关系的研究中。例如，在市场营销中，通过对本季度销售情况做回归分析，便可预测下一季度的销售趋势并做出针对性的营销改变。需要了解的是，无论是分类还是回归，都是想建立一个预测模型，给定一个输入，可以得到一个输出。不同的是，在分类问题中数据是离散的，而在回归问题中数据是连续的。

（3）聚类

聚类是指针对数据的相似性和差异性将一组数据分为几个类别。属于同一类别的数据间的相似性很大，但不同类别之间数据的相似性很小，跨类的数据关联性很低。聚类和分类的区别在于是否预设了分类标准。聚类中的"类"不是事先给定的，而是根据数据相似性或距离来划分，聚类的数目和结构也都没有事前假定。例如，让学生给一百种图书分类，但是不预设任何分类标准，也不要求分成多少类，学生完全按照自己认为的特征和规则分类，这就是聚类；而分类是要求学生按照质量好坏分成高中低三类。

根据训练数据是否拥有标记信息，学习任务可被划分为三大类：监督学习、无监督学习和弱监督学习。分类和回归属于监督学习或弱监督学习，而聚类可以是无监督学习。

3.1.2　机器学习的一般流程

机器学习的一般流程包括问题转换、数据获取与整合、数据预处理与分析、特征工程、模型训练与调优、模型评估与部署等，其中有些过程需要进行反复迭代。具体流程如图 3-2 所示，其中，几个关键的流程节点如下。

（1）问题转换

首先要根据业务需求，抽象成数学问题，机器学习的训练过程通常是一件非常耗时的事情，胡乱尝试的成本是非常高的。这里的抽象成数学问题，指的是明确可以获得什么样的数据，目标是一个分类、回归还是聚类的问题？如果都不是的话，划归为其中的某类问题。

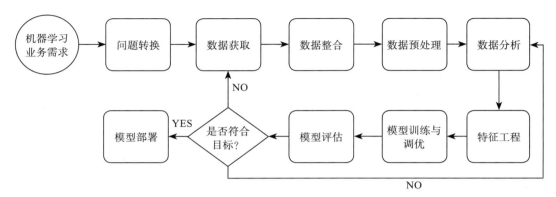

图 3-2 机器学习的一般流程

（2）数据获取

业界有句非常著名的话："数据决定了机器学习的上界，而模型和算法只是逼近这个上界。"由此可见，数据对于整个机器学习项目至关重要。获取的数据要有代表性，否则必然会导致过拟合。对于分类问题，数据偏斜不能过于严重，不同类别的数据数量不要有过大的差距。还要评估数据规模，并估算模型训练过程中内存是否够用，如果数据集过大，就要考虑改进算法或者做降维处理，还可以考虑分布式运算。

（3）数据预处理

数据预处理包括异常数据清洗、归一化、缺失值处理、去除共线性、数据扩充等。事实上，机器学习过程中的很多时间都花在数据预处理上，但这项工作是非常值得的。

（4）特征工程

一般来说，数据集要能够提取出良好的特征才能真正发挥效力。在筛选出显著特征的同时摒弃非显著特征，需要机器学习工程师反复理解业务，这对很多结果有着决定性的影响。特征选择好了，即使是非常简单的算法也能得出良好、稳定的结果。当然，这需要运用特征有效性分析的相关技术，如相关系数、卡方检验、平均互信息、条件熵、后验概率、逻辑回归权重等。值得注意的是，随着深度学习技术的发展，特征工程的重要性在下降。

（5）模型训练与调优

要根据数据的实际情况和具体要解决的问题来选择算法，综合考虑样本量、特征维度、数据特征等因素，还需要弄清楚解决的问题是分类还是回归，需要模型去关注哪方面，等等。模型训练不可能一蹴而就，需要反复调优调参。例如，可以采用交叉验证，观察损失曲线、测试结果曲线等分析原因，还可以调节参数优化器、学习率等以尝试将多模型融合来提高效果，甚至还可能需要加入先验约束，将明显的错误去除。

（6）模型评估与部署

要从各个方面评估模型准确率、误差、过拟合、欠拟合、稳定性、速度（时间复杂度）、资源消耗程度（空间复杂度）、可迁移性等，如果达到目标要求，可以上线部署，如果评估达不到要求，还要从数据预处理开始重复上述训练过程，有时甚至要重新收集数据。这是一个反复迭代、不断逼近的过程，需要不断地尝试，才能达到最优状态。

3.1.3　机器学习的算法体系

机器学习算法按照学习方式可分为监督学习、无监督学习以及弱监督学习。监督学习即训练数据有标记，主要解决分类和回归问题。无监督学习即输入数据无标记，学习结果为类别，主要解决聚类问题。弱监督学习是以环境反馈（奖、惩信号）作为输入，以统计和动态规划技术为指导的一种学习方法，主要解决分类问题。深度学习的概念源于人工神经网络，是机器学习研究中的一个新的领域，也是推动新一代人工智能发展的最重要的基础技术。机器学习的分类框架如图 3-3 所示。

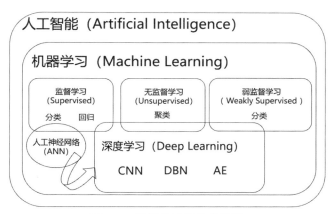

图 3-3　机器学习的分类框架

无论是按照学习方式分类的监督学习、无监督学习、弱监督学习，还是基于人工神经网络的深度学习，其内部都包含很多具体的算法。机器学习的算法体系如图 3-4 所示。

3.1.4　监督学习

监督学习是指利用一组已知类别的样本调整分类器的参数，使其达到所要求性能的过程，也称为监督训练。简单来说，我们在开始训练前就已经大致了解了输入和输出内容，我们的任务是建立起一个将输入准确映射到输出的模型。当给模型输入新的值时就能预测出对应的输出。例如，家长告诉孩子苹果是能吃的，沙子是不能吃的，在这里，"苹果""沙子"就是输入信息，而家长给出的判断，即"能吃"与"不能吃"，则是对应的输出信息。当孩子的认知能力达到一定水平时，就会逐步形成一种通用或泛化的模式，这种模式就是

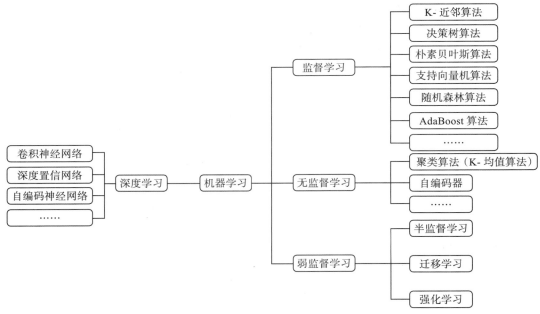

图 3-4　机器学习的算法体系

通过监督学习训练出来的。当孩子遇到与沙子相同的事物时，就知道这是不能吃的。

作为目前最广泛使用的机器学习算法，监督学习已经发展出了数以百计的不同方法。接下来本节将对 6 种典型算法进行介绍，分别是 K- 近邻算法、决策树算法、朴素贝叶斯算法、支持向量机算法、随机森林算法以及 AdaBoost 算法。

1. K- 近邻算法

K- 近邻算法（K- nearest Neighbors，KNN）是最简单的机器学习分类算法之一，适用于多分类问题。该算法的思路是，在特征空间中，如果一个样本附近的 K 个最近（即特征空间中最邻近）样本中的大多数属于某一个类别，则该样本也属于这个类别。由于邻近算法主要是靠周围有限的邻近样本判断目标样本所属的类别，因此在判断之前，要确认所选择的邻近样本都是正确的分类对象，这就是所谓的"监督"。

如图 3-5 所示，有两类不同的样本数据，分别用小正方形和小三角形表示，图正中间的圆形所表示的数据则是待分类的数据。目前要解决的核心问题便是判断该圆形属于哪一类。

如果 K=3，圆形的最近的 3 个邻居是 2 个小三角形和 1 个小正方形，基于统计方法，故判定该圆形属于小三角形一类。

同理，如果 K=5，圆形最近的 5 个邻居是 2 个小三角形和 3 个小正方形，故判定该圆形

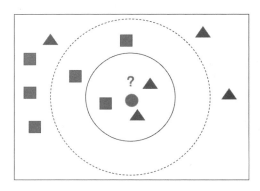

图 3-5　K- 近邻算法示意图

属于小正方形一类。

2. 决策树算法

决策树（Decision Tree），是一种监督学习的分类算法，要求输入标注好类别的训练样本集，每个训练样本由若干个用于分类的特征来表示。

它是一种以树形数据结构来展示决策规则和分类结果的模型，作为一种归纳学习算法，其重点是将看似无序、杂乱的已知实例，通过某种技术手段将它们转化成可以预测未知实例的树状模型，每一条从根节点（对最终分类结果贡献最大的属性）到叶子节点（最终分类结果）的路径都代表一条决策的规则。

决策树算法的训练目的在于构建决策树，希望能够得到一个可以将训练样本按其类别进行划分的决策树。如图 3-6 所示，对于某水果，先按形状分类，若为"弯月状"，则判定该物为香蕉，若为"球状"，则继续按体积分类。体积大则为西瓜，体积小则为樱桃，体积适中，则继续按颜色分类。若该水果为红色，则被判定为苹果；若为橘黄色，则被判定为橘子。决策树通过不断生成问题逐步缩减范围，最终通过询问是否含有某一个关键词就能知道目标物大概属于的类别。

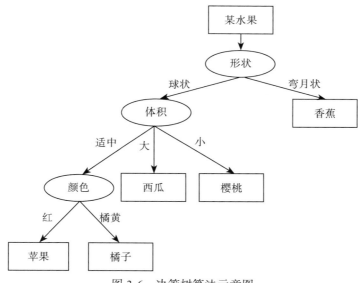

图 3-6　决策树算法示意图

构造决策树可以分两步进行。第一步，由训练样本集生成决策树。一般情况下，训练样本数据集是根据实际需要的、有一定综合程度的、用于数据分析处理的数据集。第二步，决策树的剪枝。决策树的剪枝是对上一阶段生成的决策树进行检验、校正和修正的过程，主要是用新的样本数据集（称为测试数据集）中的数据校验决策树生成过程中产生的初步规则，将那些影响预测准确性的分支剪除。

决策树的优点在于其往往不需要准备大量的数据，并且能够同时处理数据型和常规型属性，在相对短的时间内能够对大型数据源给出可行且效果良好的结果，计算复杂度不高，输出结果易于理解，对数据缺失不敏感，可以处理不相关特征。缺点则是容易过拟合。对于各类别的、样本数量不一致的数据，在决策树当中，信息增益的结果偏向于那些具有更多数值的特征。

3. 朴素贝叶斯算法

朴素贝叶斯算法是一种分类算法。它不是单一算法，而是一系列算法，这一系列算法有一个共同的原则，即被分类的每个特征都与任何其他特征的值无关。朴素贝叶斯分类器认为这些"特征"中的每一个都在独立地贡献概率，而不涉及特征之间的任何相关性。与决策树划定区间时所用方法的不同之处在于，朴素贝叶斯算法是有关概率的最终分类方法，它可以将数据的每种特征可能被划入的类别概率加总，最终根据加总结果判断数据应属的类别。

举例来说，通过朴素贝叶斯算法计算得出概率后，现在在"音乐"里，"民谣"出现的总概率是1/8，而在"科学"里"民谣"出现的概率是1/50，那么"民谣"被纳入"音乐"类别的可能性就更高（见图3-7）。

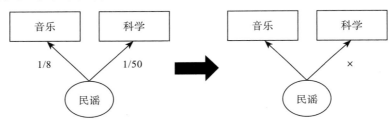

图 3-7　朴素贝叶斯算法示意图

与其他常见的分类方法相比，朴素贝叶斯算法需要的训练很少。在进行预测之前唯一必须完成的工作是找到特征的个体概率分布的参数，这通常可以快速且准确地完成。这意味着即使对于高维数据点或大量数据点，朴素贝叶斯分类器也可以表现良好。

4. 支持向量机算法

支持向量机（Support Vector Machine，SVM）是统计学习领域中的一个具有代表性的算法，与传统方式的思维方法不同。它通过输入空间、提高维度将问题简短化，使问题归结为线性可分的经典解问题，即给定一组训练实例，每个训练实例将被标记为属于两个类别中的一个或另一个。支持向量机算法通过寻求结构化风险最小化来提高学习机泛化能力，实现经验风险和置信范围的最小化，并建立一个能将新的实例分配给两个类别之一的模型，从而达到在统计样本量较少的情况下亦能获得良好统计规律的目的。

通俗来讲，支持向量机算法是一种二类分类模型，即找一条分割线把两类分开。例如，图3-8中的三条线都可以把点和星分开，但哪条线是最优的呢？这就是我们要考虑的问题。对于每个超平面而言（超平面在二维空间中即为直线），距离超平面最近的几个训

练样本点被称为"支持向量"（Support Vecor），两个异类支持向量到超平面的距离之和被
称为"间隔"（Margin）。支持向量机的目标就是找到具有"最大
间隔"（Maximum Margin）的划分超平面。

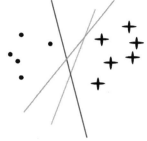

图 3-8　SVM 算法示意图

5. 随机森林算法

随机森林在以决策树为基学习器构建"装袋 Bagging"集
成的基础上，进一步在决策树的训练过程中引入随机属性的选
择。随机森林算法简单，易于实现，计算成本小，在很多实际
任务中都展现出了强大的性能，它将 Bootstrap 抽样方法和决
策树算法相结合，该算法的本质是构建一个树型分类器的集合，
然后使用该集合通过投票进行分类和预测。由于该算法较好地解决了单分类器在性能上无
法提升的瓶颈，因此具有较好的性能，能应用于各种分类筛选和预测中。

随机森林分类是由很多决策树分类模型组成的组合分类模型，每个决策树分类模
型都有一票投票权来选择最优的分类结果。随机森林分类的基本思想是：首先，利用
Bootstrap 抽样从原始训练集抽取 k 个样本集，并保证每个样本的样本集容量都与原始训
练集一样。然后，对 k 个样本集分别建立 k 个决策树模型，得到 k 种分类结果。最后，根
据 k 种分类结果对每个记录进行投票，决定其最终分类。其示意图如图 3-9 所示。

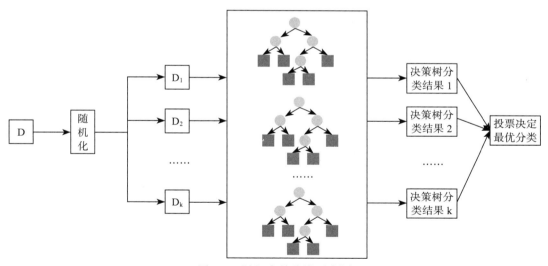

图 3-9　随机森林分类示意图

随机森林算法被誉为"代表集成学习技术水平的方法"。可以看出，随机森林虽然
对 Bagging 只做了小改动，但是与 Bagging 中基学习器的"多样性"仅来自样本扰动
（通过对初始训练集采样）不同，随机森林中基学习器的多样性不仅来自样本扰动，还来
自属性扰动，这就使得最终集成的泛化性能可通过个体学习器之间差异度的增加而进一
步提升。

6. AdaBoost 算法

Boosting 也称为增强学习或提升法，是一种重要的集成学习技术，能够将预测精度仅比随机猜度略高的弱学习器增强为预测精度很高的强学习器，这在直接构造强学习器非常困难的情况下，为学习算法的设计提供了一种有效的新思路和新方法。而 AdaBoost 正是其中最成功的代表，被评为数据挖掘十大算法之一。在 AdaBoost 提出至今的十几年间，机器学习领域的诸多知名学者不断投入算法相关理论的研究中，扎实的理论为 AdaBoost 算法的成功应用打下了坚实的基础。

AadBoost 算法系统具有较高的检测速率，且不易出现过拟合现象。但是该算法在实现过程中需要较大的训练样本集以取得更高的检测精度。在每次迭代过程中，训练一个弱分类器则对应该样本集中的每一个样本，因为每个样本都具有很多特征，所以从庞大的特征中训练得到最优弱分类器的计算量增大。

典型的 AdaBoost 算法采用的搜索机制是回溯法，虽然在训练弱分类器时每一次都是由贪心算法来获得局部最佳弱分类器，但是该算法却不能确保选择出来并加权后的是整体上的最佳结果。在选择具有最小误差的弱分类器之后，该算法还要对每个样本的权值进行更新，增大错误分类样本对应的权重，相应地减小被正确分类的样本权重。AdaBoost 算法的执行效果依赖于弱分类器的选择，加上搜索时间随之增加，复杂的训练过程使得整个系统的所用时间非常长，这也限制了该算法的广泛应用。另一方面，在算法实现过程中，从检测率和对正样本的误识率两个方面向预期值逐渐逼近来构造级联分类器，迭代训练生成大量的弱分类器后才能实现这一构造过程。

3.1.5　无监督学习

无监督学习指根据类别未知（没有被标记）的训练样本解决模式识别中的各种问题。它与监督学习的不同之处在于，在机器学习的时候，我们并没有放置任何可以参考的样本或者已被分类的参考目标，机器需要直接对已有数据建立模型。在人类运用思维的过程中，无监督学习时常发生。比如，对美术完全不懂的人也能看出哪些绘画作品风格比较明媚，哪些比较压抑。尽管有的人不知道什么是轻音乐，什么是摇滚音乐，但他们能自发地将其进行分类。这些都属于无监督学习。本小节将对无监督学习中的聚类算法以及自编码器进行简要介绍。

1. 聚类算法

聚类是无监督学习中最重要的一类算法。俗话说，"物以类聚，人以群分"，所谓"类"就是具有相似元素的事物的集合。在聚类算法中，训练样本的标记信息是未知的，给定一个由样本点组成的数据集，数据聚类的目标是通过对无标记训练样本的学习来揭示数据的内在性质及规律，将样本点划分成若干类，使得属于同一类的样本点非常相似，而属于不同类的样本点不相似。很多领域都会使用到聚类分析，包括计算机科学、统计学、生物学和数学等。

自机器学习诞生以来，研究者针对不同的问题提出了多种聚类方法，其中最为广泛使用的是 K- 均值算法（K-means Clustering Algorithm）。

K- 均值算法是一种迭代求解的聚类分析算法，其步骤是先随机选取 K 个对象作为初始的聚类中心，然后计算每个对象与各个种子聚类中心之间的距离，把每个对象分配给距离它最近的聚类中心。

聚类中心以及分配给它们的对象合在一起统称为一个聚类。每分配一个样本，聚类中心都会根据聚类中现有的对象被重新计算。这个过程将不断重复直到满足某个终止条件。终止条件可以是没有（或最小数目）对象被重新分配给不同的聚类、没有（或最小数目）聚类中心再发生变化、误差平方和局部最小，等等。

需要指出的是，K- 均值算法对参数的选择比较敏感，也就是说不同的初始位置或者类别数量的选择往往会导致完全不同的结果，如图 3-10 与图 3-11 所示。这时候往往需要设置不同的模型参数和初始位置，这给模型学习带来很大的不确定性。

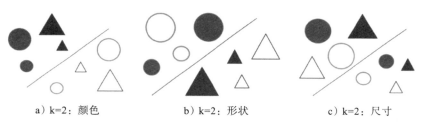

　　a）k=2：颜色　　　　　　b）k=2：形状　　　　　　c）k=2：尺寸

图 3-10　基于 K- 均值算法的样本聚类 -1

　　a）k=2：颜色、形状　　　b）k=2：形状、尺寸　　　c）k=2：尺寸、颜色

图 3-11　基于 K- 均值算法的样本聚类 -2

2. 自编码器

自编码器是一种无监督的神经网络模型，包括编码器和解码器两个部分。它可以学习输入数据的隐含层特征，这称为编码（Encoding），还可以用学习到的新特征重构出原始输入数据，这称为解码（Decoding）。自编码器是将输入数据 X 进行编码，得到新的特征，并且希望原始的输入数据 X 能够从新的特征中重构出来，生成 X'。其基本结构图如图 3-12 所示。

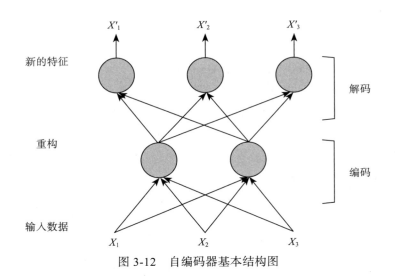

图 3-12   自编码器基本结构图

目前，自编码器的应用主要有两个方面。一是数据去噪，即通过自编码器将原图像当中的噪声去除。该方法通过引入合适的损失函数，使得模型可以学习到在输入数据受损的情况下依然可以获得良好特征表达的能力，进而恢复对应的无噪声输入。二是数据降维，起到特征提取器的作用，即通过对隐含特征加上适当的维度和稀疏性约束，使得自编码器可以学习到低维的数据投影。

3.1.6   弱监督学习

在现实中，许多手动标注的训练集创建起来既昂贵又耗时，通常需要耗费大量人力物力来进行数据的收集、清理和调试，尤其是在需要领域专业知识的情况下。此外，任务经常会在现实世界中发生变化，例如数据标注指南、标注的粒度或下游用例都经常会发生变化，需要重新进行标记。可见，由于数据标注需要付出高昂代价，强监督数据集是很难获得的。因此，研究者们面对急需解决的数据标注问题，整合了现有的主动学习、半监督学习等研究成果，提出了"弱监督学习"概念，旨在研究通过较弱的监督信号来构建预测模型。

1. 半监督学习

半监督学习也是一种典型的弱监督学习方法。事实上，半监督学习策略往往利用额外信息，是无监督学习和监督学习相结合的一种学习模式。在半监督学习中，我们通常只拥有少量有标注数据，这些有标注数据并不足以训练出好的模型，但同时我们拥有大量未标注数据可供使用。这时，我们可以将少量有标注数据和大量无标注数据进行协同训练以改善算法性能。

常见的半监督学习任务包括两种：一种是半监督分类任务，另一种是半监督聚类任务。半监督分类任务即通过有标签数据和无标注数据训练出一个分类器，而半监督聚类任务是无监督聚类的一种扩展,与传统的无标注训练集不同的是,约束聚类的数据集还包含一些关于聚类的"监督信息"。

2. 迁移学习

迁移学习是另一类比较重要的弱监督学习方法,其目标是将某个领域或任务上学习到的知识或模式应用到不同但相关的其他领域中。主要思想为从相关领域中迁移标注数据或者知识结构,来完成或改进目标领域或任务的学习效果。

对于人类来说,迁移学习其实就是一种与生俱来的"举一反三"的能力,比如,学会了骑自行车,就比较容易学会骑摩托车;学会了 C 语言,再学一些其他编程语言会简单很多。那么机器是否能够像人类一样举一反三呢?答案是肯定的。迁移学习方法可以将一个预训练的模型重新用在另一个任务中。该方法已经在机器人控制、机器翻译、图像识别、人机交互等诸多领域获得了较为广泛的应用。目前,迁移学习主要通过三种方式来实现。

(1)样本迁移

在源域中找到与目标域相似的数据,调整这个数据的权重,使得新的数据与目标域的数据进行匹配。然后进行训练学习,得到适用于目标域的模型。这种方法的好处是简单且容易实现,但是权重和相似度的选择往往高度依赖经验,使算法的可靠性降低。

(2)特征迁移

当源域和目标域含有一些共同的交叉特征时,我们可以通过特征变换,将源域和目标域的特征变换到相同空间,使得该空间中源域数据与目标域数据具有相同的数据分布,然后进行传统的机器学习。这种方式的好处是对大多数算法适用且效果较好,但是在实际问题当中的求解难度通常比较大。

(3)模型迁移

这是目前最主流的方法。这种方法假设源域和目标域共享模型参数,将之前在源域中通过大量数据训练好的模型应用到目标域上。模型迁移的方法比较直接,其优点是可以充分利用模型之间存在的相似性,缺点在于模型参数不易收敛。

3. 强化学习

强化学习(Reinforcement Learning,RL),又称再励学习、评价学习或增强学习,也可以看作弱监督学习的一类典型算法,用于描述和解决智能体在与环境的交互过程中通过学习策略以达成回报最大化或实现特定目标的问题。

与监督学习不同,强化学习需要通过尝试来发现各个动作产生的结果,而没有训练数据告诉机器应当做哪个动作,但是我们可以通过设置合适的奖励函数,使机器学习模型在奖励函数的引导下自主学习得出相应策略。强化学习的目标是在每个离散状态发现最优策略以使期望的折扣奖赏之和最大。

强化学习把学习看作试探评价过程，智能体选择一个动作给环境，环境接收该动作后状态发生变化，同时产生一个强化信号（奖或惩）反馈给智能体，智能体根据强化信号和环境当前状态再选择下一个动作，选择的原则是使受到正强化（奖）的概率增大。选择的动作不仅影响立即强化值，还影响环境下一时刻的状态及最终的强化值（见图3-13）。

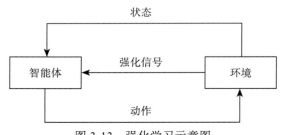

图 3-13　强化学习示意图

总而言之，弱监督学习涵盖范围比较广泛，其学习框架也具有广泛的适用性，包括半监督学习、迁移学习和强化学习等方法已经被广泛应用在自动控制、调度、金融、网络通信等多个领域。在认知、神经科学领域，强化学习也有重要研究价值，已经成为机器学习领域的新热点。

3.2　人工神经网络与深度学习

神经网络技术的发展体现的是"联结主义"路线。"联结主义"关注大脑神经元及其联结机制，试图发现大脑的结构及其处理信息的机制，揭示人类智能的本质机理，进而在机器上实现相应的模拟。通过对大脑结构的仿真设计来模拟大脑的工作原理，进而模拟人类大脑的思维方式，产生智能。有关"联结主义""神经网络"和"深度学习"的发展历史，详见第2章。

3.2.1　神经元与人脑神经网络

1. 神经元

人的大脑通过神经元传输信息，神经元结构如图3-14所示，神经元包括细胞体（Soma）和突起两部分。突起有两类：一类是树突，另一类是轴突。细胞体由细胞核、细胞质、细胞膜等组成。每个细胞体都有一个细胞核（Cell Nuclear），细胞核是遗传物质储存和复制的场所，是细胞遗传和代谢的控制中心。

神经元可以被简单认为具有两种常规工作状态——兴奋与抑制，即满足"0-1"律。当传入的神经冲动使细胞膜电位升高并超过阈值时，细胞便进入兴奋状态，产生神经冲动并由轴突输出；当传入的冲动使膜电位下降并低于阈值时，细胞便进入抑制状态，没有神经冲动输出。该过程就好比传感器工作过程，当刺激信号达到某一个值的时候，传感器会形成反应，如果没到达到这个值，就不会形成反应。当某一个神经元接收到刺激信号后，就会将该信号传输给另一个神经元，这样通过多个神经元逐层传递到大脑，再经过大脑进行处理后就形成了感知。

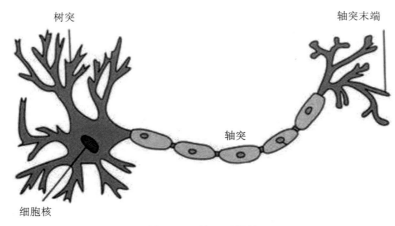

图 3-14　神经元结构

图片来源：https://baike.sogou.com/v656225.htm?fromTitle=%E7%A5%9E%E7%BB%8F%E7%BB%86%E8%83%9E.

2. 人脑神经网络

神经科学研究认为，现代人的大脑内约有 140 亿 ~ 800 亿个神经元（尚无统一定论），每个神经元与其他神经元之间约有 100 多条联结，所以人脑内约有几万亿条联结，这些神经元及它们之间的联结便构成了脑神经网络。尽管人类已经知道每个神经元的结构和功能，但神经网络的行为并不是各单元行为的简单相加。人脑神经网络的整体动态行为是极为复杂的，可以组成高度非线性动力学系统，从而可以表达很多复杂的物理系统，表现出一般复杂非线性系统的特性，如不可预测性、不可逆性、多吸引子、可能出现混沌现象等。人的智能行为就是由如此高度复杂的组织产生的。大脑的复杂性，还在于神经细胞在形状和功能上的多样性，以及神经细胞结构和分子组成上的千差万别。现在，科学家们还不了解任何单个机体的大脑工作机制，就连只有 302 个神经元的小虫，人类也无法了解它的神经体系。目前人类对小神经元网络工作机制知之甚少，而在细胞解析层面，对于大脑结构的工作机制更是几乎一无所知。复旦大学脑研究院学术委员会主任、中科院院士杨雄里指出，"人们不可能像基因组计划标识出每个基因一样给每个神经元打上标签"，未来研究的困难之处不仅在于人脑的细胞数量太多，更在于大脑的活动是动态的，因环境而变化，而且在不同层次上又有不同性质的问题。总之，人类的大脑是个复杂的"小宇宙"，至今我们依旧对其知之甚少。

3.2.2 人工神经网络

人工神经网络（Artificial Neural Network，ANN）是一个由大量简单处理单元经广泛联结而组成的人工网络。它是对人脑神经元的抽象表述，它从信息处理的角度来建立简单的模型，将输入端、隐含层和输出端按照不同的联结方式组成各种各样的"神经网络"（见图 3-15），具有大规模并行处理、分布式信息存储、良好的自组织和自学习能力等特点。

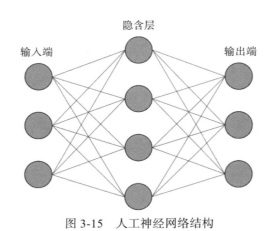

图 3-15　人工神经网络结构

1. 人工神经网络的类型

人工神经网络为许多问题的研究提供了新的思路，特别是迅速发展的深度学习，能够发现高维数据中的复杂结构，取得比传统机器学习方法更好的结果。人工神经网络在图像识别、语音识别、机器视觉、自然语言理解等领域获得成功，解决了人工智能界一些很多年没有进展的问题。根据神经网络中神经元的联结方式，可将其划分为不同类型的结构。目前，人工神经网络主要有前馈型和反馈型两大类。

（1）前馈型神经网络

在前馈型神经网络中，各神经元接受前一层的输入并输出给下一层，没有反馈。前馈网络可分为不同的层，第 i 层的输入只与第 i−1 层的输出相连，输入与输出的节点与外界相连。后文将着重介绍的 BP 神经网络、卷积神经网络都属于前馈型神经网络。

（2）反馈型神经网络

在反馈型神经网络中，一些神经元的输出经过若干个神经元后，会反馈到这些神经元的输入端。最典型的反馈型神经网络是 Hopfield 神经网络。它是全互联神经网络，即每个神经元和其他神经元都相连。

人工神经网络的工作原理就是仿照神经元传递信息的方法来对数据进行分类，我们可以在传递的过程中设置权重，如果数据小于这个权重，那么就不能传递到下一个"神经元"中。反之，如果数据大于这个权重，则继续往下传递，在这样不断传递的过程中，数据就会被分类到各个维度中。

2.人工神经网络的特点

如今的人工神经网络具有如下特点。

（1）自适应与自组织特性

人工神经网络具有初步的自适应与自组织能力，能在学习或训练过程中改变连接权重值，以适应周围环境的要求。

（2）泛化能力

泛化能力指对没有训练过的样本，有很好的预测能力和控制能力，特别是当存在一些有噪声的样本时。

（3）非线性映射能力

当系统对于设计人员来说很透彻或者很清楚时，一般利用数值分析、偏微分方程等数学工具建立精确的数学模型，但当系统很复杂、系统未知或者系统信息量很少时，建立精确的数学模型很困难，此时神经网络的非线性映射能力就表现出优势。它既不需要对系统进行透彻的了解，又能同时达到输入与输出的映射关系，这就大大简化了设计的难度。

（4）高度并行性

神经网络是根据人的大脑而抽象出来的数学模型。因为人可以同时做一些事，所以从功能的模拟角度上看，神经网络也应具备高度的并行性。

3.2.3　人工神经网络算法

误差反向传播算法、遗传算法、模拟退火算法、梯度下降算法以及冲量算法在人工神经网络的优化方面获得了广泛应用，尤其是误差反向传播算法、遗传算法和模拟退火算法，下面将做具体介绍。

1.误差反向传播算法

误差反向传播（Error Back Propagation，BP）算法是迄今为止最成功的神经网络学习算法，现实任务中使用神经网络时，大多是在使用 BP 算法进行训练。它是通过迭代性来处理训练集中的实例，对比经过神经网络后，输入层预测值与真实值之间的误差，再通过反向法以最小化误差来更新每个连接的权重。BP 算法不仅可用于多层前馈神经网络，还可用于其他类型的神经网络，例如训练递归神经网络。

BP 算法的学习过程由信号的正向传播与误差的反向传播组成。正向传播时，输入样本从输入层传入，经各隐含层逐层处理后，传向输出层。若输出层的实际输出与期望的输出不符，则转入误差的反向传播阶段。误差反传是将输出误差以某种形式通过隐含层向输入层逐层反传，并将误差分摊给各层的所有单元，从而获得各层单元的误差信号，此误差信号即作为修正各单元权值的依据。这种信号正向传播与误差反向传播的各层权值调整过程，是周而复始地进行的。权值不断调整的过程，也就是网络的学习训练过程。此过程将一直进行到网络输出的误差减少到可接受的程度，或进行到预先设定的学习次数为止。

2. 遗传算法

神经网络的设计要用到遗传算法，遗传算法在神经网络中的应用主要反映在三个方面：网络的学习、网络的结构设计、网络的分析。

在学习方面，可用遗传算法对神经网络学习规则实现自动优化，从而提高学习效率。还可利用遗传算法的全局优化及隐含并行性的特点提高权系数优化速度。

在结构设计方面，用遗传算法设计神经网络结构，首先是要解决网络结构的编码问题，然后才能以选择、交叉、变异操作得出最优结构。编码方法主要有直接编码法、参数化编码法和繁衍生长法三种。直接编码法是把神经网络结构直接用二进制串表示，在遗传算法中，"染色体"实质上和神经网络是一种映射关系。通过对"染色体"的优化就实现了对网络的优化。参数化编码法采用的编码较为抽象，编码包括网络层数、每层神经元数、各层互联方式等信息。对进化后的优化"染色体"进行分析，便可产生网络的结构。繁衍生长法不是在"染色体"中直接编码神经网络的结构，而是把一些简单的生长语法规则编入"染色体"中，然后由遗传算法对这些生长语法规则不断进行调整，最后生成适合于所解问题的神经网络。这种方法本质上与自然界中生物的生长进化规律相一致。

在分析方面，遗传算法可用于分析神经网络。神经网络由于有分布存储等特点，一般难以从其拓扑结构直接理解其功能。遗传算法可对神经网络进行功能分析、性质分析、状态分析。

3. 模拟退火算法

模拟退火算法是随机网络中解决能量局部极小问题的一种有效方法，其基本思想是模拟金属退火过程。金属退火过程大致是，先将物体加热至高温，使其原子处于高速运动状态，此时物体具有较高的内能，然后缓慢降温，随着温度的下降，原子运动速度减慢，内能下降，最后，整个物体将达到内能最低的状态。

模拟退火算法是一种贪心算法，它的搜索过程引入了随机因素，即以一定的概率来接受一个比当前解要差的解，因此该算法有可能会跳出这个局部的最优解，达到全局的最优解。以图 3-16 为例，模拟退火算法在搜索到局部最优解 B 后，会以一定的概率接受向右继续移动，经过几次这样的不是局部最优的移动后，该算法会搜索到 B 和 C 之间的峰点，于是就跳出了局部最小值 B。

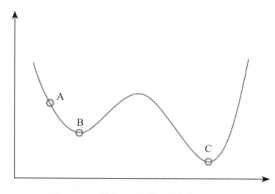

图 3-16　模拟退火算法搜索最优解

3.2.4　深度学习及其框架

研究深度学习的动机在于建立模拟人脑进行分析学习的神经网络，它模仿人脑的机制来解释数据，例如图像、声音和文本等。深度学习在搜索技术、数据挖掘、机器学习、机器翻译、自然语言处理、多媒体学习、语音识别、推荐和个性化技术，以及其他相关领域都取得了很多成果。深度学习使机器模仿视听和思考等人类的活动，解决了很多复杂的模式识别难题，使得人工智能相关技术取得了很大进步。

深度学习是学习样本数据的内在规律和表示层次，这些学习过程中获得的信息对诸如文字、图像和声音等数据的解释有很大的帮助。它是一类模式分析方法的统称，就具体研究内容而言，主要涉及三类算法：基于卷积运算的神经网络系统，即卷积神经网络（CNN）；以多层自编码神经网络的方式进行预训练，进而结合鉴别信息进一步优化神经网络权值的深度置信网络（DBN）；基于多层神经元的自编码神经网络，包括自编码（Auto-encoder，AE）以及近年来受到广泛关注的稀疏编码（Sparse Coding）两类。

近年来，研究人员逐渐将这几类方法结合起来，如对原本是以监督学习为基础的卷积神经网络结合自编码神经网络进行无监督的预训练，进而利用鉴别信息微调网络参数形成卷积深度置信网络。与传统的学习方法相比，深度学习方法预设了更多的模型参数，因此模型训练难度更大，根据统计学的一般规律可知，模型参数越多，需要参与训练的数据量也越大。

（1）卷积神经网络模型

卷积神经网络是近年发展起来，并引起广泛重视的一种高效识别方法，20 世纪 60 年代，Hubel 和 Wiesel 在研究猫脑皮层中用于局部敏感和方向选择的神经元时，发现其独特的网络结构可以有效地降低反馈神经网络的复杂性，继而提出了卷积神经网络。

一般来说，卷积神经网络的基本结构包括两层。一为特征提取层：每个神经元的输入与前一层的局部接受域相连，并提取该局部的特征，一旦该局部特征被提取后，它与其他特征间的位置关系也随之确定下来。二是特征映射层：网络的每个计算层由多个特征映射组成，每个特征映射是一个平面，平面上所有神经元的权值相等。特征映射结构采用影响函数核小的 sigmoid 函数作为卷积网络的激活函数，使得特征映射具有位移不变性。这种特有的两次特征提取结构减小了特征分辨率。图 3-17 便是著名的手写文字识别卷积神经网络结构图。

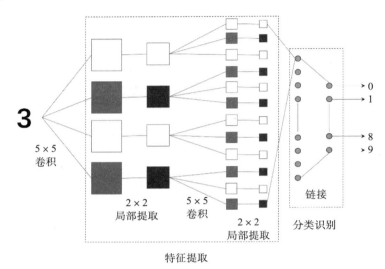

图 3-17　手写文字识别卷积神经网络结构图

卷积神经网络主要用来识别位移、缩放及其他形式扭曲不变性的二维图形，该部分功能主要由池化层实现。为了有效地减少计算量，卷积神经网络使用的另一个有效的工具被称为"池化"（Pooling）。池化就是缩小输入图像，减少像素信息，只保留重要信息。通常情况下，池化区域是 2×2 大小。

由于卷积神经网络的特征检测层通过训练数据进行学习，所以在使用卷积神经网络时，机器是隐式地从训练数据中进行学习。另外，由于同一特征映射面上的神经元权值相同，网络可以并行学习，这也是卷积网络相对于神经元彼此相连网络的一大优势。

（2）深度置信网络模型

使用 BP 算法单独训练每一层的时候，我们发现，必须丢掉网络的第三层，才能级联自联想神经网络。然而，有一种更好的神经网络模型，这就是受限玻尔兹曼机（RBM）。使用层叠玻尔兹曼机组成深度神经网络的方法，在深度学习里被称作深度置信网络，这是目前非常流行的方法。经典的深度置信网络模型是由若干层 RBM 和一层 BP 组成的，其结构如图 3-18 所示。

DBN 可以解释为贝叶斯概率生成模型，由多层随机隐变量组成，上面的两层具有无向对称连接，下面的层得到来自上一层的自顶向下的有向连接，最底层单元的状态为可见输入数据向量。DBN 由 2F 结构单元堆栈组成，结构单元通常为 RBM。根据深度学习机制，DBN 采用输入样例训练第一层 RBM 单元，并利用其输出训练第二层 RBM 模型，将 RBM 模型进行堆栈通过增加层来改善模型性能。在无监督预训练过程中，DBN 编码输入顶层 RBM 后，会解码顶层的状态直到最底层的单元，实现输入的重构。

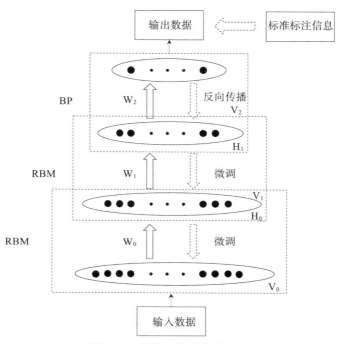

图 3-18　深度置信网络结构图

（3）堆栈自编码网络模型

自编码器是一种无监督的神经网络模型，其核心的作用是能够学习到输入数据的深层表示。最原始的自编码网络是一个三层的前馈神经网络结构，由输入层、隐含层和输出层构成。

栈式自编码器（Stacked Autoencoders，SAE）也称为堆栈自编码器、堆叠自编码器等，就是将多个自编码器进行叠加，将上一层的隐含层作为下一层的输入，得到更抽象的表示。SAE 的一个很重要的应用是通过逐层预训练来初始化网络权重参数，从而提升深层网络的收敛速度和减缓梯度消失的影响。

堆栈自编码网络的结构与 DBN 类似，由若干结构单元堆栈组成（见图 3-19），不同之处在于其结构单元为自编码模型（Autoencoder）而不是 RBM。自编码模型是一个两层的神经网络，第一层称为编码层，第二层称为解码层。

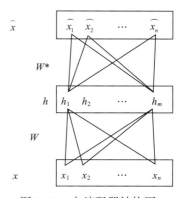

图 3-19　自编码器结构图

3.2.5　深度学习与传统机器学习的区别

1. 数据依赖

深度学习适合处理大数据，而当数据量比较小时，用传统机器学习方法也许更合适。如图 3-20 所示，随着数据量的增加，二者的表现有很大区别。因此，深度学习更适合在大数据条件下进行训练和运行。

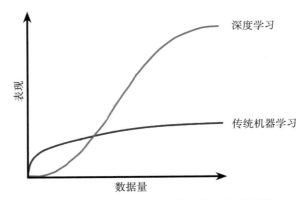

图 3-20　数据量对不同机器学习方法表现的影响

2. 硬件依赖

深度学习十分依赖高端的硬件设施，因为其计算量实在太大了。深度学习涉及很多的矩阵运算，因此很多深度学习都要求有 GPU 参与运算，因为 GPU 就是专门为矩阵运算而设计的。相反，普通的机器学习一般对计算量的需求并不大。

3. 特征工程

当我们在训练一个模型的时候，需要首先确定模型有哪些特征。在机器学习方法中，大多数的特征都需要通过行业专家确定，然后就特征进行人工编码。然而深度学习算法试图自己从数据中学习特征，这也是深度学习十分吸引人的一点，毕竟特征工程是一项十分烦琐、耗费很多人力物力的工作，而深度学习的出现大大减少了发现特征的成本。

4. 解决问题的方式

在解决问题时，传统机器学习算法通常先把问题分成几块，一个个地解决好之后，再重新组合起来，而深度学习则是一次性地、端到端地解决。如果任务是识别出图片上有哪些物体，找出它们的位置，那么传统机器学习的做法是把问题分为两步，即"发现物体"和"识别物体"。首先，传统学习用几个物体边缘的盒型检测算法，把所有可能的物体都框出来，然后使用物体识别算法，例如 SVM，识别这些物体分别是什么。但是深度学习不同，给出一张图，它可以直接把图中对应的物体识别出来，同时还能标明对应物体的名称。这样就可以做到实时的物体识别。

5. 训练和运行时间

深度学习需要花大量的时间来训练，因为有太多的参数需要去学习。例如顶级的深度学习算法 ResNet 需要花两周的时间训练。但是机器学习一般在几秒钟到几小时就可以训练好。即便如此，深度学习花费这么大力气训练处理模型肯定不会白费力气，模型一旦训练好，其在预测任务上就运行很快。这就做到了我们追求的实时物体检测。

6. 可解释性

深度学习有一个明显的缺点，那就是可解释性很差。一个深层的神经网络，每一层都代表一个特征，一旦层数多了，人类也许根本就不知道它们代表的是什么特征，也不了解特征判断的规则，因此就无法解释"为什么"。例如，用深度学习方法来批改论文，也许训练出来的模型对论文评分十分准确，但即使是系统设计者也很可能无法理解模型评分规则。这样的话，就无法回答低分同学的质问："凭什么我的分这么低啊？"但是机器学习不一样，例如决策树算法可以明确地把规则列出来，使每一个特征和规则都易于理解。

小讨论：深度学习并未探索世界的本质？

作为一位哲学家和语言学家，麻省理工学院荣休教授诺姆·乔姆斯基（Noam Chomsky）的名字依然在本书第 2 章的"人工智能简史"中出现了两次。他的《句法结构》被认为是 20 世纪理论语言学研究上最伟大的贡献。同时，他的理论也是人工智能符号主义学派和自然语言处理的基础理论。2020 年年初，人工智能科学家 Lex Fridman 对乔姆斯基进行了专访，在接受采访时，乔姆斯基谈到了深度学习。

问：你认为深度学习，或者基于神经网络的机器学习的极限是什么？

答：要给出一个真实的答案，必须了解事情发生的确切过程，如果这些过程是不透明的，那么很难清晰地证明可以做什么，不可以做什么。

抛开细节不谈，深度学习现在正在做的是收集大量的例子，并试图找到一些模式。这在某些方面可能会很有趣，但我还是想问：人工智能是工学还是理学？工学的意义是试图理解关于世界元素的东西，所以它可能需要一个谷歌翻译器。

从工学的角度来说，谷歌翻译器非常有用，但是它有没有告诉我们关于人类语言的事情？显然没有。所以，从一开始它就已经远离了科学。谷歌翻译器是如何工作的呢？它需要一个巨大的文本，例如华尔街日报语料库，其目标是离语料库的正确描述越来越近。

科学都是试图找到批判性的实验，这些实验可以回答一些理论问题，而谷歌翻译器一开始就离科学很远，并且一直如此。针对翻译器，人们只是想知道谷歌翻译器在语料上做得有多好，却一直忽略了另一个从未提及的问题：在违反语言规则的事情上，它做得有多好？

以前面提到的结构依赖为例子，假设有一种语言，使用线性邻近作为解释模型，深度学习也能很容易利用这一点。有了这个模型就意味着学习语言是一件简单的事情，但从科学的角度来看，这是一个失败，我们其实并没有发现本质。

3.3 知识图谱

知识图谱对应的是人工智能发展中的"符号主义"。符号主义认为人类认知和思维的基本单元是符号，而认知过程就是在符号表示上的一种运算。它认为人是一个物理符号系统，计算机也是一个物理符号系统。因此，我们就能够用计算机来模拟人的智能，即用计算机的符号操作来模拟人的认知过程。

3.3.1 知识图谱概述

1. 知识图谱的定义

知识图谱（Knowledge Graph）是结构化的语义知识库，可以符号形式描述物理世界中的概念及其相互关系。知识图谱通过三元组（Triple）来表示，即"实体—关系—另一实体"或"实体—属性—属性值"集合的形式，从人类对世界认知的角度阐述世间万物之间的关系。例如，"姚明出生于中国上海"可用三元组表示为"姚明—出生地—上海"。知识图谱将非线性世界中的知识信息结构化，以便机器计算、存储和查询，起到赋予机器人类知识的作用，是人工智能技术走向认知智能的必要基础。

知识图谱以一个主语为中心，随着时间的推移和知识的不断累积，该中心会伸展出许许多多的关系，最终形成一个庞大的知识图谱。知识图谱不仅给互联网语义搜索带来了活力，同时也在智能问答、智能决策等领域中显示出强大威力，已经成为知识驱动的智能应用的基础设施。图 3-21 是一个 2020 年新冠肺炎的简单知识图谱。

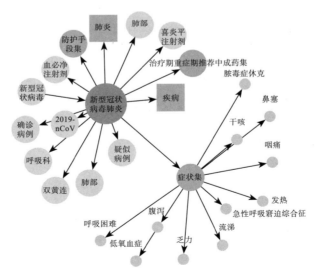

图 3-21 新冠肺炎的简单知识图谱

图片来源：https://mp.weixin.qq.com/s/JQZBnYYJKHmY0XCBJN3usg.

2. 知识图谱的发展

符号主义关注的核心是知识的表示和推理。1970 年，随着专家系统的提出和商业化发展，知识库（Knowledge Base）构建和知识表示愈发得到重视。专家系统的基本想法是，专家是基于大脑中的知识来进行决策的，因此人工智能的核心应该是用计算机符号表示这些知识，并通过推理机模仿人脑对知识进行处理。依据专家系统的观点，计算机系统应该由知识库和推理机两部分组成，而不是由函数等过程性代码组成。早期的专家系统最常用的知识表示方法包括基于框架的语言和产生式规则等。框架语言主要用于描述客观世界的类别、个体、属性及关系等，较多地被应用于辅助自然语言理解。产生式规则主要用于描述类似于 IF-THEN 的逻辑结构，适合于刻画过程性知识。

与传统专家系统时代主要依靠专家手工获取知识不同，现代知识图谱的显著特点是规模巨大，无法仅由人工构建。传统的知识库，如道格拉斯·莱纳特（Douglas Lenat）从 1984 年开始创建的常识知识库 Cyc，仅包含 700 万条的事实描述。Wordnet 主要依靠语言学专家定义名词、动词、形容词和副词之间的语义关系，目前包含大约 20 万条的语义关系。由著名人工智能专家马文·明斯基于 1999 年起开始构建的 ConceptNet 常识知识库依靠了专家创建、联网众包和游戏三种方法，早期的 ConceptNet 规模只有百万级，最新的 ConceptNet 5.0 也仅包含 2 800 万个三元组关系描述，而谷歌和百度等现代知识图谱都已经包含超过千亿级别的三元组，阿里巴巴于 2017 年 8 月发布的仅包含核心商品数据的知识图谱也已经达到百亿级别。DBpedia 已经包含约 30 亿个 RDF 三元组，多语种的大百科语义网络 BabelNet 包含 19 亿个 RDF 三元组，Yago3.0 包含 1.3 亿个元组，Wikidata 已经包含 4 265 万条数据条目，元组数目也已经达到数十亿级别。

现代知识图谱对知识规模的要求源于"知识完备性"难题。冯·诺依曼曾估计单个个体大脑的全量知识需要 2.4×10^{20} 个比特的存储空间。客观世界拥有不计其数的实体，人的主观世界还包含无法统计的概念，这些实体和概念之间又具有更多数量的复杂关系，导致大多数知识图谱都面临知识不完备的困境。在实际的领域应用场景中，知识不完备也是困扰大多数语义搜索、智能问答、智能决策分析系统的首要难题。

3. 知识图谱的逻辑层次与知识本体

知识图谱从逻辑上可以分为概念层（也叫模式层）和数据层，数据层指以三元组为表现形式的客观事实集合，而概念层是它的"上层建筑"，是经过沉淀和积累的知识集合。工程实践中数据层体现为实体数据库，而概念层体现为知识本体库。知识本体（Ontology）是对概念体系的明确的、形式化的、可共享的规范，可以看作结构化知识库的概念模板，通过本体而形成的实体数据库层次结构清晰，冗余度较小。根据概念层和数据层的建设顺序，知识图谱又分为先定义本体和数据规范，再抽取数据的"自顶向下型"和先抽取实体数据，再逐层构建本体的"自底向上型"两种模式。前者适用于场景较为固定，且存在可量化行业逻辑的领域，如金融、医疗、法律等；后者适用于新拓展的，有大量数据积累，行业逻辑难以直接展现的领域。

4. 通用知识图谱 vs. 领域知识图谱

知识图谱可以简单分为通用知识图谱和领域知识图谱两类。

（1）通用知识图谱

2012 年由 Google 所提出的知识图谱即为通用知识图谱，它是面向全领域的。通用知识图谱主要应用于面向互联网的搜索、推荐、问答等业务场景。常见的通用知识图谱有百度、谷歌、DBpedia、Yago、Wikidata 等。通用知识图谱面向通用领域、以常识性知识为主，其形态通常为结构化的百科知识，使用者一般是普通用户，强调的是知识的广度。

（2）特定领域知识图谱

特定领域知识图谱是面向特定领域的知识图谱，它的用户目标对象需要考虑行业中各种级别的人员，不同人员对应的操作和业务场景不同，因而需要一定的深度与完备性。特定领域知识图谱对准确度要求非常高，通常用于辅助各种复杂的分析应用或决策支持，有严格与丰富的数据模式，特定领域知识图谱中的实体通常属性比较多且具有行业意义。目前特定领域知识图谱已经在金融、医疗等很多领域有了很好的应用。

需要说明的是，通用知识图谱与特定领域知识图谱并不是相互对立的，而是一个相互补充的关系，利用通用知识图谱的广度结合特定领域知识图谱的深度，可以形成更加完善的知识图谱。通用知识图谱中的知识，可以作为特定领域知识图谱构建的基础；而构建的特定领域知识图谱，也可以融入通用知识图谱中。两者是相辅相成，可以结合使用的。二者比较如表 3-1 所示。

表 3-1　通用知识图谱与领域知识图谱比较

	通用知识图谱	特定领域知识图谱
知识来源与规模化	以互联网开放数据源（如 Wikipedia）或社区众包为主要来源，规模越来越大	以特定领域或企业内部数据为主要来源，规模扩大难度高
对知识表示的要求	主要以三元组事实型知识为主，通常是自底向上型本体构建	知识结构更加复杂，通常包含较为复杂的本体工程和规则型知识
对知识质量的要求	较多地采用面向开放域的 Web 抽取，对知识抽取质量有一定容忍度	知识抽取的质量要求更高，较多地依靠从企业内部的结构化、非结构化数据进行联合抽取，并依靠人工进行审核校验，保障质量
对知识融合的要求	融合主要起到提升质量的作用	融合多源的领域数据是扩大构建规模的有效手段
知识的应用形式	主要以搜索和问答为主要应用形式，对推理要求较低	应用形式更加全面，除搜索问答外，通常还包括决策分析、业务管理等，对推理的要求更高，并有较强的可解释性要求
实例	DBpedia、Yago、百度、谷歌等	电商、医疗、金融、农业、安全等专业知识图谱

3.3.2　知识图谱的构建

总体而言，搭建知识图谱从数据源开始，经历了知识抽取、知识融合、知识加工等步骤。原始的数据通过知识抽取或数据整合的方式转换为三元组形式，然后三元组数据再经过实体对齐，加入数据模型，形成标准的知识表示，过程中产生的新关系组合，会通过知识推理形成新的知识形态，与原有知识共同经过质量评估，完成知识融合，最终形成完整形态上的知识图谱。简要的知识图谱构建过程如图 3-22 所示。

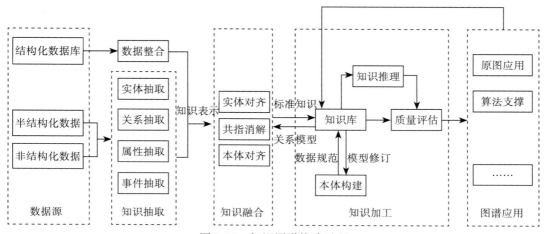

图 3-22　知识图谱构建过程

1. 数据源

知识图谱数据可以从多种来源获取，包括文本、结构化数据库、多媒体数据、传感器数据和人工众包等。每一种数据源的知识化都需要综合各种不同的技术手段。例如，对于文本数据源，需要综合实体识别、实体链接、关系抽取、事件抽取等各种自然语言处理技术，实现从文本中抽取知识。

结构化数据库如各种关系数据库，也是最常用的数据来源之一。已有的结构化数据通常不能直接作为知识图谱使用，而需要将结构化数据定义到本体模型之间的语义映射，再通过编写语义翻译工具实现结构化数据到知识图谱的转化。半结构化数据具有一定的结构性，非结构化数据的数据结构则不规则或不完整。此外，还需要综合采用实体消歧、数据整合、知识链接等技术，提升数据的规范化水平，增强数据之间的关联。语义技术也被用来对传感器产生的数据进行语义化。这包括对物联设备进行抽象，定义符合语义标准的数据接口，对传感数据进行语义封装，以及对传感数据增加上下文语义识别抽述等。

人工众包也是获取大规模知识图谱的重要手段。例如，Wikidata 和 Schema.org 都是比较典型的知识众包技术手段。此外，还可以开发针对文本、图像等多种媒体数据的语义标注工具，辅助人工进行知识获取。

2. 知识抽取

知识抽取（Knowledge Extraction）是指在人工智能和知识工程系统中，机器（计算机或智能机）如何获取知识的问题。知识抽取即从各类数据源中提取实体、属性以及实体间的相互关系，在此基础上形成本体化的知识表达。知识抽取可分为如下四种类型。

（1）实体抽取

指在信息源中识别出特定的元素标签，并与实体库中的标签相链接，是信息抽取中最基础的部分。实体抽取可分为基于规则与词典、基于统计机器学习和面向开放域三种抽取方法。

（2）关系抽取

关系抽取意在找到信息源中实体间的关系，可分为全局抽取和局部抽取。全局抽取是通过语料库对信息源中的所有关系对进行抽取，而局部抽取则是判断一句话中实体的关系类型，目前可以通过特征标注的有监督学习和借助外部知识库进行标注的远程监督学习实现。相比全局抽取，局部抽取更节省人工标注成本，但准确率略低。

（3）属性抽取

指对信息源中实体的特征和性质进行抽取。由于实体的属性可以被视为实体与属性值之间的一种名词性关系，属性抽取问题也可以被视为关系抽取问题。

（4）事件抽取

是将信息源中指定的事件信息抽取，并结构化地表现出来，包括事件的时间、地点、人物、原因、结果等，通常使用将事件划分多个分类阶段的 pipeline 方法和利用神经网络的深度学习方法。事件抽取拥有时间维度，可以与时俱进地迭代学习，是知识图谱知识更新的重要手段。

按照获取方式不同，知识抽取可以有狭义和广义两种形式。狭义知识抽取指人们通过系统设计、程序编制和人机交互等方式，人工把知识移植给系统。例如，知识工程师利用知识表示技术，建立知识库，使专家系统获取知识。广义知识抽取则是指除了以上知识获取之外，机器还可以自动或半自动地获取知识。例如，通过机器学习进行知识积累，或者通过机器感知直接从外部环境获取知识，对知识库进行增删、修改、扩充和更新。

3. 知识融合

知识融合（Knowledge Fusion）指从概念层和数据层两方面，通过知识库的对齐、关联、合并等方式，将多个知识图谱或信息源中的本体与实体进行链接，形成一个更加统一、稠密的新型知识图谱，是实现知识共享的重要方法。概念层的知识融合主要表现为本体对齐，是指确定概念、关系、属性等本体之间映射关系的过程，一般通过机器学习算法对本体间的相似度进行计算来实现。根据自然语言类型，可分为单语言对齐和跨语言对齐，其中跨语言对齐是实现知识国际交流的重要方式。数据层的知识融合主要表现为共指消解和实体对齐，前者意在将同一信息源中的同一实体的不同标签统一，实现消歧的目的；后者是将不同信息源中的同一实体进行统一，使信息源之间产生联结。知识融合的使用能够大量应用人类已有知识储备，节省成本，是快速搭建知识图谱的必要手段，也是现代知识图谱应用中重要的研究领域。

4.知识加工

经过知识抽取和知识融合，实体和本体从信息源中被识别、抽取、统一，最后得到的知道库是对客观事实的基本表述。但客观事实和知识库还不是知识图谱需要的知识体系，要想获得结构化的知识网络，还需要经过本体构建、知识推理和质量评估等知识加工过程。

（1）本体构建

知识本体是对概念体系的明确的、形式化的、可共享的规范。本体构建是知识图谱内实体连通的语义基础，以"点线面"组成的网状结构为表现形式，"点"代表不同实体，"线"代表实体间的关系，"面"则是知识网络。本体可以通过人工总结专家经验进行手动编程，也可以由机器学习驱动进行自动构建，本体库的深度和广度，往往决定了知识图谱的应用价值

（2）知识推理

知识推理是通过对已有实体间关系的计算，找到新关联，从而丰富新知识的过程，包括公理性推理和判断性推理。知识推理是知识补全、知识校验和知识更新的重要手段，知识推理的主要方法包括基于规则的推理、基于分布式表示学习的推理、基于神经网络的推理、混合推理等。

（3）质量评估

质量评估是知识加工最后的"质检"环节，能确保经本体构建和知识推理得到的知识是合理的，且符合知识图谱应用目的。根据所建设知识图谱的类型和具体用途，质量评估的标准有所不同。

3.3.3　知识图谱应用

知识图谱的核心价值在于对多源异构数据和多维复杂关系的处理与可视化展示，其底层逻辑是将人类社会生活与生产活动中难以用数学模型直接表示的关联属性，利用语义网络和专业领域知识进行组织存储，形成一张以关系为纽带的数据网络。通过对关系的挖掘与分析，知识图谱能够找到隐藏在行为之下的利益链条和价值链条，并进行直观的图例展示。在面对数据多样、复杂、孤岛化，且单一数据价值不高的应用场景，并存在关系深度搜索、规范业务流程、规则和经验性预测等需求时，使用知识图谱解决方案将带来最佳的

应用价值。对知识图谱的应用主要分为"原图应用"与"算法支撑应用"两大类。

1. 原图应用

原图应用是指直接通过图谱产生价值的服务形式。图谱根据概念层和数据层的区别可以分为通用知识图谱和特定领域知识图谱。通用知识图谱信息一般来自开放的互联网，其三元组多为具有普适性的常识知识，知识覆盖的广泛性越强，价值越凸显，其特性更适用于如谷歌、百度、搜狗等百科型搜索引擎，被视为下一代搜索引擎的核心技术，是支持智能搜索的主要底层技术。而特定领域知识图谱则更看重具体场景中的认知深度，以及与行业 know-how 的结合程度，在此基础上实现的知识检索、隐藏关系挖掘和缺失数据补足，能很好地满足特定领域知识查询的需求，例如企业业务流程查询、司法领域案例查询、警务领域嫌疑人关系查询等，是支持智能交互系统、智能决策系统的底层技术。

2. 算法支撑应用

算法支撑应用是指通过知识图谱对来自信息源的数据进行处理，将产出的结构化关联数据用于算法模型训练和应用，得到能解决具体场景问题的研判建议，从而形成解决办法并产生价值的服务形式。结合垂直行业 B 端市场的需求特点，由知识图谱作为算法支撑的智能解决办法具有更高的市场价值和更广阔的想象空间，被广泛用于智能推荐、辅助判案、业绩预测、设备智能维护等偏向于认知智能类的工作。

3.3.4　知识图谱未来发展

未来的一段时间内，知识图谱仍将是人工智能从感知智能迈向认知智能的主要支撑。但是，目前在知识推理、关系抽取、实体链指、知识表示、知识融合等很多领域都还有很多技术难题需要解决，我们不得不承认的一个残酷事实就是"机器依然没有常识"。同时，知识图谱的产业应用也依然处在初级阶段，如何去探索更多的应用场景和新的应用算法都是亟待研究的课题。知识图谱的发展前景还包括以下 4 点。

1. 大规模知识图谱的自动化构建

人类知识浩如烟海，依靠人力手工构建大规模、通用型知识图谱是不现实的。因此，知识图谱的构建逐渐开始从人工构建、群体众包构建发展到大规模自动化构建。目前，利用 NLP 技术、图计算、知识表示学习等手段实现自动化或半自动化构建，是知识图谱领域发展的重要趋势。

2. GNN 带动复杂推理、提高可解释性

联结主义中的深度学习算法几乎代表了当代整个人工智能技术，但深度学习需要具有明确因果关系的数据对训练，且存在缺乏解释性的黑箱等问题，在掺杂众多非线性问题的复杂场景中应用价值有限。与知识图谱配合使用，在一定程度上可以解决此类问题。随着

关系向量法的深入研究，图神经网络（Graph Neural Networks，GNN）将走向产业应用，GNN 是近年来人工智能领域最热门的话题之一，是用于图结构数据的深度学习架构。它将端到端学习与归纳推理相结合，业界普遍认为其有望解决深度学习无法处理的因果推理、可解释性等一系列瓶颈性的问题，是未来 3 ~ 5 年值得关注的重点方向，届时，依托于行业知识与经验的深度学习将产生更多贴近产业核心的认知智能应用，人工智能技术也将更加接近实现生产力升级的终极目标。

3. 知识来源融合和全局知识聚合

未来可以考虑逐步从符号表示与向量表示的融合过渡到知识、语言与视觉的表示融合，让文本、视觉的表示与符号表示相互影响、相互增强，在统一的向量化表示空间实现深度融合。融合的知识学习有利于形成知识聚合，形成所谓全局知识聚合（人类的知识体系是全局知识）。而知识聚合正是"使机器具备常识"这一宏伟目标的可行路径之一，也是很多认知智能应用的核心能力。

4. 拓展行业应用

虽然目前知识图谱在智能搜索、智能问答、智能推荐等方面已经得到了很好的应用，但基于知识图谱能够实现的功能远不止这些，未来可以在更多的行业中引入。比如针对低数据资源条件的业务问题，并不需要非常复杂的算法模型，构建知识图谱反而是更加直接和有效的方法。

● **扩展讨论：AI 技术的未来发展方向**　●━○━●━○━●

尽管深度学习已经在人工智能领域做出重大贡献，但这项技术本身仍存在一个致命缺陷：需要大量数据的加持。因此，减少深度学习对数据的依赖性已经成为 AI 研究人员最重要的探索方向之一。2019 年，被誉为"卷积神经网络之父"的计算机科学家 Yann LeCun（自称中文名"杨立昆"）提出"自我监督学习"的发展蓝图。Yann LeCun 是 Facebook 首席人工智能科学家、纽约大学教授。

● **训练集困境和强化学习**　●━○━●━○━●

首先，LeCun 强调，深度学习的局限性实际上正是监督学习技术的局限性。所谓监督学习，属于一类需要对训练数据进行标记才能正常完成学习的算法。例如，如果希望创建图像分类模型，则必须为系统提供经过适当分类标记的大量图像，由模型在其中进行充分的训练。LeCun 同时补充道，深度学习适用于多种不同学习范式，包括监督学习、强化学习以及无监督 / 自我监督学习等。但是，到目前为止，强化学习与无监督学习只能算是在理论上存在的其他机器学习算法类型，还极少在实践场景中得到应用。

人们对于深度学习以及监督学习的抱怨并非空穴来风。当下，大部分能够实际应用的深度学习算法都基于监督学习模型。我们日常使用的图像分类器、人脸识别系统、语音识别系统以及众多其他 AI 应用都需要利用数百万个带有标记的示例进行充分训练。

深度学习已经在癌症检测等工作中扮演越来越重要的角色，而且事实证明，其确实能够在部分人类无法解决的问题中发挥核心作用。例如，社交媒体巨头们正纷纷利用这类技术审核并通报用户在平台上发布的大量内容。LeCun 表示："如果把深度学习元素从 Facebook、Instagram 以及 YouTube 等厂商中剥离出来，它们的业务会瞬间崩溃。事实上，它们的业务完全围绕深度学习构建而成。"

但正如前文所述，监督学习只适用于具备充足高质量数据，且数据内容足以涵盖所有可能情况的场景。一旦经过训练的深度学习模型遇到不同于训练示例的全新状况，它们的表现将彻底失去控制。

深度强化学习则在游戏与模拟场景中表现出强大能力。过去几年，强化学习已经征服了众多以往人工智能无法攻克的游戏项目。当下，AI 程序在《星际争霸 2》、*Dota* 等竞技游戏以及具有悠久历史的围棋领域中正火力全开，面对人类顶尖选手也毫不逊色。

但是，这些 AI 程序在摸索解决问题的方法方面与人类完全不同。强化学习代理几乎就是一张白纸，我们只为其提供在特定环境中能够执行的一组基本操作。接下来，AI 会不断自行尝试，通过反复试验来学习如何获取最高奖励（例如尽可能在游戏中取胜）。当问题空间比较简单，而且我们拥有充足的计算能力以多次迭代实验时，这类模型就能正常起效。在大多数情况下，强化学习代理要耗费大量时间以掌握游戏精髓，而巨大的成本也意味着这类技术只能存在于高科技企业内部或者由其资助的研究实验室当中。

强化学习系统的另一大短板体现在迁移学习方面。例如，如果要玩《魔兽争霸 3》，那么即使是已经精通了《星际争霸 2》的代理，也需要从零开始接受训练。实际上，即使对《星际争霸 2》游戏环境做出一点点改动，都会严重影响 AI 的实际表现。相反，人类非常擅长从一款游戏中提取抽象概念，并快速将其迁移至新的游戏当中。

强化学习在面对无法准确模拟的现实问题时同样显示出强烈的局限性。LeCun 曾提到："如果想要训练一辆无人驾驶汽车，我们该怎么办？这类使用场景确实很难准确模拟，因此为了开发出一台真正具备无人驾驶能力的汽车，我们恐怕得撞毁很多很多汽车。"而且与模拟环境不同，我们不仅无法在现实场景中快速进行实验，现实实验还会带来巨大的成本。

● 深度学习面前的三座大山 ●━━○━●━━○━●

LeCun 将深度学习面临的挑战分为以下三点。

首先，我们要开发出能够利用更少样本或者更少试验学习完成训练的 AI 系统。LeCun 指出："我的建议是使用无监督学习，我个人更倾向于称其为自我监督学习，因为其中用到的算法仍然类似于监督学习，只是监督学习的作用主要在于填补空白。总而言之，在学习任务之前，系统需要首先了解这个世界。婴儿或者小动物都是这样成长的。我们先接触这个世界，理解其运作规律，而后才考虑如何解决具体任务。只要能看懂这个世界，那么学习新任务就只需要很少的试验次数与样本量。"婴儿在出生后的前几个月内，会快速建立起关于引力、尺寸与物体形状的概念。虽然研究人员还无法确定其中有多少属性会与大脑建立起硬连接，其中又存在多少具体认知，但可以肯定的是，我们人类是先观察周边世界，而后才实际行动并与之交互。

其次，我们要构建起具备推理能力的深度学习系统。众所周知，现有深度学习系统的推理能力相当薄弱。LeCun 指出："问题在于，我们要如何超越现有前馈计算与系统 1？我们要如何让推理与基于梯度的学习方式互相兼容？我们要如何在推理中实现差异性？这些都是最基本的问题。"系统 1 是指那些不需要主动思考的学习任务，例如在已知区域内导航或者进行少量计算。系统 2 则代表一种较为活跃的思维方式，需要推理能力的支持。LeCun 坦言，在实现深度学习系统的推理能力方面"并不存在一种完美的答案"。

最后，我们要建立深度学习系统，确保其能够学习并规划复杂的行动序列，进而将任务拆分为多个子任务。深度学习系统擅长为问题提供"端到端"解决方案，但却很难将其分解为可解释且可修改的特定步骤。

自我监督学习

自我监督学习的基本思路是开发出一种能够填补上述空白的深度学习系统。

LeCun 解释道："我们只需要向此类系统展示输入、文本、视频甚至是图像，而后剔除出其中一部分，便可由经过训练的神经网络或者您选定的类或模型预测这些缺失的部分。预测对象可以是视频内容的后续走向，也可以是文本中缺少的词汇。"目前市面上最接近自我监督学习系统的当数 Transformers，这是一种在自然语言处理领域大放异彩的架构方案。Transformers 不需要标记数据，它们可以通过维基百科等资料进行大规模非结构化文本训练。而且事实证明，与之前的同类系统相比，Transformers 在生成文本、组织对话以及建立回复内容方面拥有更好的表现（但它们仍然无法真正理解人类语言）。

Transformers 已经相当流行，并成为几乎一切最新语言模型的基础技术，具体包括谷歌的 BERT、Facebook 的 RoBERTa、OpenAI 的 GPT2 以及谷歌的 Meena 聊天机器人。最近，AI 研究人员还证明，Transformers 能够进行积分运算并求解微分方程——换言之，它已经展现出解决符号处理问题的能力。这可能预示着 Transformers 的发展最终有望推动神经网络突破模式识别与近似任务统计等传统应用的研究发展。

截至目前，Transformers 已经证明了自己在处理离散数据（例如单词与数学符号）方面的价值。LeCun 指出："训练这类系统比较简单，因为虽然单词遗漏可能造成一定程度的不确定性，但我们可以利用完整词典中的巨大概率矢量来表达这种不确定性，所以问题不大。"但 Transformers 还没能将自己的威力引入视觉数据领域。

LeCun 解释称："事实证明，在图像与视频中表达不确定性并做出预测，其难度要远高于文本层面的不确定性表达与预测。这是因为图像与视频内容并非离散存在。我们可以根据词典生成所有单词的分布情况，但却不可能表达所有潜在视频帧的分布情况。"

LeCun 个人最偏好的监督学习方法，是所谓"基于能量的潜变量模型"。其中的核心思路在于引入一个潜变量 Z，该变量用于计算变量 X（视频中的当前帧）与预测值 Y（视频的未来帧）之间的兼容性，并选择具有最佳兼容性得分的结果。LeCun 进一步阐述了基于能量的模型与自我监督学习的实现方法。

LeCun 还说："我认为自我监督学习才是未来。这意味着我们的 AI 系统与深度学习系统将更上一层楼。也许它们能够通过观察了解关于现实世界的充足背景知识，进而形成自己的某种常识体系。"自我监督学习的主要优势之一，在于 AI 能够输出巨大的信息量。在强化学习中，AI 系统训练只能由标量级别来决定。模型本身会收到一个数值，用于表示对相关行为的奖励或惩罚。在监督学习中，AI 系统会为每条输入预测出对应的类别或数值。而在自我监督学习中，输出则能够扩展为完整的一幅甚至一组图像。LeCun 表示："信息会更为丰富。而且只需要更少的样本量，系统就能掌握关于真实世界的更多知识。"

必须承认的是，不确定性问题的处理方式仍然有待探索，但如果解决方案真正出现，AI 技术将会有一个光明的未来。LeCun 指出："如果把人工智能看成一块蛋糕，那么自我监督学习就是糕饼部分。下一轮 AI 革命的核心将不在于监督学习，也不在于纯粹的强化学习。"

● **思考题** ●—●——○—●——○

1. 请思考关于机器学习的三个问题：机器应该向谁学？学什么？怎么学？相比之下，人类又应该向谁学？学什么？怎么学？

2. 结合"扩展讨论"，你觉得"机器学习"和"深度学习"的局限是什么？乔姆斯基为什么认为"深度学习并未探寻世界本质"？

3. 基于你对知识图谱的理解，你认为对机器来说，"具备专业知识"和"具备常识"哪个更难？相比之下，对人类来说，哪个更难？为什么会这样？

4. 基于你对知识图谱的理解，你觉得利用知识图谱技术，能否让机器具备归纳、演绎、推理、规划等人类认知智能？

5. 结合前 4 个问题以及"扩展讨论"，你认为现阶段人类智能和机器智能的根本区别是什么？人工智能的三大学派未来会如何发展？

第 4 章

智能语音（语言）技术

感知智能是新一代人工智能发展最快的领域，语音（语言）类技术则是实现感知智能的一种重要手段，它使得人和计算机之间的交互更贴近人类本身，人类可以使用方便、自然的语言进行表达，而且帮助人机交互突破了"聋哑"状态，让人类在一定程度上摆脱了键盘、触摸屏的桎梏。例如，处于驾驶状态时，我们可以通过语音助手来查看智能手机上的信息，从而避免因视觉查看而导致的注意力不集中等安全隐患的发生。

语音（语言）类技术涉及模式识别、数字信号处理、微机技术、语言声学、语言学和认知科学等诸多方面。本书主要从自然语言处理、语音识别、机器翻译和语音交互这 4 个方面来介绍智能语音（语言）技术。

4.1　自然语言处理

4.1.1　自然语言处理概述

1. 人类的自然语言

自然语言是相对于人造语言（如 C 语言、Java 语言）而言的，是指生物同类之间由于沟通需要而制定的指令系统，与逻辑相关，具有多义性、上下文相关性、模糊性、非系统性、环境相关性、理解与所应用的目标相关（如目标是回答问题、执行命令或者机器翻译）等特点。自然语言通常会自然地随文化发生演化，如英语、汉语、日语等都是自然语言，是人们进行交互和思想交流的媒介性工具。目前在生物界只有人类才能使用体系完整的语言进行沟通和交流。

自然语言有口语和书面语两种基本表现形式。口语信息包括很多语义上不完整的词句，如果听众对于演讲主题的主观知识不是很了解，就可能无法理解这些口语信息。相较于口语，书面语比口语结构性要强，而且"噪声"也比较小。用自然语言进行交流，不管是以交谈的形式，还是以文字的形式，都和参与者的语言技巧、掌握的领域知识和谈话预期高度相关。所以，理解语言不仅是对文字的简单翻译，还需要推测说话人的目的、知识和假设，并结合交谈的上下文语境。

自然语言虽然可以表示成一连串文字符号或一串声音流，但其内部实际上是一个层次化的结构，这在语言的构成中可以体现出来。

- 文字表达的句子的层次：词素→词或词形→词组或句子。
- 声音表达的句子的层次：音素→音节→音词→音句。

其中，每个层次都受到文法规则的制约。自然语言是一个复杂的现象，包括各种处理，如语法解析、高层语义推论，甚至能通过节奏和音调传达情感内容。为了应对这个复杂性，我们可以从韵律、音韵、词态、句法、语义、语用和世界知识 7 个层次分析自然语言。

1）韵律（Prosody）：与发音相关，旨在处理语言的节奏和语调，较难形式化。然而，其重要性在诗歌和宗教圣歌的强大感染力中是很明显的，就如同节奏在儿童记单词和婴儿牙牙学语中具有的作用。

2）音韵（Phonology）：处理的是形成语言的声音，如汉语拼音和四声调。

3）词态（Morphology）：词态是可用于自然语言理解的有用信息，其信息量的大小取决于具体的语言种类。中文没有太多的词态变换，仅存在不同的偏旁，导致出现词的性别转换的情况（例如"他"和"她"）。而英语等语言中控制单词构成的规律较为多样，如前缀（un-、non-、anti- 等）的作用和改变词根含义的后缀（-ing、-ly 等）。

4）句法（Syntax）：主要用来研究词语如何组成合乎语法的句子。句法提供单词组成句子的约束条件，为语义的合成提供框架。

5）语义（Semantics）：多用来考虑单词、短语和句子的意思以及自然语言表示中所传达的意思。

6）语用（Pragmatics）：涉及使用语言的方法和对听众造成的效果。例如，语用学能够指出为什么通常用"知道"回答"你知道几点了吗？"是不合适的。

7）世界知识（World Knowledge）：包括自然世界、人类社会交互世界的知识以及交流中目标和意图的作用。这些通用的背景知识对于理解文字或对话的完整含义是必不可少的。

虽然这些分析层次看上去十分自然，而且符合心理学规律，但是它们在某种程度上是在强加对语言的人工划分。在实际应用中，往往会存在不同层次间的广泛交互，如语调和节奏的变化也会影响说话者想表达的含义，讽刺的使用就是一个很好的例子。这种交互在语法和语义的关系中也体现得非常明显，如短语结构往往会影响我们对句子含义的理解。交互影响给确切的分界线划分带来了一定难度。

2. 自然语言处理（Natural Language Processing，NLP）

自然语言处理是所有与自然语言的计算机处理有关的技术的统称，指用计算机对自然语言的字、词、句、篇章的输入、输出、识别、分析、理解、生成的操作和加工。其目标是给计算机配备各种语言知识，使其能够接受人们采用自然语言给它输入的命令，理解人们所要表达的意思，从而实现文摘生成（产生输入文本的摘要）、释义（用不同的词语和句型复述输入的自然语言信息）、翻译（把一种语言转换成另一种语言）、回答问题（正确地回答用自然语言输入的有关问题）等功能。

因此，自然语言处理是一个相对宽泛的概念，其与人工智能、机器翻译、语音识别、语音交互等概念的关系如图 4-1 所示。

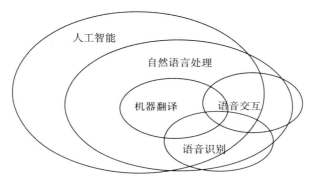

图 4-1　计算机语音（语言）技术关系图

自然语言处理与知识信息处理密切相关。为了理解自然语言输入，计算机必须具备大量的语言学知识和外部世界知识，因此人类要给计算机配备一个大型的知识库系统。人工智能的许多研究成果可以很好地应用到自然语言处理的研究中。同样地，自然语言处理技术的研究，又可以反过来丰富知识信息处理的研究内容，推动人工智能技术的发展。

自然语言处理是人工智能产业发展的核心技术之一，是人工智能的基础技术，其发展对于整个社会有着深远的意义。

首先，专家系统、数据库、知识库、计算机辅助设计系统、计算机辅助教学系统、计算机辅助决策系统、办公室自动化管理系统、智能机器人等，无一不需要用自然语言做人机交互界面。如果计算机能够理解、处理自然语言，实现用自然语言和人类进行通信，那么人机之间的信息交流就能够以人们熟悉的语言进行，人类无须再花大量的时间和精力去学习各种计算机语言。

其次，由于创造和使用自然语言是人类高度智能的表现，因此对自然语言处理的研究也有助于揭开人类高度智能的奥秘，深化对语言能力和思维本质的认识。作为一门由计算机科学、人工智能和语言学三门学科融合的新兴领域，自然语言处理的长远发展对每个学科都具有重大的意义和影响力。

4.1.2　自然语言处理分类

自然语言处理大体包括了"自然语言理解"和"自然语言生成"两个部分。自然语言理解是使计算机能够理解自然语言文本的意义；自然语言生成则是使计算机能以自然语言文本来表达给定的意图、思想等。二者都是自然语言处理的分支，只有相互结合才能实现人机间的自然语言通信。从表面上看，自然语言生成是自然语言理解的逆过程，但实际上二者的侧重点不同。自然语言理解实际上是使被分析文本的结构和语义逐步清晰的过程，但自然语言生成的研究重点则是确定哪些内容是必须生成的，并且可以满足用户需要，而哪些内容又是冗余的。

尽管研究的侧重点不同，但自然语言生成与自然语言理解有诸多共同点：

- 二者都需要利用词典、词类划分和词义。
- 二者都需要利用语法规则，同一种语言的生成语法规则和理解语法规则一致。
- 二者都要解决指代、省略等语用问题。在理解篇章时，需要解释句子的指代实体、省略内容以及句间关系，而在生成篇章时，同样要用到这些话语结构理论。

历史上对自然语言理解研究得较多，而对自然语言生成研究得较少，但这种状况目前已有所改变。下面将对自然语言理解和自然语言生成这两部分进行详细介绍。

1. 自然语言理解

自然语言理解以语言学为基础，融合了逻辑学、计算机科学等学科。以自然语言作为输入，通过对语法、语义、语用进行分析，获取并输出机器可读的自然语言的语义表示，使计算机能够理解自然语言的含义。

实现一个自然语言理解程序需要表示出所涉及领域中的知识和期望，并能进行有效的推理，还必须考虑一些重要的问题，如非单调、信念改变、比喻、规划、学习和人类交互的实际复杂性，这些问题正是人工智能本身的核心问题。虽然不同自然语言理解程序的组织采用不同的原理和应用，但它们都必须将原句子的含义翻译成一种内部程序可理解的表达方式。一般情况下，自然语言理解均遵循以下过程。

第一阶段是解析，即分析句子的句法结构。验证句子在句法上的合理构成并决定语言的结构是该阶段的主要任务。通过识别主要的语言关系，如主—谓、动—宾和名词—修饰，解析器可以运用语言中语法、词态和部分语义知识为语义解释提供一个框架。通常用解析树对其进行表示。

第二阶段是语义解释，旨在对文本的含义生成一种表示。它会使用到如名词的格或动词的及物性等关于单词含义和语言结构的知识。其他的一些通用的表示方法包括概念依赖、框架和基于逻辑的表示法等。

第三阶段是将知识库中的结构添加到句子的内部表示中，以生成句子含义的扩充表示，比如添加用以充分理解语言所必需的世界知识。

大部分自然语言理解系统中都包含这三个阶段，但是相应的软件模块不一定被明确划分出来。比如，许多程序直接生成内部语义解释，而不生成明确的解析树。

2. 自然语言生成

自然语言生成是人工智能和计算语言学的重要分支，其对应的语言生成系统可以被看作基于语言信息处理的计算机模型，该模型从抽象的概念层次开始，通过选择并执行一定的语法和语义规则，完成由某种中间表示到自然语言的转换过程。自然语言生成的目的是通过预测句子中的下一个单词来传达信息并实现交际。使用语言模型可以解决在数百万种选择中预测某个单词的可能性的问题，该模型是单词序列上的概率分布。例如，为了预测"Tomorrow, I'm going to drink"后的下一个单词，该模型为一组可能的单词分配了一个概率，这些单词可以是"coffee""tea"等。

从经济角度，自然语言生成系统作为人们生活中的交际工具，利用语言知识和领域知识来生成文本、分析报告、帮助消息等，体现出在生产速度、纠错、多语言生成等方面的优势。而另一方面，自然语言生成系统是检验特定语言理论的一种技术手段，无论是在理论上还是在描述上，其工作过程都与研究自然语言本身有着紧密的联系，涉及语言理论诸多方面的内容。自然语言生成系统的主要架构有两种类型：流线型和一体化型。

流线型的自然语言生成系统由几个不同的模块组成，各模块之间是不透明、相互独立的，每个模块之间的交互仅限于输入输出，当一个模块内部做出决定后，后面的模块无法改变这个决定。

一体化型的自然语言生成系统的模块之间是相互作用的，当一个模块内部无法做出决策时，后续模块可以参与该模块的决策。虽然一体化型的自然语言生成系统更符合人脑的思维过程，但是实现起来较为困难，所以现实中较常用的是流线型的自然语言生成系统。

流线型的自然语言生成系统包括内容规划、句子规划、表层生成 3 个模块。内容规划决定说什么，句子规划则负责让句子更加连贯，表层生成决定怎么说。其具体架构如图 4-2 所示。实际上，多数自然语言生成系统的体系结构会随着具体应用的变化而有所不同。

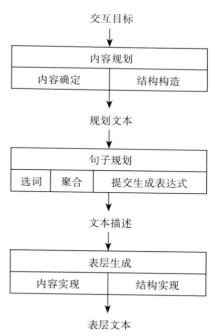

图 4-2　流线型自然语言生成系统架构

4.1.3　自然语言处理技术基础

许多语言学家将自然语言处理技术分为 5 个基本层次：语音分析、词法分析、句法分析、语义分析和语用分析，下面将逐一进行简要介绍。

1. 语音分析

语音分析就是根据音位规则以及人类的发音习惯，从语音流中区分出一个个独立的音素，再根据音位形态规则找出一个个音节及其对应的词素或词，进而由词到句，识别出句子中的信息，并将其转化为文本进行储存。这也是语音识别的核心。语音识别的相关内容将在下一节中进行详细阐述。当然，如果面对的是文字语言，则不包括这一步。

2. 词法分析

词法指词位的构成和变化的规则。词法分析是理解单词的基础，这个阶段的任务是从左到右逐个字符地读入自然语言，对其字符流进行扫描，然后根据构词规则识别单词。其主要目的是通过从句子中切分出单词，找出词汇的各个词素，从中获得单词的语言学信息并确定单词的词义。

不同的语言在进行词法分析时有着较大差别，以汉语和英语为例，汉语具有很多特征：大字符集（常用汉字约有六七千字）、词与词之间没有明确分隔标记、多音现象严重、缺少形态变化（单复数、时态）等。这些特点给汉语词法分析带来了很多问题，如分词词表的建立、重叠词区分（如"亮"和"亮亮的"）、歧义字段切分、专有名词识别等。与汉语相比，切分一个英文单词则变得容易很多，因为单词之间是以空格自然分开的，所以找出句子的一个个词汇就很方便。然而，由于英语单词有词性、数、时态、派生及变形等多种变化，找出各个词素是比较复杂的，需要分析其词尾或者词头，如 unkindness，该单词可以是 un-kind-ness 或者 unkind-ness，因为它包含 3 个词素：un、kind 和 ness。一般来说，词素可以为词法分析提供许多有用的语言学信息。如英语中构成词尾的词素"ed"通常是动词的过去分词等，这些信息十分有利于句法分析。而且，尽管一个词可以派生出许多其他词汇，如 wash 可变化出 washes、washing 等，但是通常这些词的词根只有一个。所以，自然语言处理系统中的电子词典一般只放词根，并支持词素分析，这样便可以大大缩小电子词典的规模。

词性标注也是词法分析的一部分。在给定一个切好词的句子后，词性标注的目的是为每一个词赋予一个类别，这个类别称为词性标记，如名词、动词、形容词等。一般来说，属于相同词性的词，在句法中会承担相似的角色。

3. 句法分析

句法是指组词成句的规则。句法分析是自然语言处理中的基础性工作，它主要有两个作用：一是分析句子的句法结构（如主谓宾结构）和词汇间的依存关系（如并列、从属），确定句子中各组成成分之间的关联，并把这些关联用层次结构表达出来。二是对句法结构进行规范化。这既能满足自然语言理解任务自身的需求，还可以为语义分析、观点抽取等其他自然语言处理任务打下基础，提供支持。例如，对自然语言包含的语义进行分析时，通常以句法分析的结果作为语义分析的输入，以便从中获得更多的语义指示信息。在对一个句子分析的过程中，分析的结果往往以用树形图表示出来，这种图称为句法分析树。句法分析是由专门设计的分析器进行的，其过程就是构造句法树的过程，即将每个输入的合法语句转换为一棵句法分析树。句法分析树的建立可以采用自顶向下的方法，也可以采用自底向上的方法。

根据句法结构的不同表示形式，可以将句法分析任务划分为以下 3 种。

1）依存句法分析：主要任务是识别句子中词汇之间的相互依存关系。

2）短语结构句法分析：也称作成分句法分析，主要任务是识别句子中短语结构和短语之间的层次句法关系。

3）深层文法句法分析：主要任务是利用深层文法，对句子进行深层的句法及语义分析，这些深层文法包括词汇化树邻接文法、词汇功能文法、组合范畴文法等。

4. 语义分析

语义指的是自然语言所包含的意义。在计算机科学领域，可以将语义理解为数据对应的现实世界中的事物所代表概念的含义。语义分析指运用各种机器学习方法，让机器学习与理解一段文本所表示的语义内容，把分析得到的句法成分与应用领域中的目标表示相关联。语义分析是一个非常广的概念，任何对语言的理解都可以归为语义分析的范畴。它主要包含词汇级语义分析、句子级语义分析和篇章级语义分析 3 种。

词汇级语义分析包括词义消歧和词语相似度等。在自然语言中，一个词语经常具有多种含义。比如，在"他把碗打碎了"和"他很会与人打交道"中，"打"字有着不同的内涵。语义消歧的主要任务是给定输入后，根据上下文判断词语的意思。词语相似度则用来表示两个词语在不同的上下文中可以互相替换使用而不改变文本的句法语义结构的可能性。该可能性越大，二者的相似度就越高，否则相似度就越低。句子级语义分析则包含浅层语义分析和深层语义分析等。通过深层语义分析，可以将自然语言转化为形式语言，从而使计算机能够与人类无障碍地沟通。而浅层语义分析是对深层语义分析的一种简化，通过标注与句子中谓词有关的成分的语义角色实现。篇章级语义分析包括指代消歧等，是句子级的延伸。比如"李强担心明天下雨，他便把雨伞找了出来"中人称代词的使用。

5. 语用分析

语用就是研究语言所存在的外界环境对语言使用所产生的影响。它可用来描述语言的环境知识，以及语言与语言使用者在某个给定语言环境中的关系。语用分析则是对真实的自然语言进行句法分析、语义分析后，采用的更高级的语言学分析，其主要任务是把文本中的描述和现实对应起来，形成动态的表意结构。语用分析的四大基本要素分别为：发话者，即语言信息的发出者；受话者，即听话人或者信息接收者；话语内容，即发话者用语言符号表达的具体内容；语境，即语言使用的环境，也就是言语行为发生时所处的环境，主要有上下文语境、现场语境、交际语境和背景知识语境。

相比于处理嵌入给定话语中的结构信息，关注语用信息的自然语言处理系统更侧重于讲话者 / 听话者模型的设定。研究者们提出了很多语言环境下的计算模型来描述讲话者和他的通信目的，以及听话者和他对说话者信息的重组方式。构建这些模型的难点在于如何把自然语言处理的不同方面以及各种不确定的生理、心理、社会及文化等背景因素集中到一个完整的、连贯的模型中。

4.1.4　自然语言处理典型应用

自然语言处理的目标是弥补自然语言与机器语言之间的差距。以下介绍几种自然语言处理的常见应用。

1. 信息抽取

信息抽取即生成文本的结构化信息。结构化信息点从文本中被抽取后会以统一的形式集成起来。比如，在金融市场中，新闻会影响许多财务决策。自然语言处理的一个主要任务就是获取这些新闻信息，并以一种可被纳入算法交易决策的格式抽取相关信息。

2. 自动问答

随着互联网的快速发展，网络信息量不断增加，自动问答为人们获取更加精确的消息提供了重要手段。自动问答是指用户提出问题后，计算机自动回答以满足其知识需求。在回答用户问题时，计算机首先要正确理解用户所提出的问题，抽取其中关键的信息，然后将通过对问答知识库进行检索等多种方式找出最佳的回答，最终将获取的答案反馈给用户。这一过程涉及了包括词法、句法、语义分析的基础技术，以及信息检索、知识工程、文本生成等多项技术。

根据目标数据源的不同，问答技术主要包括检索式问答、社区问答以及知识库问答三种。前两者的核心是浅层语义分析和关键词匹配，而知识库问答则正在逐步实现知识的深层逻辑推理。

3. 个性化推荐

个性化智能推荐是一种基于自然语言文本挖掘的信息过滤系统，是大数据时代不可或缺的技术。在推荐系统中经常需要处理各种文本类数据，例如商品描述、新闻资讯、用户留言等。它可以依据这些历史记录，推断用户的兴趣爱好，预测出用户对给定物品的满意度，同时对语言进行匹配计算，从而实现对用户意图的精准理解以及精准匹配。例如，在新闻服务领域，通过用户阅读的内容、时长、评论等偏好，以及社交网络甚至是所使用的移动设备型号等，综合分析用户所关注的信息源及核心词汇，进行专业的细化分析，从而进行新闻推送，可以实现新闻的个人定制服务，最终提升用户黏度。

4. 机器翻译

随着通信技术与互联网技术的飞速发展，社会上的信息量急剧增加，国际联系愈加紧密，翻译起着越来越重要的作用。机器翻译是指运用机器，通过特定的计算机程序将一种书写形式或声音形式的自然语言，翻译成另一种书写形式或声音形式的自然语言。目前，谷歌翻译、百度翻译等人工智能行业巨头推出的翻译平台逐渐凭借其翻译过程的高效性和准确性占据了翻译行业的主导地位。

4.1.5　自然语言处理未来发展方向

自然语言处理未来的发展方向有两个。一是语义理解，或者说知识的学习（或常识的学习问题）。这是自然语言处理技术如何变得更"深"的问题。想让机器以更加智能的方式与人类进行自然语言交互，例如从理解事实性文本到理解情感文本、从生成规范文本到创作自由文本，都必须使机器具备更多的知识（或者常识）。而无论是获取知识还是常识，最有效的方式还是提升机器本身的学习能力，包括知识构建方式从依赖人工构建到自动构建等。借用深度学习大牛 Yoshua Bengio 的一句话："We're doing incredibly better with NLP than we were five years ago, yet we're still incredibly worse than humans." NLP 技术在语义理解方面，还有很长的路要走。

二是解决低资源问题。面对标注数据资源贫乏的问题，譬如小语种的机器翻译、特定领域对话系统、客服系统、多轮问答系统等，自然语言处理尚无解决良策。这类问题统称为低资源的自然语言处理问题。对这类问题，除了设法引入领域知识（词典、规则、图谱等）以增强数据能力之外，还可以基于主动学习的方法来增加更多的人工标注数据，或者采用无监督和半监督方法来利用未标注数据，或者采用多任务学习的方法来使用其他任务甚至其他语言的信息，还可以使用迁移学习的方法来利用其他的模型。这是自然语言处理技术如何变得更"广"的问题。

4.2　语音识别

4.2.1　语音识别概述

语音识别技术的目的是将语音信号转变为文本字符或者命令，利用计算机理解讲话人的语义内容，使其听懂人类的语音，从而判断说话人的意图。语音识别技术通过一种非常自然和有效的人机交流方式，最终实现机器对说话人语音信号内容的识别和理解。语音识别技术综合性很强，并且与语言学、声学、信号处理、计算机科学、心理和生理学等多种学科紧密相连。语音识别是智能计算机系统的重要特征，这一技术的应用将从根本上改变计算机的人机界面，从而对计算机的应用方式产生深远的影响。

20 世纪 50 年代，贝尔研究所成功研制了世界上第一个能识别 10 个英文数字的语音识别系统——Andry 系统，这标志着语音识别研究的开始。经过几十年的发展，到了 21 世纪，语音识别技术在应用及产品化方面已大有提升。

我国语音识别研究工作近年来发展很快，研究工作已经从实验室逐步走向市场，水平已经基本与国外相当。同时，我国在汉语语音识别技术上还有着自己的特点与优势，并达到国际先进水平。

4.2.2 语音识别系统分类

根据不同的使用目标、判断标准和对输入语音的限制，语音识别系统可以有多种分类方式。

1. 根据对说话人说话方式的要求分类

1）孤立词语音识别系统。该类系统要求输入每个词后要停顿，从而将知道的孤立的单词检索识别出来，比如"智能"。

2）关键词语音识别系统。其目标是连续语音，但它并不识别所有的文字，只是检测已知的关键词是否出现以及出现在哪里。比如，在一段语句中检索"电脑"这一个词。它要求对每个词都清楚发音，一些连音现象开始出现。

3）连续语音识别系统。其目标则是在整个句子或一大段话中检索任意的连续语音。由于输入的是自然流利的连续语音，大量连音和变音会出现。

2. 根据说话人与识别系统的相关性分类

1）特定人语音识别系统。此类系统仅对专人的语音进行识别。

2）非特定人语音系统。识别的语音与说话人无关。一般这种识别系统进行学习时，要使用到涉及大量不同说话人的语音数据库。

3）多人的识别系统，也称特定组语音识别系统。此类系统通常能识别一组人的语音，仅对要识别的那组人的语音进行训练。

3. 根据词汇量大小分类

1）小词汇量语音识别系统，通常包括几十个词的语音识别系统。

2）中等词汇量的语音识别系统，通常包括几百个词到上千个词的语音识别系统。

3）大词汇量语音识别系统，通常包括几千到几万个词的语音识别系统。

虽然具体实现的细节有所不同，但是不同的语音识别系统所采用的基本技术大体相似。随着语音识别技术的不断发展，数字信号处理器运算能力逐渐增强，语音识别系统能够识别的词汇数量在逐渐增多，精度也逐渐增高，系统分类可能会发生变化。比如，目前是中等词汇量的语音识别系统，将来可能会被划入小词汇量的语音识别系统。

4.2.3 语音识别技术基础

实际上，语音识别也是一种模式识别，其基本结构如图 4-3 所示。语音识别首先通过预处理，对采集的语音信号进行预加重和分段加窗等处理，滤除其中的不重要信息及背景噪声等，并进行端点检测，以确定有效的语音段。然后，利用相关的语音信号处理方法计算语音的声学参数。最后，根据提取的特征参数进行训练和识别。

后续的处理过程还可能包括更高层次的词法、句法和文法处理等，从而最终将输入的语音信号转变成文本或命令。

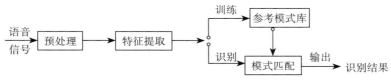

图 4-3 语音识别基本结构

和一般模式识别过程相同，语音识别包括特征提取、参考模式库、模式匹配 3 个基本部分。然而，语音识别系统要比模式识别系统复杂得多，因为语音信息复杂性强，语音内容丰富度高。下面将对这 3 个部分进行简要介绍。

1. 特征提取

特征参数提取是从语音波形中提取出重要的反映语音特征的相关信息，而去掉那些相对无关的信息，以此降低维数、减小计算量，用于后续处理。这类似于信息压缩，目的是更好地划分识别边界。常用的特征参数有基于时域的幅度、过零率、能量以及基于频域的线性预测倒谱系数、Mel 倒谱系数等。

2. 参考模式库

参考模式库是指在学习和训练阶段，提取语音库中语音样本的特征参数作为训练数据，合理设置模型参数的初始值，重估模型的各个参数，为每个词条得到一个模型，保存为模板库，以追求最佳的识别效果。

3. 模式匹配

模式匹配是指在识别阶段，将待识别语音信号的特征根据一定的准则生成测试模板，与参考模板进行匹配，通过一定的识别算法，将匹配分数最高的参考模板作为识别结果。识别结果的优劣受模板库的准确性、语音模型的优劣度以及特征参数的选择等多个方面影响。

4.2.4 语音识别典型应用

语音识别技术使得人们脱离键盘的束缚，享受自然、友好的数据库检索服务，让人机交流变得简单易行。它在工业、通信、商务、家电、医疗、汽车、电子以及家庭服务等领域都有着非常广泛的应用，市场前景十分广阔。本书主要从以下几个方面进行介绍。

1. 手机语音助手

手机语音助手就是语音识别技术的典型应用。通过人与手机的智能对话与即时问答的智能交互，实现内容搜索等功能，帮助用户解决问题，尤其是生活类问题。现在市场上存在很多此类产品，包括苹果公司的 Siri 语音助手、小米公司的小爱同学、智能 360 语音助手、百度语音助手等。

2. 呼叫中心

在呼叫中心产业中，语音识别技术发挥着越来越重要的作用。例如，在记录下座席与客户的对话并进行语音识别后，企业的质检员会对识别文本进行质量监测，判断座席是否存在违规操作。以此为基础，对智能语音质检的普及也会减轻现有质检员的工作压力，同时实现全量覆盖质检，取代目前的抽查式质检。这既能降低成本，也能为企业带来更高效的收益。

3. 自动口语翻译

自动口语翻译是语音识别技术的重要应用领域。将输入的口语进行识别后，结合机器翻译技术和语音合成技术，可将一种语言的语音输入翻译为另一种语言的语音输出，从而实现跨语言交流，进而带来巨大的社会和经济效益。

4. 军事领域

语音识别技术在军事领域里有着极为重要的应用价值，尤其是在军事指挥和控制自动化方面。例如，使用语音识别技术实现航空飞行控制，不仅可以快速提高作战效率，而且可以减轻飞行员的工作负担。通过利用语音输入来代替传统的手动操作和控制各种开关和设备，以及重新改编或排列显示器上的显示信息等，飞行员可以把时间和精力集中于对攻击目标的判断和完成其他操作上来，以便更快获得信息来发挥战术优势。一些语音识别技术就是着眼于军事活动而研发，并在军事领域首先应用、首获成效的。军事应用对语音识别系统的识别精度、响应时间、恶劣环境下的稳健性都提出了更高的要求。

5. 医疗领域

语音识别技术也已经在医疗领域开始应用，为患者和医护人员带来了很多便利。通过语音进行病历输入可以极大减少工作时间，提高工作效率。智能问诊信息采集是通过人机交流实现计算机自动获取患者信息。医疗设备语音控制则是通过语音识别实现仪器操作，与手动操作相比，这既对工作效率有帮助，也能减少操作上的人工失误。而这些都需要语音识别技术在精度和稳健性上有所保证。

6. 语音教学

在教育领域，语音识别技术也可以发挥重大作用。在过去，用户只能通过简单的模仿来提升语言技能，无法精确地比较自己发音的差异。采用语音教学软件后，用户可以通过比较标准发音和自身发音的波形图发现细节上的差异，从而对语言练习起到促进作用。此外，将语音识别技术用于幼儿产品也会极大激发孩子的学习兴趣。语音识别还被广泛应用于自动化语言类教学中的口语检测。

在未来，语音识别技术将会在各个产业发挥更加举足轻重的作用，在这个全球化和智能化的时代，人工智能的发展已经是不可逆的趋势。

4.2.5 语音识别未来发展方向

1. 优化算法模型

在算法模型方面，语言识别技术需要有进一步的突破。语言学、生理学、心理学方面的研究成果已有不少，但如何把这些知识量化、建模并用于语音识别，还需要进一步研究。要使计算机理解人类的语言，就必须在这一点上取得进展。

2. 提高自适应

在自适应方面，语音识别技术也有待进一步改进，做到不受特定人、口音或者方言的影响，能够识别有不同噪音和口音的用户，而无须通过训练软件来使其识别一个特殊用户的声音。目前的许多语音识别软件，是基于标准发音来进行识别的，对环境依赖性强，即在某种环境下采集到的语音训练系统只能在这种环境下应用，否则系统性能将急剧下降，与测试时结果相差较大。而实际上，人们说话的方式千差万别，发音也各不相同，特别是对于有口音的语音来说，更是对语音识别软件提出了严峻的挑战，也意味着要对语言模型做进一步改进。

3. 提升稳健性

在稳健性方面，语音识别技术需要能排除各种环境因素的影响。目前，对语音识别效果影响最大的就是环境杂音或噪音。人类能有意识地摒弃环境噪音并从中获取自己所需要的特定声音，如何让语音识别技术也能达成这一点是一项艰巨的任务。此外，还应允许说话人在系统提示时中断系统，但系统依然能知道说话人的请求。这一点对于实际的应用来说有相当重要的意义。因为人们在说话时，总是在不自觉地思考，经常会打断语言的连续性，而插入一些补充性的语言。这样的语言，在语法上来说经常是不正确的，常规的语音识别系统很难处理这些语音。

4. 语音情感识别

在语音情感识别方面，近年来，随着人工智能的发展，情感智能跟计算机技术结合，情感计算这一研究课题应运而生，这将大大地促进计算机技术的发展。而通向情感计算的第一步就是情感自动识别。丰富的情感信息蕴含于人类的语言交流中，对人类沟通产生了重要影响。因此，如何从语音中自动识别说话人的情感状态，近年来受到了各领域研究者的广泛关注。

4.3 机器翻译

4.3.1 机器翻译分类

机器翻译是自然语言处理领域中的一个重要研究方向。早在 17 世纪，法国著名哲学家笛卡尔为了将不同语言中表达相同意义的词转换为同一个符号，提出了发明一种新语言的构想。1946 年，沃伦·韦弗提出了使用机器将一种语言的文字转换为另一种语言的设想，并发表了著名的备忘录《翻译》，标志着现代机器翻译概念的正式形成。

机器翻译本质上是一项智能活动，无论是源语言的分析、目标语言的生成，还是源语言与目标语言的内部形式转换，都需要复杂的推理。这一方面需要大量的知识储备（包括语言相关和语言之外的世界知识），同时还要有运用知识进行推理的能力。

根据知识获取方式的不同，可以将机器翻译分成基于人工规则的机器翻译和基于实例的机器翻译；根据学习方法的不同，又可以将机器翻译分为非参数方法（或实例方法）与参数方法（或统计方法）。

1. 基于人工规则的机器翻译

在机器翻译发展初期，由于计算机的能力有限、数据匮乏等原因，人们通常将翻译与语言学家设计的规则输入计算机，让计算机通过选择相应的知识进行推理或变换来将待翻译的源语言句子转换成目标语言句子，这就是基于规则的机器翻译。

翻译规则包括源语言的分析规则、源语言的内部表示向目标语言内部表示的转换规则以及目标语言的内部表示生成目标语言的规则。规则是高度抽象的，具有很强的覆盖性。但提炼规则并不是一件容易的事情，提炼出来的规则也难免发生冲突。

2. 基于实例的机器翻译

基于规则的机器翻译需要专业人士来设计规则，当规则太多时，规则之间的依赖关系会变得非常复杂，难以构建大型的翻译系统。随着科技的发展，基于实例的机器翻译方法应运而生。人们开始收集一些双语和单语的数据，并基于这些数据创建翻译模板以及翻译词典，在翻译时计算机对输入句子进行翻译模板匹配，并基于匹配成功的模板片段和词典里的翻译知识来生成翻译结果。基于实例的机器翻译流程如图 4-4 所示。

3. 基于统计模型的机器翻译

随着互联网的快速发展，大规模的双语和单语语料的获取成为可能，基于大规模语料的统计方法成为机器翻译的主流。基于统计模型的机器翻译方法是一种参数学习方法，而

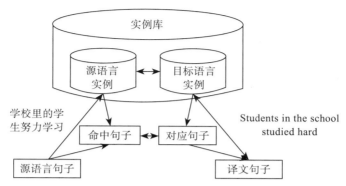

图 4-4 基于实例的机器翻译流程

统计翻译模型则是利用实例训练模型参数，以参数服务于机器翻译。给定源语言句子，基于统计模型的机器翻译方法会对目标语言句子的条件概率进行建模，通常拆分为翻译模型和语言模型。翻译模型刻画目标语言句子跟源语言句子在意义上的一致性，而语言模型刻画目标语言句子的流畅程度。语言模型使用大规模的单语数据进行训练，翻译模型使用大规模的双语数据进行训练。通常用 $P(E|F)$ 描述将原文 F 翻译成译文 E 的概率，在译文空间中，搜索使概率 $P(E|F)$ 最大的句子 E 作为最终的译文。

由于统计机器翻译本质上是带参数的机器学习，与语言本身没有关系，因此，模型适用于任意语言对，也方便迁移到不同应用领域。翻译知识都通过相同的训练方式对模型参数化，翻译也用相同的解码算法得以推理实现。

统计机器翻译为自然语言翻译过程建立概率模型，并利用大规模平行语料库训练模型参数，具有人工成本低、开发周期短的优点，克服了传统理性主义方法面临的翻译知识获取瓶颈的问题，因而成为 Google、微软、百度、有道等在线机器翻译系统的核心技术。尽管如此，统计机器翻译仍然面临着严峻的挑战，存在如数据稀疏、错误传播、难以利用非局部上下文等问题。

4. 基于神经网络的机器翻译

随着计算能力的进一步提升，特别是基于 CPU 的并行化训练的快速发展，基于深度神经网络的方法在自然语言处理中逐渐受到关注。基于深度神经网络的方法最开始被用于训练统计机器翻译中的某些子模型，并显著提高了统计机器翻译的性能。随着解码器—编码器框架和注意力机制的提出，神经机器翻译较好地缓解了统计机器翻译面临的各种挑战，全面超过了统计机器翻译，机器翻译进入了神经网络时代。基于深度学习的机器翻译可分为两种方法。

1）利用深度学习改进统计机器翻译：仍以统计机器翻译为主体框架，利用深度学习改进其中的关键模块。

2）端到端神经机器翻译：一种全新的方法体系，直接利用神经网络实现源语言文本到目标语言文本的映射。

近年来，神经网络机器翻译取得了很好的进展，被公认为机器翻译的主流技术，许多公司都已经大规模采用神经网络机器翻译作为上线的系统。

4.3.2 机器翻译技术基础

1. 语料获取与处理

语料获取有多种渠道，一些熟知的渠道包括电子词典、各种应用场景积累的数据、各种测评活动及共享任务提供的数据、一些机构组织编辑的数据（例如欧盟语料库、联合国语料等）。语音数据联盟和互联网数据挖掘是两个重要的数据来源。

真实的语料需要经过加工（分析和处理），才能成为有用的资源。这一过程涉及的技术手段和任务包括断句、分词、句对齐、去噪和正则化。

1）断句：将文章段落以句子为单位进行切分，有时也包括预测添加句中和句尾的标点符号。

2）分词：将句子中的词分割开来，在词与词之间加入分隔符。

3）句对齐：找出源语言和目标语言句子之间的互译关系。具体来说，就是从断句之后的源语言句子集合和目标语言句子集合中找出所有互译的句对，形成可用的双语语料。

4）去噪和正则化：将句子中各种非法和非常规的词或现象去掉，包括错误编码、句子过长或双语句子长度比严重失衡等情况，使处理后的双语句对互译质量更高。

2. 构建翻译模型

基于双语语料的对齐结果，可以对双语数据进行切割，抽取到最基本的翻译知识片段，用于构建翻译模型。双语数据的切割可长可短，较短的双语片段可以匹配上更多的句子，但由于上下文信息有限，它们的歧义性较大。较长的片段的翻译内容更为准确，但匹配到的句子数目会更少。当使用词作为基本的翻译单元时，就会得到基于词的翻译模型；当采用任意符合词对齐约束关系的连续片段作为翻译基本单元时，就得到了短语翻译模型。除此之外，还可以根据其他的信息进行切割，得到不同的翻译系统模型。

3. 构建语言模型

语言模型是用来计算一个句子的概率的模型，它可以估算自然语言中每个句子出现的可能性，但不能判断句子是否符合文法。另一方面，语言模型也可以用于计算给定一个句子的前序词串时，预测下一位出现某一词的概率。在统计机器翻译中广泛使用的是 n 元文法语言模型。

对于语料中出现频率过高或过低的短语，在概率计算时会对概率估测值造成影响，甚至会出现极端情况。因此，需要做数据平滑来使概率分布趋于合理并尽量反映真实语言中词和句子的概率分布。数据平滑的基本思想是"劫富济贫"，即降低原先的高概率值，把降低的值分配给原先低概率估测值。

4. 编码器—解码器框架

编码器—解码器框架是一个比较有代表性的神经机器翻译框架，其包含两个主要的部分：一部分是编码器，负责将源语言句子压缩为一个能包含源语言句子主要信息的向量。另一部分是解码器，它基于编码器提供的语义向量，产生目标语言句子。

Bahdanau 等人于 2015 年提出向传统编码器—解码器框架中引入注意力机制。从本质上讲，深度学习中的注意力机制与人类的选择性视觉注意力机制类似，核心目标都是从众多信息中选择出当前任务目标更关键的信息。注意力机制的引入进一步提高了编码器解码器框架在长句子上的翻译质量，使得神经机器翻译模型相比传统的统计机器翻译方法在性能上有了显著的提升。

5. 多系统融合

不同的翻译系统模型在不同的模型参数情况下得到的翻译内容和质量是千差万别的，同一个翻译系统对不同内容的翻译性能表现也是不一样的。因此，为追求更高质量的翻译效果，可以将多个翻译系统针对同一个源语言内容的翻译结果以某种方式融合在一起，以得到更好的译文。该方法称为系统融合。

系统融合的方法可分为句子级别的系统融合（简称句级融合）方法、短语级别的系统融合（简称短语级融合）方法以及词级别的系统融合（简称词级融合）方法，其中性能表现最好的是词级别的融合方法。

4.3.3　机器翻译典型应用

1. 网页信息浏览

浏览器中的机器翻译插件功能通过机器翻译技术，可以将网页中的语言翻译成目标语言，帮助用户对国外网页信息进行理解。在翻译过程中，要首先处理各种 HTML、XML 结构信息，对篇章内容以纯文档方式进行翻译，待网页内容完成翻译后再恢复成 HTML、XML 的原始结构形式。

2. 实时口译

实时口译就是用语音合成的技术将译文合成为声音实时传输给听众。相比于人类译员，机器翻译最大的优势是不会因为疲劳而导致译出率下降。能将所有听到的句子全部翻译出来，这使得机器的译出率可以达到 100%，远高于人类译员的 60% ~ 70%，同时还具有价格上的优势。在境外旅游、国际会议等场景，实时口译功能对不同语言之间的快速交流提供很大帮助。

3. 跨境电商、社交

跨境电商中的商品详细信息、商品评论和实时沟通等，都需要得到实时翻译服务技术的支持，以解决各个国家用户对信息的基本需求。阿里巴巴公司还在满足了基本阅读需求的基础上，通过统一采用基于英文索引，将最终的用户搜索词转化成为英文，再根据英文索引去检索用户所需商品信息的方式，实现了多语言搜索。

跨境社交场景中有大量语言翻译的需求，仅靠人工译员无法完成海量、实时的翻译内容，如微信、Facebook 等社交软件都已经具备了一些基于机器翻译的功能。

4. 国际化企业

很多大型跨国企业的市场、员工和语言服务遍布全球，在跨境业务中不仅要涉及海量的跨语言问题，还要在比较短的时间内实现技术、产品和服务的全球推广。从成本、效率和实时性来讲，海量的信息如果单纯依赖人工翻译是完全无法满足需求的。在这样的背景下，机器翻译显得尤为重要。

5. 语言服务企业

语言服务企业内部的计算机辅助翻译工具和在线的语言服务平台都装备了机器翻译的功能，在帮助翻译员提升业务效率的同时，也帮助企业降低了成本。计算机辅助翻译工具不同于机器翻译软件，不依赖计算机的自动翻译，而是在人的参与下完成整个翻译过程。与人译相比，计算机翻译质量相当甚至更好，翻译效率可提高一倍以上。语言服务 App 中的图片翻译、对话翻译和文档翻译等非传统翻译功能的高翻译效率也都得益于机器翻译技术。

4.3.4 机器翻译存在的问题

1. 语言的歧义性和语言运用的不规范性

语言是思维的载体，虽然语言学家基于大量的语言实例，总结出系统化的语言学理论来指导语言学研究，但是在语言实际应用过程中，不同人的知识层次不同、文化背景不同、表达习惯不同，不可能用一套所谓完整的语言学理论来表达所有语言运用的可能性。自然语言的本质就是具有歧义性，这一点不同于软件编程语言的无歧义性。这导致机器翻译面临的第一大问题就是语言的歧义性和语言运用的不规范性。况且机器还没有考虑语言运用存在不断发展的过程，关于这一点，看看日新月异的网络用语就知道了。

歧义性和不规范性决定了没有办法用一套系统完整的理论和模型来描述所有可能存在的和合理的语言现象，这无疑给机器翻译的建模和翻译解码带来了一些无法通过技术彻底解决的挑战。

2. 训练机器翻译所需的双语数据规模远远不够

数据驱动的机器翻译方法依赖于大规模双语数据，但谁能知道这个世界上有多少合法的双语句子，十几亿中国人每年总共又会创造多少不同的中文句子呢？目前最强大的机器翻译系统所使用的双语句子数量可能还没有所有中国人一分钟创造的中文句子多，希望凭借这么一点儿规模的双语句子数量训练出一套强大的机器翻译系统，可能性并不大。所以，训练机器翻译系统所用的双语数据规模远远不够。

还有一个问题是，就算理论上采用更大规模的双语句对库（例如比现在大 10 000 倍），也未必能生成更好的机器翻译系统，因为机器学习方法对于内在语义的理解是非常有限的。特别是数据在本身没有进行语义标注的前提下，几乎无解，这一点比人的学习理解能力差远了。

3. 机器翻译经常不知道自己错了

机器翻译经常知错不改，甚至经常不知道自己错了。当翻译过程中遇到一些障碍，如不认识某个单词或没有理解某个短语，从而降低了翻译的准确性和完整性时，人类可以很清楚地知道自己的翻译存在偏差，但机器翻译并不知道翻译结果是否正确。系统只是选择一个概率最高的译文输出而已，并不清楚这是否是正确有效的译文。另外，就算告诉机器翻译这个地方翻译得不对，它也不一定能保证以后不会犯类似的错误。

4. 机器翻译会犯一些不可思议的初级错误

机器翻译经常会犯一些不可思议的初级错误。比如句子中有些部分没有被翻译，另一些部分被多次翻译等。对于人类来说，这些情况不太可能发生，就算人类不会翻译，也很少会选择不翻译或重复翻译一些内容，但在机器翻译中经常会出现这种情况。

5. 目前机器翻译技术还不具备很好的理解能力

人类翻译一篇文章会考虑前后逻辑性，包括补充省略部分等，但机器翻译完成这些任务就非常困难。目前所谓篇章级机器翻译的研究成果不少，但实际进展非常有限，效果也不好。人工翻译是基于对原文的理解完成翻译过程的，但目前机器翻译技术还不具备很好的理解能力，没有真正理解原文。

6. 机器翻译的容错能力和稳健性较差

人类交流的时候，经常会出现错误，例如成语用错了、语法结构错误，这时人类会自动纠错。有时候我们甚至把话反着说，别人也能够理解这是玩笑话。可是，机器翻译的容错能力和稳健性与人相比简直是天差地别。通常机器翻译默认输入的源语句子是正确的、不能被轻易修改的（一些无用词汇可被删除），这很容易导致生成错误译文。规则方法和统计机器翻译方法本质上就是直译，完全遵循输入的源语句子，神经网络翻译则稍微好一点，有希望突破这个限制。人工翻译属于意译层面，所以不可以简单地说机器翻译能代替人工翻译，因为直译一般无法代替意译。

4.3.5　机器翻译未来发展方向

1. 网络融合逐步深化

现代信息网络中的数据类型多样、模态多元，单靠当前旨在面向文本的、基于注意力的循环神经网络，势必难以应对未来海量的复杂数据。而且不同网络的优势各异：循环神经网络擅长处理时间序列数据，卷积神经网络适于处理高维数据，递归神经网络适合处理树、图等结构数据。因此，如何借助并行或串行的方式优化组合不同网络，开拓适于异构数据的多模态机器翻译模型，使其真正能够用于现实场景，甚至达到智能程度，是一个有待深化的课题。

2. 处理方式走向并行

并行处理可加速训练过程，加快编码、解码速度，大幅提升翻译效率。传统神经机器翻译多为基于循环神经网络的序列到序列模型，因而难以并行处理，训练、解码速度较慢。相比之下，基于卷积神经网络的序列到序列模型、自注意力 Transformer 模型、非自回归模型等均具有良好的并行处理能力，训练过程中，其训练数据、网络参数均可同步更新，编码器、解码器亦可并行工作，从而有效降低了时间复杂度。

3. 训练方式日趋多样

经典神经机器翻译模型训练高度依赖双语平行语料库，然而，除中英文等高资源语言中的部分垂直领域外，世界上绝大多数语言都缺乏大规模、高质量、广覆盖的平行语料库，低资源语言尤其如此。因此，如何利用强化学习、迁移训练、对偶学习、联合训练、对抗学习等多种训练方式缓解语料资源匮乏问题亦是今后的一个重点探索方向。训练方式不仅日趋多样，且其对模型性能的影响较大，若能将多种训练方式很好地结合，则有望进一步提升模型的整体性能。

4. 人机共存

就记忆、存储、计算，甚至某些特殊智能来说，人类可能不是机器翻译的对手，但机器翻译也有其自身的弱点——有智能没智慧。如果机器翻译能和人类形成一个共同体，取长补短，相互增强，那翻译就会变得更加精准、快捷。鉴于人机共存是人类与智能机器未来存在的理想状态，未来的机器翻译应该在这方面加强研究。

5. 类脑机器翻译

人类最具智慧的器官是大脑，因此研究和模仿人类大脑的结构和功能是机器翻译的重要工作。未来的机器翻译如果想要赶上甚至超越人类智慧，就必须解开大脑之谜，并让机器能够像人类大脑一样进行思维和创新。虽然如今的芯片体积越来越小，功能越来越强大，但就当前已问世的处理器来说，其结构的严密性、功能的完备性离人脑还相距甚远。今后，若想在机器翻译的研究方面取得突破，就必须在类脑计算和类脑智能上有重大突破

（详细内容可见本书第 12 章）。

4.4　语音交互

4.4.1　语音交互概述

语音是人与人沟通交流最自然、最便捷的方式之一。因此，以语音为主、其他人工智能技术为辅的语音交互成为人机交互的主要方式。语音交互指的就是人类与设备通过自然语音进行信息的传递。在物联网时代，"智能生活、万物互联"的概念已深入人心，各类场景下的智能终端已广泛普及，语音交互技术需求也在不断提升。

语音交互基本流程为，前端设备接受用户的语音，在本地或者云端做语音识别，将语音识别成自然文本，然后对识别出的文本做语义理解，再对语义理解的结果做出一定处理生成回答的文本，最终通过语音合成将文本合成为语音，传回客户端进行播报。

智能语音交互系统主要有对话系统和聊天机器人两类，这两类之间既有共性又有区别。共性在于它们都支持基于自然语言的多轮人工对话，区别在于对话系统侧重完成具体的任务（如预订机票酒店、查询天气、制定日程等），而聊天机器人侧重闲聊和多任务。

1. 对话系统

对话系统是指以完成特定任务为主要目的的人机交互系统。早期的对话系统大多以完成单一任务为主，例如机票预订对话系统、天气预报对话系统、客户服务对话系统、医疗诊断对话系统、电话推销系统等。

2. 聊天机器人

近年来，随着数字化进程的日趋完善以及自然语言处理和深度学习技术的高速发展，面向多任务的对话系统不断涌现，并且越来越贴近人们的日常生活。作为人类思维的载体，自然语言是人们交流观念、意见、思想、情感的媒介，对话则是最常见的语言使用场合。因此，聊天机器人是自然语言处理技术最为典型的应用之一。聊天机器人一般不针对单一任务，以闲聊、陪伴、答疑解惑、唤起其他应用等功能为主，典型代表包括智能个人助手（如 Apple Siri、Google Duplex、Microsoft Cortana 和 Facebook M 等）和智能音箱（如 Amazon Alexa、Google Home 和 Apple Home Pod 等）。有些聊天机器人注重社交属性，其吸引力不仅在于回应用户不同请求的能力，还在于能与用户建立起情感联系。聊天机器人可以满足用户交流、情感和社会归属感的需求，还可以在闲聊中帮助用户执行多种任务。

4.4.2　语音交互技术基础

1. 对话理解

对话理解主要包括领域分类、用户意图分类和包含槽位填充在内的语义分析任务。其中，领域分类是根据用户对话内容确定任务所属的领域，如餐饮、航空等。用户意图分类是根据领域分类的结果进一步确定用户的具体意图。不同的用户意图对应不同的具体人物。如餐饮领域中，常见的用户意图包括餐厅推荐、餐厅预订和餐厅比较等。槽位填充是针对某项具体任务，从用户对话中抽取出完成该任务所需的槽位填充信息。

领域分类和用户意图分类同属分类任务，因此二者可以采用同一套方法完成。早期的分类方法主要基于统计学习模型，如最大熵和支持向量机等。近年来，基于深度学习的分类模型被广泛用于领域分类和用户意图识别任务，如基于深度信念网络的分类方法、基于深度凸网络的分类方法等。这类方法无须人工指定特征，能够针对分类任务直接进行端到端的模型优化，并且在大多数分类任务上已经取得了很好的效果。

槽位填充属于序列标注任务。条件随机场（CRF）模型是最常见的早期序列标注方法，与其他统计学习方法类似，CRF 模型同样需要人工制定特征用于完成序列标注任务。近年来，基于深度学习的序列标注方法在槽位填充任务上取得了主导地位，如基于递归循环网络的槽位填充方法、基于编码器—解码器的槽位填充方法、基于多任务学习的槽位填充方法，等等。

2. 对话管理

对话管理主要由对话状态跟踪和对话策略优化两部分组成。前者负责为每句话对应的槽值维护一个概率分布，以及在每轮对话结束时对整个对话状态进行动态更新。后者负责根据更新后的对话状态决定接下来系统将采取的行动。典型的对话管理方法可以分为基于有限状态机的方法、基于部分可观测马尔科夫过程的方法和基于深度学习的方法三类。

3. 回复生成

回复生成是根据对话管理模块输出的系统行动指令，生成对应的自然语言并返回给用户。典型的回复生成方法包括基于模板的方法和基于统计的方法两类。

基于模板的方法使用规则模板完成从系统行动指令到自然语言回复的转化，规则模板通常由人工总结获得。该类方法能够生成高质量回复，但模板扩展性和句子多样性明显不足。

基于统计的方法使用统计模型完成从系统行动指令到自然语言回复的转化。基于规划的方法通过句子规划和表层实现两个步骤完成上述转化任务。这类方法的缺点在于句子规划阶段依然需要使用预先设计好的规则。

4. 语音合成

语音合成技术即将文字转换成语音。具体实现过程可分为前端分析和后端语音合成两部分。文本处理实现将文字转化成音素序列，并标出每个音素的起止时间、频率变化等信息。常见的语音合成算法有：

1）拼接法：从事先录制的大量语音中，选择所需的基本单位拼接而成。

2）参数法：通过统计模型生成语音的特征参数，如共振峰频、基频等，并用波形的方式将这些参数输出。

3）HMM 模型法：建立声道的物理模型，通过这个物理模型产生波形。

语音交互过程中还需要有语音识别技术和语言处理技术，这两种技术已在本章 4.1 和 4.2 节进行了介绍。

4.4.3　语音交互典型应用场景

1. 家居场景

近年来，随着嵌入式语音交互技术在物联网中的广泛运用，以听说为主的智能家居系统利用先进的计算机和网络通信技术、数字化语音交互技术，将与家居生活有关的各种各样的子系统通过特定的网络有机地结合在一起，通过科学管理，对住宅内的家用电器、照明灯光进行智能控制，保证了家庭安全。同时结合其他系统，为住户提供了温馨舒适、安全节能、先进高尚的家居环境。以语音交互为主的各种技术的实现，让家居智能化从科幻电影走到实际生活中，让住户享受到现代科技带来的方便与精彩。

2. 车载场景

随着车联网和智能汽车的兴起，越来越多的车载嵌入式设备被添加到汽车中，这些设备在提高驾车舒适度和汽车性能的同时，也增加了汽车驾驶操控的复杂度，带来了安全隐患。由于车载环境的限制，在驾车时通过一般的视图界面来操作车载设备的各项功能是比较复杂和危险的，将语音交互技术融入汽车中，可以很好地解决上述问题。

利用语音识别技术，可以让车载设备听懂人类的语言，实现语音点播歌曲、收听广播、接听电话、声控导航等功能。而利用语音合成技术，则可以将汽车状态、当前路况、新来电话等信息直接播报给驾驶员，使驾驶员不用转移双眼即可查看信息。

3. 医疗场景

随着人口不断呈现老龄化，老年人的陪护工作成为社会上一项增长潜力巨大的需求。陪护机器人可以从生活上和精神上给予老年人必要的护理，并实时评估老人的健康风险，及时做出预警。此外，精神健康也是未来语音交互的主要应用方向。语音的交互能够直接刺激人的听力感官系统，产生并传达情感讯号，满足精神需求。目前，在美国、英国、以色列等国家，已经出现专门针对情绪调节、心理咨询的语音助理产品，例如斯坦福大学开发的聊天机器人 Woebot（见图 4-5），Woebot 可以通过搭载在一个 Facebook Messenger 上实现运行，并在交互过程中收集情感数据，发现一些人类不易察觉的模式。同时，它也会询问一些问题，定期检查病人的状况。Woebot 是一种便宜而且容易令人接受的治疗方法，它有 2 周试用期，每月收费 39 美元。

Hi, I'm Woebot

I'm ready to listen, 24/7. No couches, no meds, no childhood stuff. Just strategies to improve your mood. And the occasional dorky joke.

SAY HELLO

图 4-5 帮助监控和治疗抑郁症的聊天机器人 Woebot

图片来源：https://woebothealth.com/.

4. 企业场景

智能语音交互技术的发展为客户服务注入了新的生机。在客户服务领域中，应用智能语音交互技术的智能客服的兴起，让客户不再受制于烦琐的指令、复杂的流程和漫长的等待。当用户请求接入后，先由智能客服机器人解答 80% 的常见问题，再由真人专家客服来解答剩下 20% 的复杂问题。智能客服机器人创造的整套流程已经完全改变了整个客服行业的劳动力结构和工作方式，能够提高解答效率、提升客户满意度、降低呼叫中心的人工成本。

5. 教育场景

在少儿教育场景中，语音交互技术有很大的发挥空间。一方面，少儿的文字学习还没有非常完善，因此在信息录入和互动方面，语言是更低门槛的交互选择；另一方面，由于可以对语音进行发音上的测评，纠正少儿的错误发音，这对其语言学习有很大帮助。此外，还可以在语音平板中加入互动动画，在动画中插入场景化语音交互，寓教于乐，提升少儿的沉浸感。沟通本身在各种年龄段的教育中都占据极大的比重和重要性，语音交互技术解决了沟通的障碍，将会为教育事业带来颠覆性的改革。

6. 可穿戴设备

小巧到可以直接佩戴的智能眼镜、智能手表、智能耳机，能便捷地输入信息、完成计算、反馈结果。每一次计算形态的变革不仅仅体现在设备的体积变小，还有交互门槛的降低和交互效率的提升，而后两者似乎才是大规模进入消费市场的关键。上述可穿戴设备无一例外都是小屏幕,由于触摸交互太过局促,语音交互便成了最简单、最友好的人机交互方式。

采用人工智能技术的可穿戴设备中,有半数属于"智能耳戴式设备",如苹果公司的 AirPods 耳机和德国 Bragi 公司的 Dash 智能耳机等。这些智能耳机都支持相应的语音助手。与语音助手的自然语音交互使简单的对话能取代按键、签名和其他形式的 ID。

4.4.4 语音交互未来发展方向

语音交互的发展方向包括如下方面。

1. 免唤醒交互

出于意图识别考虑,远场语音交互通常需要增加唤醒词作为对话开始的条件,但唤醒词也在无形中增加了沟通的成本。尤其是在一些多轮次的交互方案中,每轮对话,甚至每句话,都需要唤醒,这会大大降低用户的使用体验,甚至使得部分情况下的交互效率低于遥控器。因此在某些特定多流程场景下,免唤醒交互是十分必要的。

2. 离线语音识别

离线语音识别指的是可由本地设备直接对语音指令进行识别和处理,无须连接到云端,无须唤醒词,也无须联网,具备速度快、效率高的优势。针对灯、空调、电视等设备,采用离线语音识别可以显著提高用户的使用体验。例如,直接对设备说"开灯"和"关灯"可以快速实现台灯的开和关。

3. 多通道交互

物联网时代中,家庭的联网设备越来越多,但是住户的体验却提升得十分有限。直到物联网有了语音 AI 的加持,才彻底宣告人工智能物联网时代的到来。住户可以通过语音设备控制联网设备,这进一步促进了家庭智能设备的渗透和覆盖。

随着家庭智能设备越来越多,用户的需求也逐步出现新的特征,如多任务聚合、多设备联动、服务状态持续性迁移等。用户的这些需求可以通过多通道交互的方式得到解决。多通道交互就是综合使用多种输入通道和输出通道,根据用户的需求,给不同的通道分配相应的任务,以期用最恰当的方式满足用户的需求。例如,将智能音箱和电视作为一个系统进行多通道交互,当询问音响天气情况时,可以将天气的图形通过电视进行显示和播报。这样不仅可以给用户更直观的体验,还可以用无屏音响取代带屏音响,节约成本。

● **案例讨论:你会购买"聊天机器人"推销的产品吗** ●━━○━━●━━●

得益于语音交互技术的发展,聊天机器人(Chabot)可以与人类进行比较顺畅的交流,能够在信息搜索、购物和产品推荐等方面给予消费者一定的帮助。相比于传统的人工客服，由聊天机器人充当的智能客服有很多优势，如：自动化客户服务过程、提高服务效率；避免服务中掺杂个人负面情绪，保证友好交谈；全天候工作，能够处理大量客户请求，节省人力成本等。

尽管如此，聊天机器人的应用也正面临着一个挑战，那就是人们可能会因为觉得机器人缺乏个人情感和同理心而拒绝与之进行过多交流，这将最终导致企业效益受损。于是，已经或打算引入聊天机器人作为智能客服或销售的企业如今正处于一个两难境地，即如果在服务过程中向客户披露客服的机器人身份，则很可能会因客户抵制而损害自身效益。但从商业道德或相关监管规定来看，客户有权知道与自己交谈的到底是人还是机器人。为此，有研究者做了如下现场实验：

1）公司背景

这是一家中国的互联网金融服务公司，它可以通过移动应用为个人客户提供各种金融服务，如个人贷款、再融资和股权投资等。这个公司处于行业 Top20，注册客户超过 2 300 万。这家公司已经采用聊天机器人通过电话向客户推销公司的金融产品。具体来说，公司会推荐客户购买新的贷款产品，以延长贷款期。

2）实验设计

该实验一共向 6 255 名真实客户进行了电话推销。这些客户样本均是信用评分较高的借款人，他们都申请了分 12 个月分期偿还的贷款，并且在过去的 11 个月里已成功向该公司偿还了贷款。

实验中所用的聊天机器人能够以优美的女性声音与客户进行实时、自然的对话，并且已经接受过公司呼叫中心语音大数据的训练，能够模仿公司中电话推销方面表现最佳的员工，根据所推销的金融贷款产品特点，制定相应的销售策略。如果不主动披露其机器人身份，客户将无法在通话中识别出对方是真人还是聊天机器人。实验分为 6 组：

组 1：没有经验的人类推销员，在过去的电话推销中表现不好，处于后 20% 水平；

组 2：经验丰富的人类推销员，过去的推销成绩良好，处于公司前 20% 水平；

组 3：机器人推销员，始终不披露机器身份；

组 4：机器人推销员，在与客户的对话开始前就披露机器人身份；

组 5：机器人推销员，在与客户交流后、客户决定是否购买前披露机器人身份；

组 6：机器人推销员，在客户决定是否购买后披露机器人身份。

3）实验过程

将选定的 6 255 名客户随机分配到 6 组中，且每个客户只会接到一个电话，6 组中的电话推销员均遵循着统一的推销步骤和策略。

首先向客户进行自我介绍，并对其良好的历史记录给予高度肯定和赞扬，紧接着开始向他们详细介绍这款新贷款产品并询问其意向。如果客户无相关意愿则继续告知他现在的贷款产品是有特别优惠的，且优惠只持续 24 小时。若再被拒绝，则进行最后尝试，建议客户再仔细看看贷款条款。此时还是被拒绝的话，则停止推销。若客户在这三个阶段中的一个阶段表现出想要申请的意愿，则推销人员便开始询问其工作是否有变动、信用卡余额为多少等必要信息，最后表示感谢，并请他在未来 24 小时内登录应用以确认贷款产品购买。

4）实验结果（见图 4-6）

- 聊天机器人如果不披露身份或者在客户做出购买决策之后再披露身份，则它们的销售效率与经验丰富的人类推销员无显著差异，且明显好于不熟练的人类推销员。

- 如果客户不知道对方的机器人身份，那么其感知到的专业知识水平和同理心，在聊天机器人与人类推销员之间没有显著差别。

- 在对话进行之前或者消费者决策之前就披露机器人身份，会显著降低客户购买率，且通话时长也明显减少。因为当客户得知通话对象不是人类时，他们往往会变得很粗鲁，比如突然挂断电话或不耐烦地应付并尽快结束对话，进而减少购买行为。

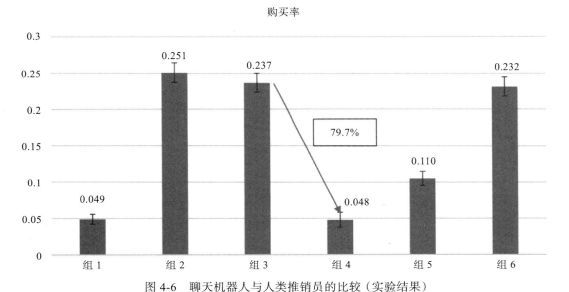

图 4-6 聊天机器人与人类推销员的比较（实验结果）

图片来源：Luo X，Fang Z，Qu Z. Machines vs. Humans: The Impact of Artificial Intelligence Chatbot Disclosure on Customer Purchases[J]. Marketing Science，2019，38(06):937-947.

● **思考题** ●━○━●━○━●

1. 回顾本章介绍的聊天机器人实验，请你判断聊天机器人是否通过了"图灵测试"，并思考该实验过程和结果还说明了哪些问题？
2. 在销售或客服领域，让聊天机器人打电话和接电话，哪个更难？为什么？
3. 目前的语音交互系统（例如各种智能音箱）通常只能被动地响应人类的命令或者提问。假设智能音箱可以主动找人类交流或者提问，会造成什么问题？
4. 请思考智能语音交互系统未来的发展方向和应用场景。

第5章 ●—○—●—○—●

计算机视觉技术

5.1 计算机视觉概述

5.1.1 计算机视觉的内涵

计算机视觉（Computer Vision），顾名思义，是一门研究如何让计算机像人类那样"看"的学科。它是计算机科学的一个分支，允许机器系统实时地查看、处理和解释视觉信息。简言之，计算机视觉一方面使机器能够像人类一样"看"事物——甚至包括人类无法看到的事物，另一方面又要求机器不但要"看到"，而且要"看懂"事物。例如，美国卡内基－梅隆大学的有关学者研究的名为"Breath Cam"的系统就配备了 4 个云连接摄像头，可以让用户监控和记录空气污染，甚至可以追溯到污染的源头。它不但"看到"了空气，而且"看懂"了空气污染。

作为一门新兴学科，计算机视觉通过对相关的理论和技术进行研究，试图建立能从图像或多维数据中获取"信息"的人工智能系统。它是一门综合性的学科，吸引了来自各个学科的研究者参加到对它的研究之中，其中包括来自计算机科学和工程、信号处理、图像处理、模式识别、统计学习、认知科学的研究者等。

计算机视觉在很多领域都有应用价值。有学者认为，人的一生有 70% 的信息是通过"看"来获得的。对于 AI 系统，当它需要与人交互，或者需要根据周边环境做决策时，"看"的能力就会显得非常重要。因此，越来越多的计算机视觉系统开始走入人们的日常生活，指纹识别、车牌识别、人脸识别、视频监控、自动驾驶、增强现实等已是常见应用。工业、医疗、军事等领域也有很多计算机视觉应用。

当然，人类的视觉能力是几百万年生物进化的产物，非常精密复杂，计算机目前还不可能完全模仿人类视觉。或者说，计算机视觉"看"的方式与人类"看"的方式有本质上的不同，人类视觉能力与机器视觉能力各有千秋。

5.1.2 计算机视觉的主要任务

计算机视觉的内涵非常丰富，需要完成的任务众多。假如我们计划为盲人设计一套导盲系统，可能至少要完成以下任务。

1）距离估计：距离估计是指计算输入图像中的每个点距离摄像头的物理距离，这对于导盲系统至关重要。

2）目标检测、跟踪和定位：指在图像视频中发现目标并给出其位置和区域。在导盲系统中，各类车辆、交通标志、行人、红绿灯等都是需要关注的目标。

3）前背景分割和物体分割：指将图像视频中前景物体所占据的区域或轮廓勾勒出来。为了导盲，将视野中的车辆和斑马线区域勾勒出来是必要的。

4）目标分类和识别：指为图像视频中出现的目标分配其所属类别的标签。画面中人的男女、老少，视野内车辆的款式乃至型号，甚至是对面走来的人认识与否等都属于这类任务需要分类和识别的目标。

5）场景分类与识别：指根据图像视频内容对不同的拍摄环境进行分类，如室内、室外、山景、海景、街景等。

6）场景文字检测与识别：在城市环境中，场景中的各种文字对导盲非常重要，如道路名、LED 屏上绿灯倒计时秒数、商店名称等。

7）事件检测与识别：指对视频中的人、物和场景等进行分析，识别人的行为或正在发生的事件（特别是异常事件）。如对导盲系统来说，我们可能需要判断是否有车辆正在经过，而对监控系统来说，闯红灯、逆行等都是需要关注的。

5.2 计算机视觉的发展历史

在计算机视觉漫长的发展历史中，学者们提出了大量的理论和方法。但总体上，其发展经历了 3 个主要历程：马尔计算视觉、多视几何与分层三维重建、基于学习的视觉。

5.2.1 马尔计算视觉（20 世纪 60 ~ 80 年代）

计算机视觉学起源于 20 世纪 60 年代中期美国学者罗伯茨（R.Roberts）开创性的三景物分析研究。他研制的系统能识别和描述几种已知多面体的实际照片。该系统能直接从数字化的图像中抽取多面体的线画。罗伯茨利用已知多面体的模型来分析线画中对应的物体在三维空间中的真实位置，把过去的二维图像分析推广到了三维的景物分析。

20 世纪 70 年代，很多科学家研究了由简单多面体堆积的景物（积木世界）的分析技术。他们能较一般地对物体进行标记，进而给出景物的描述，而不像 Roberts 那样只分析几个已知多面体组成的景物。在一定程度上，他们克服了物体的遮挡问题、基元线条的丢失问题和假线条的增生问题。

从 20 世纪 70 年代初期起，计算机视觉学发展出了几个重要的研究分支，它们是目标指导下的图像预处理技术、从二维图像提取三维信息的技术、图像匹配技术、序列图像分析及运动参量估值技术、图像处理和分析的并行算法结构技术、视觉知识的表达技术、视觉系统知识库的结构管理技术等。20 世纪 70 年代中期，麻省理工学院人工智能实验室正式开设"计算机视觉"课程。

1982 年，马尔（David Marr）出版《视觉》一书，标志着计算机视觉成为一门独立学科。马尔的计算视觉研究无论在理论上还是方法论上，均具有划时代的意义。马尔的计算视觉研究分为三个层次：计算理论、表达和算法、算法实现。由于马尔认为算法实现并不影响算法的功能和效果，因此，马尔计算视觉理论主要讨论"计算理论"和"表达与算法"两部分内容。马尔认为，大脑的神经计算和计算机的数值计算没有本质区别，所以马尔没有对"算法实现"进行任何探讨。从现在神经科学的进展来看，"神经计算"与数值计算在有些情况下会产生本质上的区别，但总体上说，"算法的不同实现途径"并不影响马尔计算视觉理论的本质属性。

计算机视觉真正的研究热潮是从 20 世纪 80 年代开始的，在这一时期，计算机视觉获得了蓬勃发展，新概念、新方法、新理论不断涌现。在该时期，计算机视觉的研究内容大体可以分为物体视觉（Object Vision）和空间视觉（Spatial Vision）两大部分。物体视觉侧重于对物体进行精细分类和鉴别，而空间视觉侧重于确定物体的位置和形状，并为"动作"服务。正像著名的认知心理学家吉布森（J.J.Gibson）所言，视觉的主要功能在于"适应外界环境，控制自身运动"。

5.2.2 多视几何与分层三维重建（20 世纪 90 年代初～21 世纪初）

20 世纪 90 年代初，计算机视觉走向进一步"繁荣"，这主要得益于以下两方面原因：首先，瞄准的应用领域从精度和稳健性要求过高的"工业应用"转到要求不太高，仅需要"视觉效果"的应用领域，如远程视频会议、考古、虚拟现实、视频监控等。其次，人们发现，多视几何理论下的分层三维重建能有效提高三维重建的稳健性和精度。

应该说，多视几何的理论于 2000 年已基本完善，而后这方面的工作主要集中在"如何提高大数据下稳健性重建的计算效率"。大数据需要全自动重建，而全自动重建需要反复优化，反复优化则需要花费大量计算资源。所以，如何在保证稳健性的前提下快速进行大场景的三维重建是后期研究的重点。

举一个简单例子，假如要三维重建北京中关村地区，为了保证重建的完整性，需要获取大量的地面和无人机图像。假如获取了 10 000 幅地面高分辨率（4 000×3 000）图像、5 000 幅高分辨率（8 000×7 000）无人机图像（这是当前的典型规模），三维重建便要匹配这些图像，从中选取合适的图像集，然后对相机位置信息进行标定，并重建出场景的三维结构。如此大的数据量，人工干预是不可能的，所以整个三维重建流程必须全自动进行，这就需要重建算法和系统具有非常高的稳健性，否则根本无法实现。即使在能保证稳健性的情况下，三维重建效率也是一个巨大的挑战。因此，目前在这方面的研究重点是如何快速、稳健地重建大场景。

5.2.3　基于学习的视觉（21 世纪初至今）

基于学习的视觉是指以机器学习为主要技术手段的计算机视觉研究，可以分为两个阶段：21 世纪初的以流形学习（Manifold Learning）为代表的子空间法和目前以深度学习为代表的视觉方法。

物体表达是物体识别的核心问题。给定图像物体（如人脸图像），在不同的表达下，物体的分类和识别率也有所不同。另外，直接将图像像素作为表达属于"过表达"，也不是一种好的形式。流形学习理论认为，一种图像物体存在其"内在流形"（Intrinsic Manifold），这种内在流形就是该物体的一种优质表达。流形学习就是从图像表达学习其内在流形表达的过程，这种内在流形的学习过程通常是一种非线性优化过程。深度学习的成功主要得益于数据积累和计算能力的提高。而深度网络的概念已于 20 世纪 80 年代被提出，只是因为当时人们发现"深度网络"性能还不如"浅层网络"，所以其没有得到大的发展。目前的基本状况是，人们都在利用深度学习来"取代"计算机视觉中的传统方法，研究人员越来越依赖于暴力计算和大数据富集，使得计算机视觉进一步的理论和方法研究受到不利影响。

5.3　计算机视觉的主要技术

5.3.1　人脸识别技术

1. 人脸识别的特点

人脸识别是计算机视觉领域的典型研究课题。它是指基于人的脸部特征，对输入的人脸图像或者视频流进行识别。该技术要判断是否存在人脸，如果存在人脸，则进一步给出每个人脸的位置、大小和各个主要面部器官的位置信息，依据这些信息，进一步提取每个人脸中所蕴含的身份特征，并将其与已知的人脸进行对比，从而识别每个人脸的身份。

广义的人脸识别实际包括构建人脸识别系统的一系列相关技术，比如人脸图像采集、人脸定位、人脸识别预处理、身份确认以及身份查找等，而狭义的人脸识别特指通过人脸进行身份确认或者身份查找的技术或系统。

在不同的生物特征识别方法中，人脸识别因其自身特殊的优势在生物识别中有着重要的地位。其特性如下：

1）非侵扰性：人脸识别无须干扰人们的正常行为就能较好地达到识别效果，无须担心被识别者是否愿意将手放在指纹采集设备上，以及他们的眼睛是否能够对准虹膜扫描装置，等等。只要在摄像机前自然地停留片刻，用户的身份就会被正确识别。

2）便捷性：采集设备简单，使用快捷。一般来说，常见的摄像头就可以用来进行人脸图像的采集，不需要特别复杂的专用设备，并且图像采集在数秒内即可完成。

3）友好性：通过人脸识别身份的方法与人类的习惯一致，人和机器都可以使用人脸图片进行识别。而指纹、虹膜等方法便没有这个特点：一个没有经过特殊训练的人，无法利用指纹和虹膜图像对其他人进行身份识别。

4）非接触性：人脸图像信息的采集不同于指纹信息的采集，利用指纹采集信息需要用手指接触到采集设备，这样既不卫生，也容易引起使用者的反感，而人脸图像采集，用户不需要与设备直接接触。

5）可扩展性：在人脸识别后，下一步数据的处理和应用，决定着人脸识别设备的实际应用，如应用在出入门禁控制、人脸图片搜索、上下班打卡等各个领域，可扩展性强。

正是因为人脸识别拥有这些良好的特性，所以它具有非常广泛的应用前景，也正引起学术界和商业界越来越多的关注。如今人脸识别已经广泛应用于身份识别、活体检测、唇语识别、创意相机、人脸美化、社交平台中。

2. 人脸识别的步骤

人脸识别技术流程主要包括六个组成部分，分别为人脸图像采集、人脸图像预处理、人脸检测、人脸图像特征提取、人脸图像匹配识别以及活体鉴别，如图 5-1 所示。

图 5-1　人脸识别技术流程

第一步：人脸图像采集

采集人脸图像通常情况下有两种途径，分别是既有人脸图像的批量导入和人脸图像的实时采集。一些比较先进的人脸识别系统甚至可以支持有条件地过滤不符合人脸识别质量要求或者清晰度质量较低的人脸图像，尽可能做到清晰、精准地采集。

既有人脸图像的批量导入：将通过各种方式采集好的人脸图像批量导入人脸识别系统，而后系统会自动完成所有人脸图像的采集工作。

人脸图像的实时采集：调用摄像机或摄像头，在设备的可拍摄范围内自动实时抓取人脸图像，并完成采集工作。

第二步：人脸图像预处理

人脸图像预处理是基于人脸检测结果，对图像进行处理，并最终服务于特征提取的过程。用于人脸识别的数据多为正面人脸数据，而实际所采集的数据包括人脸之外的其他区域，如颈、肩、胸、头发等区域，还可能包含无关信息和复杂背景。因此，如何从复杂数据中自动有效地提取人脸区域，并进行姿态的匹配对齐，是人脸识别中必不可少的一步。

人脸图像预处理通过对系统采集到的人脸图像进行光线旋转、切割、过滤、降噪、放大缩小等一系列复杂处理，可使人脸图像无论是从光线、角度、距离、大小等任何方面来看，均能够符合人脸图像特征提取的标准和要求。

第三步：人脸检测

人脸检测是指在动态的场景与复杂的背景中判断是否存在人脸，如果存在，则定位出每张人脸的位置、大小与姿态的过程。人脸模式的特征包括肤色特征和灰度特征等。肤色是人脸的重要信息，它不依赖于面部的细节特征，因此是人脸检测中是最常用的一种特征。灰度特征包括人脸轮廓特征、人脸灰度分布特征、器官特征（如对称性）等。

人脸检测方法可以根据利用特征的色彩属性归纳为基于肤色特征的方法和基于灰度特征的方法两类。前者适用于构造快速的人脸检测和人脸跟踪算法，后者利用了人脸区别于其他物体的更为本质的特征。根据特征综合时采用的不同模型，可以将基于灰度特征的方法分为两大类：基于启发式（知识）模型的方法和基于统计模型的方法。

- 基于启发式模型的方法。首先抽取几何形状、灰度、纹理等特征，然后检验它们是否符合人脸的先验知识。
- 基于统计模型的方法。将人脸区域看作一类模式，即模板特征，使用大量的"人脸"与"非人脸"样本训练、构造分类器，通过判别图像中所有可能区域属于哪类模式的方法实现人脸的检测。

由于人脸检测问题具有复杂性，无论哪一类方法都无法适应所有的情况。模型优劣通常由检测率、误检率、漏检率及检测速度决定。

第四步：人脸图像特征提取

特征提取是人脸识别的核心步骤，是根据人脸特征对人脸进行特征建模的过程。人脸特征提取的方法归纳起来可分为两大类：

- 基于知识的表征方法。基本思想是根据人脸器官的形状描述以及它们之间的距离特性来获得有助于人脸分类的特征数据，即通过对眼睛、鼻子、嘴、下巴等局部特征及它们之间构成关系的几何描述来识别人脸。

- 基于代数特征或统计学习的表征方法。基本思想是将人脸在空域内的高维描述转化为频域或者其他空间内的低维描述，其表征方法有以主成分分析法为代表的线性投影表征方法和基于核或流形学习的非线性投影表征方法。

第五步：人脸图像匹配识别

将提取的人脸图像的特征数据与数据库中存储的特征模板进行搜索匹配，并设定一个阈值，当相似度超过这一阈值，则把匹配得到的结果输出。人脸识别就是将待识别的人脸特征与已得到的人脸特征模板进行比较，根据相似程度对人脸的身份信息进行判断。这一过程又分为两类：一类是确认，即一对一地进行图像比较；另一类是辨认，即一对多地进行图像匹配和对比。

第六步：活体鉴别

生物特征识别的共同问题之一就是要区别该信号是否来自真正的生物体，比如，指纹识别系统需要区别待识别的指纹是来自人的手指还是指纹手套，人脸识别系统所采集到的人脸图像是来自真实的人脸还是含有人脸的照片，等等。因此，实际的人脸识别系统一般需要增加活体鉴别环节，例如要求人左右转头、眨眼睛、开口说话等。

5.3.2　其他生物识别技术

所谓生物识别技术，是指通过计算机利用人体所固有的生理特征（指纹、虹膜、脸部、血管等）来进行个人身份鉴定的技术。生物识别系统会对生物特征进行取样，提取其唯一的特征，通过计算机将该特征数字化，转化成数字代码，并进一步将这些代码组合成特征模板。在交互认证时，识别系统会获取生物体的特征，通过滤波、降噪等处理算法将该特征转换成数字代码，与数据库中的特征模板进行比对，以确定是否匹配，从而确定身份。生物识别技术的关键在于如何获取生物特征，将其转换为数字信息并存储于计算机中，以及利用可靠的匹配算法来完成验证与识别个人身份。

目前，主流的生物识别技术除了人脸识别，还包括指纹／掌纹识别、虹膜识别、静脉识别以及步态识别等。

1. 指纹／掌纹识别

由于人的指纹是遗传与环境共同作用产生的，因而指纹人人皆有，却各不相同。指纹的重复率极小，大约为150亿分之一，故其被称为"人体身份证"。仔细观察指纹，就会发现这些纹线既有突起的部分（称之为脊）又有凹下的部分（称之为谷），这些突起部分和凹下部分共同组成了指纹独一无二的特征。指纹识别技术通过分析指纹的全局特征和指纹的部分特征，分析脊和谷的组合，从中提取特征值。用来采集指纹图像的主要技术包括光学技术、电容技术和超声波技术。每个人的指纹都是唯一的，如果指纹的相似性高达

99% 以上，那么基本上可以认定为同一个人。指纹识别仪器操作起来十分简单方便，在生物认证领域被广泛使用，主要用于公司考勤、安防、身份识别认证、银行金库系统等。如今的手机和电脑也广泛使用了指纹识别。

2. 虹膜识别

虹膜识别是目前供商用的安全系数最高的生物认证技术。虹膜识别就是通过对比虹膜图像特征之间的相似性来确定人们的身份。虹膜识别技术的过程一般来说包含以下几个步骤：使用特定的摄像器材对人的整个眼部进行拍摄，并将拍摄到的图像传输给虹膜识别系统的图像预处理软件；对获取到的虹膜图像进行预处理；确定虹膜的位置；将图像中的虹膜大小调整到识别系统设置的固定尺寸；将虹膜图像增强，对其特征进行提取编码，形成特定的模板。识别时，需要采集虹膜图像，与特定模板进行比对。和指纹一样，每个人的虹膜不仅是独特的，而且没有特殊情况是不会发生改变的。虹膜识别技术比指纹识别技术更准确、更迅速。

3. 静脉识别

静脉识别技术是近年来开发的一种新的生物识别技术，利用的是血液中的血红蛋白有吸收红外线的特质。近红外光照射到手指或手掌上时，手指或手掌皮下静脉中的血红蛋白相对于皮肤、肌肉等其他生理组织对近红外光的吸收率更高，因而会呈现出黑白对比鲜明的图像模式。静脉识别目前主要分为指静脉识别和掌静脉识别，二者原理基本相同。静脉识别是目前已知的安全性最高的生物识别技术，且其属于活体识别，不会受到表皮粗糙以及外部环境的影响。此外，静脉识别还可以采用非接触的方式进行识别。然而，静脉识别是一种新兴的技术，其前端采集必须借助特殊的设备，该设备造价昂贵，目前也难以实现小型化，这极大地限制了静脉识别的市场应用。

4. 步态识别

近年来，步态识别成为计算机视觉和生物特征识别领域中一个备受关注的方向，旨在根据人们走路的姿势进行身份识别。步态之所以能够成为生物特征识别技术之一，同样源自每个人步态的唯一性。从解剖学的角度分析，步态唯一性的物理基础是每个人生理结构的差异性，不一样的腿骨长度、不一样的肌肉强度、不一样的重心高度、不一样的运动神经灵敏度，共同决定了步态的唯一性。最为典型的应用场景当属公安刑侦领域：步态识别以其识别距离远、应用范围广、无须配合等应用优势，利用目标人员的身高体态、运动模式等特征，能从海量视频中快速搜索出与样本高度相似的目标或视频片段，从而达到在换装、跨场景、面部遮挡的情况下，亦可以快速识别出嫌疑人的目的，很好地弥补了同等条件下人脸识别技术的应用盲点。

5.3.3 图像分类

图像分类，是指给定一组各自被标记为单一类别的图像，来对一组新的测试图像的类别进行预测，并测量预测的准确性。简单来说，就是指输入一个图像，输出对该图像内容分类的描述。它是计算机视觉的核心，其关键在于利用计算机对图像进行定量分析，把图像或图像中的每个像元或区域划归为若干个类别中的某一种，以代替人的视觉判读。

图像分类的传统方法是特征描述及检测，这类传统方法可能对于一些简单的图像分类是有效的，但由于实际情况非常复杂，传统的分类方法不堪重负。现在，人们不再试图用代码来描述每一个图像类别，而是试图通过使用机器学习的方法来处理图像分类问题。图像分类的主要任务是给定一张输入图片，将其指派到一个已知的混合类别中的某一个标签。如图 5-2 所示，人类看到的是一只猫，而计算机看到的全是像素，或者说是数值矩阵。计算机是根据对这些数据进行机器学习，才得以在统计意义上把这张图片分到"猫"这一类标签下。

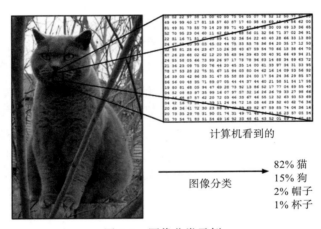

图 5-2　图像分类示例

图片来源：https://cs231n.github.io/classification/.

图像分类在许多领域都有着广泛的应用。如安防领域中的人脸识别和智能视频分析，交通领域中的交通场景识别，互联网领域中基于内容的图像检索和相册自动归类，以及医学领域中的图像识别等。

5.3.4　目标检测

目标检测任务的目标是给定一张图像或一个视频帧，让计算机找出其中所有目标的位置，并给出每个目标的具体类别，即识别图片中有哪些物体以及物体的位置（坐标位置）。识别图像中的目标这一任务，通常会涉及为各个对象输出边界框和标签。这不同于分类 /定位任务——它需要对很多对象进行分类和定位，而不仅仅是对某个主体对象进行分类和定位。在目标检测中，只有 2 个目标分类类别，即目标边界框和非目标边界框。例如，在汽车检测中，我们必须使用边界框检测所给定图像中的所有汽车（见图 5-3）。

图 5-3　目标检测——汽车检测

图片来源：https://mp.weixin.qq.com/s/byOd3Ahh3Ou0IrNAZi3YVw.

对于人类来说，目标检测是一个非常简单的任务。然而，计算机能够"看到"的只是图像被编码之后的数字，它很难解释图像或视频帧中出现的人或物体，也难以定位目标出现在图像中哪个区域。与此同时，由于目标会出现在图像或视频帧中的任何位置，且目标的形态千变万化，图像或视频帧的背景也千差万别，这些因素都使得目标检测对计算机来说是一个具有挑战性的问题。

5.3.5　图像语义分割

图像语义分割，顾名思义，是将图像像素按照表达的语义含义的不同进行分组 / 分割。目前可分为两大类：像素级的语义分割（Semantic Segmentation）和实例分割（Instance Segmentation）。

图像语义是指对图像内容的理解，例如描绘什么物体在哪里做了什么事情等。分割是指对图片中的每个像素点进行标注，以便于判断其属于哪一类别，近年来多用于在无人驾驶技术中通过分割街景来避让行人和车辆，以及在医疗影像分析中进行辅助诊断等。

图像语义分割是指将整个图像分成一个个像素组，并对其进行标记和分类（见图 5-4）。除此之外，图像语义分割还试图在语义上理解图像中每个像素的角色（比如，识别它是汽车、摩托车还是其他的类别）。如图 5-4 所示，除了识别人、道路、汽车、树木等之外，我们还必须确定每个物体的边界。因此，与分类不同，我们需要用模型对密集的像素进行预测。

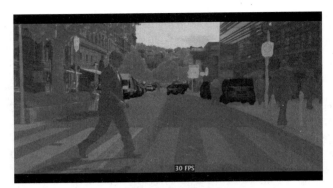

图 5-4　图像语义分割

图片来源：https://mp.weixin.qq.com/s/byOd3Ahh3Ou0IrNAZi3YVw.

不过这种分割方式存在一些问题，比如，如果一个像素被标记为红色，那就代表这个像素所在的位置是一个人，但是如果有两个像素都是红色，那么便无法判断它们是属于同一个人还是不同的人。也就是说语义分割只能判断类别，无法区分个体。

5.3.6　OCR 文字识别

计算机文字识别，俗称光学字符识别（Optical Character Recognition，OCR）。它利用光学技术和计算机技术，把印在或写在纸上的文字读取出来，并转换成一种计算机能够接受，并且人类可以理解的格式。OCR 技术是实现文字高速录入的一项关键技术，也是计算机视觉研究领域的分支之一。

OCR 技术的兴起是从印刷体识别开始的，印刷体识别的成功为后来手写体识别的发展奠定了坚实的基础。现今 OCR 技术的应用领域十分广泛，如拍照搜题、图片翻译等常用功能都用到了 OCR 技术。例如，在拍照搜题的过程中，程序会首先利用 OCR，将图片中的题目处理识别成文字，而后会根据用户的题目文本和平台数据库中的题库比对，找到最为相似的几道题目。OCR 处理的过程主要包括以下几个：

1）图像输入及预处理：针对不同格式的图像输入，进行必要的预处理。预处理过程首先要进行二值化，即将彩色图像转换为黑白图像。主要是为了剔除掉一些冗余特征，只留下重要的特征。其次要进行噪声去除。因为图片二值化之后，可能会出现很多小黑点或其他噪声类的附着，影响后续的识别，所以要进行必要的过滤处理。最后要进行倾斜校正。因为用户在拍照的过程中，可能会受拍摄的技术、环境等客观因素的影响，导致照片的角度不利于最终的识别，因此需要进行必要的倾斜校正以保证图片水平。

2）版面分析：直观来说，这一步就是对图片中的文本进行段落、句子的切分。

3）字符切割：将图片按照行和列进行划分，切割后产生单个字符。

4）字符识别：通过机器学习或深度学习，进行文字的识别。

5）版面恢复：对识别后的文字，保持段落、行及文字间的相对位置不变。

图片翻译的逻辑与拍照搜题大同小异：先通过 OCR 将图片中的文本提取出来，再通过翻译软件进行翻译，并将翻译后的文本反馈给用户。使用 OCR 技术可以省去大量输入文字的时间，给用户提供快速获取答案的途径。

5.3.7　图像生成

图像生成（合成）是从现有数据集生成新图像的任务，是指根据输入向量，生成目标图像。这里的输入向量可以是随机的噪声或用户指定的条件向量。

描述一张图像对人类来说相当容易，但在机器学习中，这类任务属于判别分类 / 回归问题，即从输入图像预测特征标签。近年来，随着机器学习技术（尤其是深度学习模型）的进步，它们开始在这类任务中脱颖而出，有时甚至会达到超过人类的表现，正如视觉目标识别和目标检测 / 分割等场景中所展示的那样。

而另一方面，对于人类来说，基于描述生成逼真图像是十分困难的，这需要有多年的平面设计经验。同样，在机器学习中，这是一项生成任务，比判别任务难多了，因为生成模型必须基于更小的种子输入产出更丰富的信息（如具有某些细节和变化的完整图像）。尽管创建此类程序困难重重，但其生成模型在很多方面非常有用，例如手写体生成、人脸合成、风格迁移、图像修复、超分重建等。

以内容创建为例：广告公司可以自动生成具有吸引力的产品图像，不仅可以让该图像与广告内容相匹配，还可以让图片与镶嵌这些图片的网页风格也相融合；时尚设计师可以通过让算法生成 20 种与"休闲、帆布、夏日"等关键词有关的样鞋来汲取灵感，某些游戏允许玩家基于简单描述生成逼真头像，等等。阿里巴巴著名的作图机器人"鹿班"在 2019 年"双十一"期间共制作了 11.5 亿张商品海报，其水平不输人类设计师。在图 5-5 的 4 幅汽车海报作品中，只有 2 号是"鹿班"的作品，其余 3 幅是人类设计师的作品。

图 5-5　作图机器人"鹿班"与人类设计师的比较

图片来源：http://tv.cctv.com/v/v2/VIDEJx2wFev3M5yyibYfQZOk181110.html?ivk_sa=na_search_list-0-matrix.

如今，图像生成任务主要是借助生成对抗网络（GAN）来实现。生成对抗网络（GAN）由两种子网络组成：生成器和识别器。生成器的输入是随机噪声或条件向量，输出是目标图像。识别器是一个分类器，输入是一张图像，输出是该图像是否为真实的图像。在训练过程中，生成器和识别器通过不断相互博弈提升自己的能力。我们来看图 5-6 中一些由谷歌图像生成器 BigGAN 生成的图像，是不是非常逼真？

图 5-6   谷歌图像生成器 BigGAN 生成的图像

图片来源：https://blog.csdn.net/c9Yv2cf9I06K2A9E/article/details/83026880?utm_source=blogxgwz0.

5.3.8   人体关键点检测

人体关键点检测通过人体关键节点的组合和追踪来识别人的运动和行为，能够定位并返回人体各部位关键点坐标位置。关键点定位了头、颈、肩、肘、手、臀、膝、脚等部位（见图 5-7），对于描述人体姿态，预测人体行为至关重要。它是诸多计算机视觉任务的基础，在动作分类、异常行为检测，以及自动驾驶中均有应用，也可为游戏、视频提供新的交互方式。

图 5-7   人体关键点检测

图片来源：https://zhuanlan.zhihu.com/p/102457223.

5.3.9　视频分类

视频分类是视频理解任务的基础，是指给定一个视频片段，对其中包含的内容进行分类。与图像分类不同的是，视频分类的对象不再是静止的图像，而是一个由多帧图像构成的，包含语音数据、运动信息等的视频对象，因此理解视频不仅需要获得更多的上下文信息，还要理解每帧图像是什么、包含什么。

视频分类的分类类别通常是动作（如做蛋糕）、场景（如海滩）、物体（如桌子）等。视频分类以视频动作分类最为热门，毕竟动作本身就包含"动"态的因素，不是"静"态的图像所能描述的，因此它也最能体现视频分类水平。

视频分类方法主要包含基于卷积神经网络的方法、基于循环神经网络的方法，以及将这两者结合的方法。

5.3.10　度量学习

度量学习也被称作距离度量学习、相似度学习，通过学习对象之间的距离，度量学习能够用于分析对象时间的关联、比较关系。它在实际问题中应用较为广泛，可应用于辅助分类、聚类问题，也广泛用于图像检索、人脸识别等领域。

如果需要计算两张图片之间的相似度，那么如何度量图片之间的相似度，使得不同类别的图片相似度低，而相同类别的图片相似度高，就是度量学习的目标。

例如：如果我们的目标是识别人脸，那么就需要构建一个距离函数去强化合适的特征（如发色、脸型等）；而如果我们的目标是识别姿势，那么就需要构建一个捕获姿势相似度的距离函数。为了处理各种各样的特征相似度，我们可以在特定的任务通过选择合适的特征并手动构建距离函数，然而这种方法会需要很大的人工投入。而度量学习作为一个理想的替代方式，可以根据不同的任务来自主生成针对某个特定任务的度量距离函数。

度量学习和深度学习的结合，在人脸识别 / 验证、行人再识别（human Re-ID）、图像检索等领域均有着较好的表现。

5.4　计算机视觉重要应用

随着计算机视觉技术的不断发展，它开始渗入多个行业领域，应用越来越广泛，在促进传统技术革新和新兴技术发展上都大放异彩。

5.4.1　图像检索

图像检索是计算机视觉的重要应用方向。图像检索按描述图像内容方式的不同可以分为两类：基于文本的图像检索、基于内容的图像检索。

基于文本的图像检索是利用文本标注的方式对图像中的内容进行描述，从而为每幅图像形成描述这幅图像内容的关键词，比如图像中的物体、场景等。文本标注既可以采用人工标注方式，也可以通过图像识别技术进行半自动标注。但是基于文本的图像检索只适用于小规模的图像数据，用户有时很难用简短的关键字来描述出自己真正想要获取的图像，因此基于内容的图像检索开始发展起来，也就是现今淘宝、京东、百度、google 等平台都已经广泛应用的"以图搜图"功能。

典型的基于内容的图像检索基本框架如图 5-8 所示，它利用计算机对图像进行分析，建立图像特征矢量描述并存入图像特征库。当用户输入一张查询图像时，计算机先用相同的特征提取器进行预处理，并提取查询图像的特征，得到查询向量，然后在某种相似性度量准则下计算查询向量与特征库中各个特征的相似性大小，最后按相似性大小进行检索与排序，并顺序输出对应的检索结果。

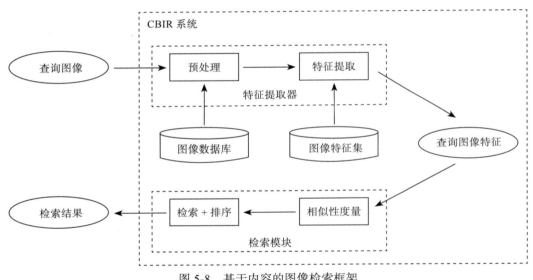

图 5-8 基于内容的图像检索框架

基于内容的图像检索包括相同物体图像检索和相同类别图像检索，检索任务分别为检索包含特定物体或目标的不同图片和检索具有相同类别属性的物体或场景的图片。例如，行人检索中检索的是同一个人，即同一个身份在不同场景不同摄像头下拍得的图片，属于相同物体的图像检索，而 3D 形状检索则针对属于同一类的物品，如飞机等。基于内容的图像检索技术将图像内容的表达和相似性度量交给计算机进行自动处理，克服了采用文本进行图像检索所面临的缺陷，并且充分发挥了计算机长于计算的优势，大大提高了检索的效率，从而为海量图像库的检索开启了新的大门。

基于内容的图像检索技术在电子商务、皮革纺织工业、版权保护、医疗诊断、公共安全、地理测绘等领域具有广阔的应用前景。在电子商务方面，谷歌的 Goggles、阿里巴巴的"拍立淘"等闪拍购物应用允许用户抓拍图片并上传至服务器端。它们在服务器端运行图片检索应用，为用户找到相同或相似的商品，并提供商品链接。在皮革纺织工业中，皮革布料生产商可以将样板拍成图片。当衣服制造商需要某种纹理的皮革布料时，可以检索库中是否存在相同或相似的皮革布料，使得皮革布料样本的管理更加便捷。在版权保护方面，提供版权保护的服务商可以应用图像检索技术，判断商标是否已经认证注册。诸如以上图像搜索技术，结合用户使用场景，可以在复杂背景条件下准确地识别和提取图片中的主体信息，并使用当前人工智能领域较为先进的深度学习技术，对获取到的图片信息进行语义分析。

5.4.2　场景文字识别

许多场景图像中都包含着丰富的文本信息，对理解图像信息有着重要作用，能够极大地帮助人们认识和理解场景图像的内容。场景文字识别是在图像背景复杂、分辨率低下、字体多样、分布随意等情况下，将图像信息转化为文字序列的过程，可认为是一种特别的翻译过程：将图像输入翻译为自然语言输出。场景图像文字识别技术的发展也促进了一些新型应用的产生，如通过自动识别路牌中的文字帮助街景应用获取更加准确的地址信息等。

场景文字识别的典型应用之一就是"作业帮"App 的拍照搜题功能。从技术的实现角度上来看，拍照搜题主要有两种方式。第一种方式是以图搜图，即平台中的题库同样按照图片方式存储，则当平台处理一个用户拍摄上传的解题需求时，算法通过计算用户题目图片的特征，并进行搜索排序，从题库中找到对应的最相似的图片，该图片即为用户所搜索的题目。这种方式本质上是基于计算机视觉特征与机器学习算法的匹配检索技术。但其不足之处在于：一方面，系统的题库需要以图片的形式存储，消耗的硬件空间较大，而且计算效率较低、性价比较低。另一方面，对于两道题目而言，基于图片维度特征进行比对，进而界定文字题目的相似度，和直接基于文本特征进行题目相似度的比对，必然还是后者的准确率更为可靠。因此，"作业帮"采用的是基于 OCR 技术和深度学习结合的技术方案。

5.4.3　医疗影像分析

随着技术飞速发展、医学数据的持续扩增以及硬件设备的不断提升，人工智能和医疗的结合方式越来越多样化。目前人工智能在医疗领域中落地的应用场景主要有医学影像、智能诊疗、智能导诊、智能语音、健康管理、病例分析、医院管理、新药研发和医疗机器人等，其中在医学影像中的应用最为广泛。

医学影像是医生完成诊断的主要依据，即通过对影像进行分析和比较，完成有依据的诊断。但是在实际过程中，往往会存在影像学人才紧缺、诊断有误差、阅片时间长等问题，通过引入人工智能可有效解决部分问题。医学影像分析的主要任务有：

1. 医学图像分类与识别

临床医生常需要借助医学图像来辅助诊断人体内是否有病变，并对病变的轻重程度进行量化分级。因此，自动识别图像中的病变区域和正常组织器官是医学图像分析的基本任务。

2. 医学图像定位与检测

解析人体组织器官结构和定位病变区域是临床治疗计划和干预流程中非常重要的预处理步骤，其精度直接影响治疗的效果。图像目标定位任务不仅需要识别图像中的特定目标，而且需要确定其具体的物理位置。图像目标检测任务则需要把图像中所有目标识别出来，并确定它们的物理位置和类别。

3. 医学图像分割任务

图像分割是识别图像中目标区域（如肿瘤）内部的体素及其外轮廓，它是临床手术图像导航和图像引导肿瘤放疗的关键任务。

复杂的医学图像分析任务常常需要综合进行分类、检测与分割，如为了进行诊断乳房X射线图像中病变的良 / 恶性，先后要进行病变检测、病变分割、病变分类。由病理学图像分析判断癌症严重程度时，需要首先检测、分割细胞核，然后基于分割结果进行特征和统计分析，最后分类得到分级结果。

5.4.4　安防检测

安防领域是计算机视觉最为重要的应用方向，目前基于人工神经网络的安防领域应用主要分为人脸检测与识别、人体分析与识别（生物识别）、车辆分析与识别、行为分析与识别、视频质量诊断分析、视频摘要 6 大类。在安防产业链中，这 6 大技术已经在设备制造、应用平台、系统集成、运营与服务等各个环节获得深层次应用，例如通过与物联网、大数据、云计算等技术进行结合，为构建智慧城市、智慧校园、智能工厂、智慧家庭等提供整体解决方案。

5.4.5　自动驾驶汽车、无人机

随着计算机视觉技术的成熟和无人驾驶智能汽车技术的不断发展，计算机视觉已应用在自动驾驶智能系统中，并且发挥着重要的，甚至不可替代的作用。计算机视觉在自动驾驶方面的应用主要有三方面，分别是交通标识识别、障碍物检测及视觉定位导航。在无人驾驶过程中需要识别的交通标识有交通信号灯（红绿灯）、交通标志牌、车道线、停止线、斑马线、导向箭头，其中最为关键的是车道线、停止线和红绿灯，而障碍物检测主要是行人检测和车辆检测。

1. 交通标识识别

智能车在无人驾驶过程中需要通过视觉感知周边环境中的各种交通标识，包括人开车时需要时刻关注的红绿灯、交通牌、导向箭头、停止线等。但是智能车识别这些交通标识的目的和人开车时关注这些标识的目的不同，这些标识对人来说只是一种辅助，但对智能车来说是一种引导，两者是有区别的。例如，人不看车道线也可以驾驶，而智能车在没有GPS 导航的情况下只能找寻车道线行驶。对智能车而言，以上的所有交通标识识别中最为重要的是车道线识别和停止线识别与测距，其他的交通标识都可以通过各种方式解决。车道线识别的目的是让智能车寻找车道线行驶，而停止线识别与测距的目的是让智能车在路口安全停车。红绿灯对智能车固然重要，但是利用视觉进行红绿灯识别代价很高，并且很难做到稳健且实时，此时采用射频技术便可以很轻易地解决这个问题。交通标志牌、斑马线、导向箭头作为静态交通标识内容，其位置一般是固定的，所以可以将这些标识作为实验知识，插入用于无人驾驶智能车的高精度地图中，等智能车行驶到了特定地点附近，自然就知道周边有什么交通标识了。

2. 障碍物检测

智能车在无人驾驶过程中，除了需要导航引导外，还需要时刻感知车身周边的障碍物信息，如道路上的行人、车辆，以及马路边沿、栏杆等。虽然现在有很多关于基于视觉的行人检测、车辆检测的研究，以及基于图像分割的可行驶区域计算方法，但是这些研究和方法毕竟不够成熟，其实时性、稳健性和准确性都难以达到智能车的实际要求，所以要配合激光雷达、毫米波雷达的使用，以达到更高的安全级别。

3. 视觉导航定位

智能车在无人驾驶过程中需要实时知道自身位置及目标地的位置，这就需要导航定位技术。现在流行的导航定位技术是"GPS+ 惯导"组合定位或者"北斗 + 惯导"组合定位。不管是哪种卫星导航定位技术都存在一个致命的缺点：在多云天气下，或者密集的高层建筑物中、高架桥上，以及有隧道等遮挡时会丢失信号及定位误差很大。而视觉导航定位可以解决卫星导航定位的这个问题。现有的视觉定位方法可以分为 3 类：基于路标库和图像匹配的全局定位、同时定位与地图构建的 SLAM、基于局部运动估计的视觉里程计。其中全局定位、SLAM 定位都不太适合智能车的实际驾驶环境，较好的视觉导航定位方法都是基于视觉里程计的定位。

与自动驾驶相似，计算机视觉技术在无人机上的应用主要在无人机的起飞与着陆、定位跟踪、自主加油等方面。除此之外，无人机结合计算机视觉技术在其他行业也取得了一些成效。在电力巡检方面，无人机利用计算机视觉的视频跟踪技术对绝缘子等特定目标进行定位跟踪，实现自动导航，该应用有效地解决了恶劣环境下人工巡检的安全问题。在农业方面，有学者提出模拟无人机平台，通过计算机视觉技术对油菜田中的杂草进行识别处理，并且通过试验技术证明其精度很高，研究发现基于全波段和特征波段反射率的分类模型预测精度均高达 100%。除了对杂草进行检测，还有研究者提出利用安装在无人机上的红外设备监测农作物虫害和缺水缺肥的问题，甚至可以预判森林火灾的可能性，并将地理位置信息通过无人机系统准确反馈给控制平台，这是计算机视觉与无人机结合在农业成功应用的典范。在军事方面，通过机器视觉技术可以实现无人装备的侦察、自主导航以及军事目标的识别。

5.4.6　军事用途

在军事领域，计算机视觉的应用极为广泛。早在 20 世纪 80 年代，美军就在战略防御计划（SDI）的每个不同阶段（提振、后推动、中途和终点）运用一个或多个计算机视觉功能来实现对弹道导弹的防御。随着技术发展，从遥感测绘、航天航空、武器检测、武器制导、目标探测、敌我识别到无人机和无人战车的驾驶，处处都有机器视觉技术的存在。其中的典型应用主要有巡航导弹地形识别、侧视雷达的地形侦察、遥控飞行器的引导、目标的识别与制导、警戒系统及自动火炮控制、侧视雷达的地形侦察等。

1. 在遥感测绘中的应用

在卫星遥感系统中，计算机视觉通过运用机器视觉技术分析各种遥感图像，进行自动制图、卫星图像与地形图校准、自动测绘地图，还通过分析地形、地貌的图像及图形特征，实现对地面目标的自动识别、理解和分类等。卫星遥感系统在军事侦察、定位、导航、指挥等的应用，使得我国在军事能力和国家安全上有了大幅度提升。

2. 在航空航天中的应用

在航空航天领域，计算机视觉可应用于飞行器件的检测和维修、跑道识别、空中加油识别定位以及目标确认引导等。

3. 在武器检测中的应用

在武器检查领域，研究人员运用计算机视觉技术进行武器系统瞄准、炮管参数检测、火炮系统校准、射弹识别、自动战术弹药分类、枪械内膛疵病检测、枪弹表面质量检测等。

4. 在弹药测试中的应用

在弹药测试领域，研究人员运用 ICT 技术进行弹药内部探伤，运用计算机视觉技术进行弹药外观检测、弹丸飞行速度及姿态的测试以及弹药射击精度测试等。

5. 在虚拟训练中的应用

在虚拟训练中的应用包括飞机驾驶员训练、医学手术模拟、战斗场景建模、战场环境表示等，可帮助士兵在训练中超越人的生理心理极限，使其"亲临其境"，提高训练效率。

除以上应用外，在军事领域的其他方面，关于计算机视觉的研究也有很多，比较典型的有战争控制、武器制导、作战口粮检测、军事视觉系统等。计算机视觉系统对于未来武器装备的自动化、智能化来说是不可或缺的。虚拟训练、战场侦察、无人装备、精确保障等未来战场的新时代高要求，必将由以计算机视觉为基础的智能技术实现突破。

5.5　计算机视觉的未来发展

5.5.1　现有技术的局限

数字化大潮之下，图像和视频数据量几乎是以指数级速度增长。对图像视频的自动化分析、整理、检索需求都十分巨大。然而，没有一项技术是完美的，计算机视觉技术的局限性主要有以下四点：

1）在需要精确结果的领域，对应用的条件要求高。例如检测车辆的行驶，在雨天光照条件不好或者车辆角度较偏的时候，计算机视觉技术往往表现得不尽人意。

2）标记大量的训练数据往往需要专业知识人才。例如识别不同的猫种，需要区分美短、苏格兰折耳、俄罗斯蓝猫等具体猫种，如果定义可识别物体种类的人不是猫咪专家，便很难建立正确度高的数据集，因此建立图像类训练数据集需要大量人力物力，且对专业水平要求较高。

3）理论可行，工程昂贵。计算机视觉在具体领域内的应用实施还需要相关硬件配合，然而有时硬件发展水平较低，而完成一个工程体量庞大，往往需要花费大量资金。

4）可解释性低。众所周知，大多数计算机视觉的深度学习方法都是不透明的，其内部工作原理无法解释。在其出错时若无从得知原因，这些模型就会变得没有说服力。

5.5.2　未来的发展方向

计算机视觉技术仍有很大发展空间，有以下几点对未来发展的展望。

1. 多学科领域知识交叉

多学科交叉在计算机视觉技术的发展中具有重要作用。从计算机视觉问题变成可计算问题以来，计算机视觉技术的发展涉及多种学科，主要有数学、物理学、光谱学、计算机学科、自动化学科、脑科学、神经心理学、认知心理学、行为心理学、生物科学等。各种学科交叉下的计算机视觉技术研究仍是未来必然趋势和亟须解决的问题。

2. 多传感信息稳健融合

感知环境信息是计算机视觉发展的基础，目前计算机主要依赖可见光视觉相机获取环境信息，然而可见光视觉相机易受到光照、阴影、天气等条件的干扰。为此，近年来，多传感信息融合已经成为环境感知的主要手段，如光谱（场）相机、深度相机（如 Kinect）、激光、雷达、毫米波、GPS/IMU 等多种属性协同感知。不同信息在多传感协同感知下进行融合，可以提供更充分、更准确的场景感知。

3. 多维度视觉信息演化推理及预测

视觉信息主要以图像、视频的方式呈现，在计算机视觉技术分析中，往往需要分析信息的空间结构和发展变化。而如何得到更好的、更符合人眼感知的视觉逻辑演化关系是分析视觉信息载体的关键。目前大量的工作集中在对数据所表达的信息进行分析，而忽略了预测的重要性，如何对所感知目标的未来运动及表现意图做出尽量长时间的预测是使计算机视觉技术更智慧化的关键所在。

4. 多视觉任务系统级有机集成

当前计算机视觉技术发展的一个重要趋势是不再依靠简单拼接单一的视觉任务来解决复杂问题，而是将多种任务融合在统一的智能载体联合完成。比如，像检测、跟踪、识别等任务，在无人驾驶车辆中需要同时进行，才能得到一个相对较好的场景评估。所以，未来的计算机视觉技术发展的重要趋势是如何将多种视觉问题有机结合起来，提供系统级的应用方案。

5. 更大规模数据集精准标注

计算机视觉从另一个侧面来讲属于数据科学，其中的算法、模型等性能的提升很大程度上依赖于标记精准的训练数据集。自从 ImageNet 数据集公布以来，以深度学习为主要代表方法在计算机视觉的诸多问题方面取得了突飞猛进的成果，这得益于足够大的标注数据规模。从另一个方面来讲，更大的数据规模代表着更多的知识，可以更好地模拟人脑。

● **思考题** ●─○─●─○─●

1. 请举出你身边的一些计算机视觉应用的实例。
2. 当今已经出现一些可实现"自动驾驶"的交通工具，那么你觉得短期内有可能出现实用的"盲人导航系统"吗，为什么？
3. 假设有一只狗正在追赶一个小女孩，而小女孩有可能身处危险，也有可能只是在与狗嬉戏。你认为机器视觉能对此做出判断吗？如果想要机器做出判断，需要具备哪些条件？
4. 请尝试做一次"瑞文标准推理测验"，你认为当今的机器视觉能否在这种测验中超过人类？为什么？

第6章

认知智能技术

在前面的章节中，我们已经了解到了人工智能在"听、说、看"方面的表现，这就是所谓的"感知智能"，而"认知智能"则是要解决人工智能中"思考与反馈"方面的问题。如果简单地将人工智能看作是在模拟人类的话，那么认知智能就可以被理解为是在模拟我们人类思维，因为该领域的技术涉及信息的深度处理、理解以及反馈。

一直以来，大家都认为人工智能的最集中体现就是认知与推理。以生活中很常见的"小度"等智能音箱为例，它们需要对人类有一定的认知和记忆，才能够根据用户的行为习惯等数据进行推理，从而提供个性化服务，带来良好的用户体验。

6.1 智能搜索

6.1.1 搜索引擎发展历史

搜索引擎是我们快速找到所需信息的重要方式。搜索引擎通过一系列特定的计算机程序，遵循一定的策略与规则，在互联网上进行信息搜集和处理后，将信息以多种形式展现在用户面前。搜索引擎极大地改变了我们获取信息的方式，也极大地推动了互联网行业的发展。

但是，随着搜索引擎技术的深度普及，这项技术也暴露出很多问题，例如搜索结果不精确、相关性不强、时效性欠佳、没有个性化服务等。同时，搜索结果仅是简单罗列，后期需要从大量词条中再次进行人工搜寻。而智能搜索引擎就是要利用人工智能技术改善传统搜索引擎的缺陷，使搜索具有一定的智能化和理解能力。

从 20 世纪 90 年代互联网民用化以及 Web 技术普及开始，搜索引擎经历了 4 个发展时代。

1. 史前一代：分类目录时代

这个时代也可以称为"导航时代"或者"门户时代"，Yahoo、搜狐（SOHU）、新浪等都是这个时代的代表（图 6-1 展示了分类目录时代的搜狐主页）。通过人工收集整理，把各类别的高质量网站或者网页分门别类地罗列出来，用户可以根据分类目录来查找高质量的网站。这种方式是纯人工的方式，并未采取什么高深的技术手段。在采取分类目录的方式下，被收录的网站质量通常较高。但是这种方式可扩展性不强，当互联网信息开始爆炸式增长时，该方式就显得力不从心了。

图 6-1　分类目录时代的搜狐主页

2. 第一代：文本检索时代

文本检索时代采用经典的信息检索模型，比如布尔模型、向量空间模型或者概率模型，来计算用户查询关键词和网页文本内容的相关程度。这一时代的网页之间通常有着丰富的链接关系，但这一代的搜索引擎并未使用这些信息。早期的很多搜索引擎，比如 Alta Vista、Excite 等大都采取这种模式。相比分类目录，这种方式可以收录大部分网页，并能够按照网页内容和用户查询的匹配程度进行排序。但是总体而言，其搜索结果质量不是很好。

3. 第二代：链接分析时代

这一代的搜索引擎充分利用了网页之间的链接关系，并深入挖掘和利用了网页链接所代表的含义。一般来说，网页链接代表了一种推荐关系，通过链接分析可以在海量内容中找出重要的网页。这种方式本质上是对网页流行程度的一种衡量，因为被推荐次数多的网页代表了其更具有流行性。搜索引擎通过结合网页流行性和内容相似性来改善搜索质量。谷歌率先提出并使用 PageRank 链接分析技术，并大获成功，后来学术界陆续推出并改进了很多链接分析算法。如今，几乎所有的商业搜索引擎都采取了链接分析技术。

采用链接分析能够有效改善搜索质量，但是这种搜索引擎并未考虑用户的个性化要求，所以只要输入的查询请求相同，所有用户都会获得相同的搜索结果。另外，很多网站拥有者为了获得更高的搜索排名，针对链接分析算法提出了不少链接作弊方案，这也导致了搜索结果质量变差。

4. 第三代：智能搜索时代

目前的搜索引擎大都可以归为第三代，即以理解用户需求为核心的智能搜索时代。不同用户即使输入同一个查询关键词，其目的也有可能不一样。比如同样输入"苹果"作为查询词，一个追捧 iPhone 的时尚青年和一个果农的目的会有相当大的差距。即使是同一个用户，输入相同的查询词，也会因其所在的时间和场合不同，而使得其需求有所变化。而目前搜索引擎大都致力于解决"如何能够理解用户发出的某个很短小的查询词背后包含的真正需求"的问题，因此这一代搜索引擎被称为以用户为中心的一代。为了能够获取用户的真实需求，搜索引擎大都做了很多技术尝试，比如利用用户发送查询词时的时间和地理位置等信息，试图理解用户此时此刻的真正需求，从而能够进一步返回给用户于他而言最具有价值的信息。

如今的智能搜索逻辑跟从前基于关键词匹配的搜索逻辑已经截然不同。10 年前的搜索引擎是在理解用户的搜索需求后，通过关键词去索引库匹配答案，而如今的搜索引擎可以理解人类的需求，结合知识图谱去关联对应的内容。知识图谱已成为搜索的基石。

6.1.2　智能搜索发展

智能搜索是结合了人工智能技术的新一代搜索引擎。所谓智能搜索，其实质就是根据用户的搜索请求，从网络资源中检索出最符合用户请求的、对用户来说最具有价值的信息。简单来说，智能搜索的目的是让计算机在搜索信息时能够像人一样思考，因此智能搜索需要具备知识处理能力和理解能力，能够将信息检索从基于关键词的层面提高到基于知识和概念的层面。除了提供基本的搜索功能，智能搜索还能够为用户提供内容语义理解、信息过滤等功能，使得搜索结果更加贴合用户需求、更加人性化，搜索效率也因此得到了很好的提升。结合多方观点，我们可以将智能搜索的特点归纳为以下几点。

1. 快速响应

人工智能技术的应用使得智能搜索系统可以基于信息所处的上下文环境与索引信息进

行搜索，尽量减少对底层信息资源中数据的访问，在降低处理数据量的同时，使得返回结果更加精炼且有用。

2. 关联发现，搜索结果更准确

智能搜索系统能够基于语义计算和知识图谱构建出网状信息资源目录关联与内容关联，然后根据用户搜索请求进行推理判断，找到与输入呈现强关联关系的信息并优先输出，从而提高搜索结果的准确性。

3. 隐含挖掘

智能搜索系统可以在关联发现的基础上再引入大数据、深度学习算法等，从大量信息资源中学习相关知识，深入挖掘用户的信息需求、知识结构、行为方式等隐含信息，进而提高信息搜索的智能性。

6.1.3　智能搜索技术基础

近年来，得益于技术的快速发展，智能搜索的功能不断改善，一步步地向更加智能化和人性化迈进。智能搜索的技术基础包括以下几点。

1. 机器学习

机器学习算法尤其是深度学习算法，能够高效模拟人脑的注意机制和记忆原理。基于深度学习算法，搜索系统的特征提取过程将实现由原始数据层向抽象语义层的递进，实现全局特征与上下文信息的同步优化，从而使得对搜索内容的分析与知识表达更加结构化，最终实现搜索精度的大幅提升。

2. 自然语言处理

不论是爬取、处理和索引网页，还是理解用户的搜索诉求，关键技术都是自然语言处理技术。自然语言处理技术可以通过模式分析、语义理解与变换等环节来有效地解决人类与计算机的交互问题，它能够帮助智能搜索从文本化走向语义化。在智能搜索系统中，自然语言处理使得系统能够处理用户复杂的搜索请求，如文字、图像、音视频等，从而准确理解用户真正的需求，最终为用户提供更加智能和个性化的服务。

3. 知识图谱

知识图谱可以在技术层面将现实世界的实物和概念进行关联，最终形成一个庞大的知识网络。例如，我们提到马云，就会自然联想到阿里巴巴、淘宝和支付宝等。但其实智能搜索的知识图谱比我们人类所能够产生的联想网络要庞大得多，因为智能搜索中构建的知识图谱映射的是整个现实世界，它形成知识图谱的本质就是为了建立认知以理解世界。因此，知识图谱使得搜索变得更加智能。在原有自然语言处理基础上，即在搜索引擎能够理解用户请求命令的基础上，再加上知识图谱赋予搜索引擎的对于世界的认知，搜索引擎能够又快又好地收到用户请求并匹配和反馈最有价值的回答信息（有关知识图谱的内容，详见第 2 章）。

6.1.4　智能搜索未来发展方向

综合各方看法，我们对智能搜索的发展方向进行了简单的预测总结。

1. 提升结果分析能力

即使搜索引擎的智能化已经有了很大的提升，但目前仍旧存在着搜索结果重复罗列的现象，这在某种程度上加大了用户找到目标答案的成本。未来的智能搜索可以关注对结果分析能力的提升，做到真正了解用户的搜索需求，比如，当输入关键词"各国的首都"时，表明用户想要更多地了解各个国家的首都信息，此时就应当尽量避免某一国家首都信息的重复出现。

2. 结果更加个性化

为不同的用户提供个性化的搜索结果，也将是智能搜索引擎未来的发展趋势之一。想要实现个性化搜索，一定要能够做到根据用户的个人信息和网络行为数据对用户的兴趣偏好进行预测。可利用的数据包括用户注册信息、历史搜索记录、浏览记录、点击记录和收藏夹等。

个性化搜索的目的就是针对不同的用户提供不同的搜索服务，这种个性化的服务将提高用户的使用体验。但同时这一搜索形式也面临着诸多问题，比如用户对个人隐私泄露的担忧，或者由于过度依赖历史信息而无法及时根据用户兴趣的变化及时改变个性化搜索方向，等等。

3. 更加自由的搜索方式

我们可以发挥想象，期待着未来更加自由的搜索方式的出现。如今的语音识别等人工智能技术的发展已初步实现了搜索框与搜索体验的分离，我们已经可以不再依靠电脑和手机的内容输入进行信息搜索，而能够在与智能音箱等智能设备的交谈中，"命令"个人助手帮我们去查询信息。在未来，可以考虑继续拓展语音、图像、视频、位置等要素，感知搜索的应用场景，培养、满足用户多元化的输入习惯。

6.2　智能问答

6.2.1　智能问答概述

智能问答是基于知识图谱和自然语言处理技术的特殊的智能搜索产品，我们可以将其看作"被动搜索引擎"的信息流。简单来说，智能问答首先要理解用户的提问（可以是文字或自然语言等多种输入形式），然后从知识库、自由文本库等中针对问题进行信息检索和匹配，将最佳的回答以文字或语音的形式反馈给用户。

1. 智能问答与智能搜索的区别

智能问答系统能够更加准确地理解以自然语言形式描述的用户提问，随后将通过对问答知识库进行检索等多种方式找出最佳的回答，并将其反馈给用户。相比之下，面对用户给出的关键词时，智能搜索系统会围绕着关键词进行最大范围的搜索，但由于它并不知道到底哪一条才是用户想要得到的，所以往往会同时给出很多条答案，后期还需要用户对反馈信息进行再次筛选，比较耗时。可见，相比于智能搜索引擎，智能问答系统需要更准确地理解用户提问的真实意图，才能做到更有效地满足用户对于信息的需求。

2. 智能问答系统发展历史

早在 1950 年，阿兰·图灵就提出了一种验证机器是否具有智能的方法——图灵测试。让我们来简单回顾一下著名的"图灵测试"：在无法看见聊天对象、不知道对象真实身份的情况下，测试人员任意使用一串问题去询问一个真实人类和一台机器。如果经过若干询问后测试人员无法识别出询问对象哪个是人、哪个是机器，则可以认为该机器已具备人的智能，并通过了"图灵测试"。这是最早的用自然语言进行人机交互的尝试，自此，科学家们开启了探索智能问答系统的大门。

紧接着，在 20 世纪 60 年代，第一批问答系统问世。最具代表性的有 BASEBALL、LUNAR 和 ELIZA 三个系统。BASEBALL 系统可以对用户关于篮球比赛的相关提问进行回答，LUNAR 系统可以回答关于岩石样本分析实验的相关提问，ELIZA 系统则可以实现与用户简单的交流，在当时主要用于精神疾病患者的治疗恢复过程中。尽管这三个系统在各自的领域均取得了瞩目的成功，但局限性还是较大的，因为它们只能对特定形式的自然语言问句进行回答。

在 20 世纪 70 年代到 80 年代这个阶段，计算机语言学理论得到了较多的关注和发展，得益于此，问答系统也开始向更复杂的领域发展。在这个时期，大量项目陆续出现，其中包括了著名的 Berkeley Unix Consultant（UC）。然而，UC 系统提供的对话实例还是不能够完美地应用于现实世界的对话场景中。

20 世纪 90 年代后，问答系统进入开放领域和基于自由文本的新阶段。在这个时期，国内外均成功开发出了相对成熟的问答系统。例如诞生于 1993 年，由麻省理工学院的人工智能实验室开发的 START 系统，它能够回答关于文化、科技、地理等多个领域的简单问题。还有 2002 年密歇根大学开发的 AnswerBus 系统，它是一个能够适用英语、法语、葡萄牙语等多个语种的自动问答系统。

回顾过去，我们可以发现，在人工智能提出后的很长一段时间内，曾产生过许多著名的问答系统，但它们都没有通过"图灵测试"。直到 2018 年，谷歌在年度开发者大会上展示其智能语音助手 Duplex 给饭馆和发廊打电话预约时间的演示视频，这一现象才宣告打破。真实的电话录音显示，Duplex 可以用自然流畅的语音与电话另一头的人类完成商务预约，整个交流下来，对方根本没有意识到打电话来的居然是语音助手（见图 6-2）。更令人意外的是，在第二通电话中，它还成功地处理了意料之外的发展状况，不仅理解了"无须预定"，还主动询问了等位的时间。可见，智能问答达到了一个新的高度。

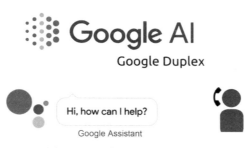

图 6-2　谷歌语音助手 Duplex

由于看到了巨大的商业潜力，近年来很多公司都纷纷开始投入智能问答产业。如今市场竞争愈发激烈，人们对智能问答系统的要求也早已不局限于僵硬的"一问一答"模式。目前的智能问答产业正在为创造更自然、更智能的交流体验而不断努力。

3. 智能问答技术基础

对于早期的聊天机器人来说，它们为实现与人类进行聊天，主要依靠的是对话库中的模板和句型，在语义分析、对用户意图进行了解以及智能生成相关性高的回复等方面仍存在很大问题。近年来，随着深度学习、语音识别和模式识别等技术在自然语言处理领域应用的突破，以及语义理解技术的不断成熟、知识图谱的发展应用，智能问答机器人得到了高速发展，其与人类展开自然、智能的交流也已成为可能。

6.2.2　智能问答分类

1. 基于信息检索的问答

在基于信息检索的问答中，回答依赖的是已有的"问答对"，也就是说针对可能提出的问题，已经确定了回答。当用户提出问题后，问答系统首先理解用户的问题，然后会从很多的问答对中去寻找，找到与用户提问在语义上等价或相近的问答对，然后将这个问答对中的答案反馈给用户。

不难看出，基于信息检索的智能问答实现起来比较容易，且回复内容可控，但存在着回答范围受限、智能性低等缺点。

2. 基于知识库的问答

在基于知识库的问答中，回答依赖的是给定的知识库（一个或多个）。当用户提出问题后，问答系统首先也是要做到对提问进行理解，之后则会去知识库中寻找、匹配能够回答用户问题的知识，最终将其反馈给用户。

基于知识库的问答系统能够针对用户的许多提问给出较准确的回答，并且能够进行一定程度的推理，具备较好的可扩展性。但不容忽视的是，它也存在着适用范围受限（即超出知识库范围的问题无法解答）、知识库中知识获取困难等问题。

3. 基于自由文本的问答

自由文本又可以称为原始文本和非结构化文本，通常指的是那些未经人工处理的文档和网页等。在基于自由文本的问答中，用户的自然语言被作为输入，系统会根据对问题的理解去自由文本库中检索相关的文档、网页，最后会将能够回答用户问题的细粒度片段返回给用户。

与其他的问答系统相比，基于自由文本的智能问答系统不需要建立大规模的知识库，节省了大量的人力物力。

6.2.3　智能问答应用场景

目前智能问答最受欢迎也是最普遍的应用当属智能问答机器人。基于自然语言处理、深度学习等多种人工智能技术的支持，智能问答机器人可以做到与用户进行实时的对话，理解用户提问，并精确定位回答所用知识，在与用户的自然交互中帮助用户解决问题，为他们提供个性化的信息服务。智能问答机器人的应用场景很多，比较常见的有以下3种。

1. 智能客服

我们日常生活中经常会接触各大电子商务网站中的智能客服机器人。当顾客在购买过程中有任何疑问时，智能客服机器人就会针对疑问进行解答。在交互的过程中，由于技术的限制，智能客服目前只能在简单常见的问题上给出良好解答，当用户提出更加复杂的问题和要求时，就不得不求助于人工客服了。但即使是这样，智能客服也已经能够帮助企业提升服务效率，节省大量人力成本。

2. 智能个人助手

智能个人助手在近几年来得到了快速普及，愈发受到人们的喜爱，具有极大的发展潜力。智能个人助手的存在形式多样，既包括像苹果公司的 Siri 那样的嵌入智能设备中的应用程序，又包括如百度"小度"那样的智能音箱。整体来看，智能个人助手能够识别用户的语音输入，然后根据用户的"指令"去执行某种操作，如回答用户的提问、帮助用户查询天气情况、播放用户点播的音乐等。

3. 智能语音销售

为了节约传统电话销售所需要的大量人力成本，国内外很多企业开发了基于智能问答系统的智能语音销售系统。智能语音销售系统效率高、成本低，每天拨打电话的效率是人工销售的十几倍，且没有管理的负担，也没有离职风险。

6.2.4　智能问答未来发展方向

深度学习的革命性发展为智能问答系统带来了长足的进步，为其发展带来了广阔的发展空间。然而在现实生活中，智能问答在人机交互中仍显示着一定的局限性，如缺乏对问句的情景感知能力、处理复杂问句的效果较差等。未来发展可考虑以下方向。

1. 提高语义分析能力

注重智能问答系统中语义分析能力的提高。当人类和人类之间进行对话时，相比于与计算机对话，他们会使用更多的复杂句子，并且还会讲得更快、更不清晰一些。这些特点都将对语音和语义识别造成困难，从而使得智能问答系统无法准确识别用户提问。不能够很好识别问题，回答自然会出现偏差。为提高智能问答系统的语义分析能力，可以考虑充分利用大量无标注数据，训练出能够识别复杂问题和提问语气的智能问答系统。

2. 训练通用模型

各个领域知识数据结构的不同，导致了各领域中问答系统的框架也有所不同，因此目前极少有一种智能问答系统能做到在多个领域中发挥作用。未来的发展趋势是以训练通用模型为目标，利用迁移学习和主动学习等方法促进智能问答系统的多领域和多语言应用。

3. 追求自然的对话

人机交互过程中，自然的对话能够极大地改善用户体验，这也正是许多智能问答系统正在不断努力的方向。例如，若能像人类一样，在语言中适当加入一些语气词，就可以使语音听上去更加自然。在某些情况下（如要回复一个复杂句子时），若能为系统的回答适当增加一些延迟，让用户觉得对方是经过接收信息并思考后才给出了回复，在一定程度上也能够提高对话的自然感。相信随着情感计算等技术的进一步发展，智能问答系统的自然对话能力也将不断提高。

4. 可以与人类进行深层次、开放性对话的社交机器人

建立可以与人类进行深层次、开放性对话的社交机器人，是人工智能领域的重大挑战之一（也可以说是终极挑战之一，想想图灵测试）。Amazon 团队开发的 Topical-Chat 是一个基于知识的人—人之间开放领域对话数据集（Knowledge-Grounded Open-Domain Conversations）。其中的基础知识涵盖 8 个广泛的主题，并且对话伙伴没有明确定义的角色，有助于对开放域对话式人工智能的进一步研究。

● 案例讨论：善解人意的智能问答系统——微软小冰 ●—○—●—○—●

早期的会话系统通常被设计成在基于文本的会话中模仿人类，进而能在特定范围内通过图灵测试。不同于此，开放域社交机器人旨在与人类用户在广泛领域内通过语音、文本、图像进行交互，而不限制于特定领域，是典型的智能问答系统，微软小冰就是其中一个成功的例子。

微软小冰是由微软于 2014 年 5 月正式推出的，融合了自然语言处理、计算机语音和计算机视觉等技术的完备的人工智能底层框架，它是目前世界上最流行的社交聊天机器人。从 2015 年起，小冰开始为第三方角色、个人助理、真人虚拟化身提供技术支持。截至目前，小冰已被部署在微信、QQ、微博、Facebook 等 40 多个平台和 4.5 亿台第三方智能设备上，吸引了超过 6.6 亿的活跃用户，与用户的单次平均对话轮数（CPS）高达 23 轮，占据了全球对话式人工智能流量中的绝大部分。商业应用场景涵盖聊天机器人、智能助理、内容生产、智能零售等领域。如今小冰已经以不同的名字在中国、日本、美国、印度和印度尼西亚这 5 个国家推出并应用，已发展为全球规模最大的跨领域智能对话系统之一。自推出至今，小冰的版本不断更新，表 6-1 展示的是六代小冰各方面的对比。

表 6-1 六代小冰的对比

	初代小冰	二代小冰	三代小冰	四代小冰	五代小冰	六代小冰
发布时间	2014 年 5 月	2014 年 7 月	2015 年 8 月	2016 年 8 月	2017 年 8 月	2018 年 7 月
发布地区	中国	中国	中国、日本	中国、日本、美国	中国、日本、美国、印度、印度尼西亚	中国、日本、美国、印度、印度尼西亚
活跃用户	290 万	500 万	2 000 万	1.5 亿	5 亿	6.6 亿
CPS（与用户的单次平均对话轮数）	5	7	16	23	23	23
用户体验	文本	—	图像、声音	实时视觉	开放域全双工语音	全双工语音 + 实时视觉
核心聊天	基于检索的模型	—	—	域聊天：音乐和电影	神经生成模型	共情计算模型
内容生成	—	—	—	—	诗、歌	财务报告、有声读物、电视广播节目
深度参与、任务完成	—	必应知道	深度问答	—	社交问答	智能设备控制

小冰之所以能获得如此大的成功，主要归功于其"智商＋情商"的设计理念和目标。小冰注重人工智能在拟合人类情商维度的发展，强调人工智能的共情能力。小冰的共情计算模型可以识别人类的情感状态、理解用户的意图，并动态响应用户的需求。小冰主要的设计目标就是成为一个 AI 伴侣，与用户建立长期的情感联系。

除了基本的聊天功能，小冰还有多达 230 个技能包，可以分为图像评论、内容创造、深度参与和任务完成四类。

（1）图像评论

图像评论是由图像输入激发的技能。如图 6-3 所示，当用户向小冰发送一张图片并展开聊天后，小冰能够快速识别图像中的物体（如男孩、自行车），更重要的是，它还能识别出隐含在图像中的事件甚至情感（如比赛、获胜的喜悦）。

[小冰] 男孩领先比赛了！
[用户] 他赢得比赛了吗？
[小冰] 是的，他兴奋极了！

图 6-3　图像评论示例

图像评论的目的不仅仅是正确地识别物体、真实地描述图像内容，还包括要产生能反映个人情绪、态度等的共情性评论。而后者则可以将图像评论与其他传统的视觉任务（如图像标记和图像描述）区分开来，如图 6-4 所示。

(a) 太阳镜，男生
(b) 一个戴太阳镜的男生的自拍
(c) 看上去很帅

(a) 水、树、河、船
(b) 树在水边
(c) 仿佛置身天堂般的美景

图 6-4　图像标记（a）、图像描述（b）与图像评论（c）的对比

（2）内容创造

内容创造技能使得小冰能够在人类用户的创作活动中与他们合作，包括基于语音的歌曲和有声书生成、小冰 FM、小冰儿童故事工厂等。以小冰儿童故事工厂为例，它可以根据用户的设置（如该故事是用于教育还是娱乐，主要角色的姓名、性别、性格等）自动创建一个故事。

小冰诗歌生成技术也比较流行，该技术已经帮助 400 多万用户生成诗歌。2018 年 5 月 15 日，小冰出版了历史上第一本由 AI 参与创作的中国诗歌专辑，专辑相册里的每首诗都是小冰和人类诗人共同创作的。图 6-5 能够说明小冰是如何基于图片生成中国诗歌的。

（3）深度参与

深度参与技能旨在针对特定的话题和领域，满足用户特定的情感和智力需求，从而提高用户的长期参与度。这些技能可以在两个维度上分为不同的系列：从智商到情商、从一对一到群组活动。

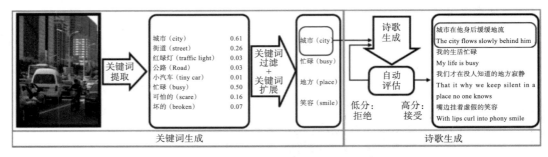

图 6-5　小冰基于图片生成诗歌的示例

小冰可以在多个智商主题上与用户进行交互，包括数学、历史、旅游、名人、食物等，比如自动识别中国美食并为用户计算食物的卡路里功能。小冰也能够满足用户的一些情感需求。以小冰最流行的技能之———Comfort Me For 33 Days 为例，治愈系小冰能够在对话中检测到用户的负面情绪，进而对用户进行安抚。一对一形式的聊天技能允许小冰通过在私人环境中分享话题和感受与用户建立起深厚的关系，如小冰睡眠时间系列中的数羊技能已成为成千上万个用户的午夜亲密伙伴。另一方面，小冰还致力于帮助有共同兴趣的用户形成一个用户群。

（4）任务完成

与时下流行的个人助理类似，小冰拥有一套帮助用户完成任务的技能，包括天气查询、设备控制、新闻推荐、智能设备控制等。

微软（亚洲）互联网工程院副院长李笛曾表示，微软小冰的目标是成为一个可以渗透到亿万人群之中的有亲和力的人工智能产品，而小冰的设计开发人员也始终在朝着这个方向努力。

案例素材选自：ZHOU L, GAO J, LI D, et al. The Design and Implementation of XiaoIce: An Empathetic Social Chatbot [J]. Computational Linguistics, 2020, 46（01）: 53-93.

6.3　智能规划

6.3.1　智能规划概述

规划技术起源于 20 世纪 60 年代，近年来，由于在问题描述和求解方面取得了较大突破，智能规划成为人工智能中的一个热门研究领域。

简单来理解，规划就是一种深思熟虑的过程，即通过预期动作的期望效果，选择和组织一组动作，尽可能地实现一个预先给定的目标。

智能规划就是利用计算机来进行动作的推理和决策，其主任务为，对周围环境进行认识与分析，根据预定实现的目标，对若干可供选择的动作及所提供的资源限制和相关约束进行推理，综合制定出实现目标的动作序列，该动作序列即称为一个规划。一个规划问题主要包括状态集合、动作集合、初始状态和目标状态。状态集合通常描述当前世界的状态，如对象所处位置、对象之间的关系等。动作是作用于状态的，满足前提条件的动作作用于当前状态时，会使当前状态发生改变，动作在这里类似于一个状态转换函数。同时，一个规划问题还必须有一个初始状态，以及最终必须到达的目标状态。

智能规划有如下 5 个特征：

1）规划智能体需要对环境（外部世界）有所认知。规划智能体所处的环境可以是静态的，也可以是动态的。如果外部世界是静态的，则认为规划智能体对外部世界是完全可观察的；如果外部世界是动态的，则认为规划智能体对外部世界是部分可观察的或完全不可观察。静态的外部世界不允许在规划过程中有物体的产生、消灭和改变，部分可观察的外部世界则需要感知动作配合规划过程的进行。

2）目标需要预先指定，并可以通过动作序列的执行得以实现。

3）动作定义需要预先指定，动作的发生前提、执行效果、持续时间等都是确定的。动作的执行与否和执行顺序等，需要规划智能体根据实际问题在规划过程中动态确定。

4）资源限制需求，规划问题涉及的物体的数目、大小、容量、分配情况等一般是确定的。

5）规划任务是确定的，其目标是找到一个或多个能够实现目标的动作序列。

智能规划的发展，就是在模型设计和规划求解方法上的发展。智能规划在经过几十年的研究后，求解方法已经逐步成熟，不仅求解时的规划效率和规划质量有了很大提高，而且能够解决的规划问题也越来越复杂。由此，智能规划的"动作"变成了广义概念，开始出现多种形式的规划，例如智能机器人的动作和路径规划、物流管理中的路径规划与调度、工厂车间的作业调度、宇航技术中的导航和动作规划、社会与经济规划等，规划甚至被用于游戏角色设计。

6.3.2　智能规划的发展历史

人类对于智能规划的研究已经超过半个世纪，最早开始于 1956 年 Newell 和 Simon 研制的逻辑专家程序（Logic Theorist）和问题求解系统（GPS），这些智能规划系统，尤其是 GPS 系统，在人工智能发展历史上有着特殊的意义（虽然它们还不能用于解决实际的规划问题）。智能规划领域一致认为第一个规划系统是 1963 年由 Green 通过归结定理证明方法设计的 QA3 系统。1971 年，Fike 和 Nilson 引入了 STRIPS 操作符（一种用于规划问题描述的机器语言），可以较容易地进行描述和操作规划。STRIPS 规划系统对后来的规划器产生了深远的影响，并且 STRIPS 操作符成为规划问题描述的标准。之后在 STRIPS 的基础上，智能规划领域出现了具备更强建模能力的形式化规划语言。到了 20 世纪 90 年代，围绕定理证明方法理论出现了许多规划系统。

1992 年，Kautz 等人提出了把规划问题转化为命题可满足问题（SAT）进行求解的方法，与定理证明方法不同的是，该方法能够解决部分规划问题。后来，基于该方法的 Blackbox 规划系统在第一届国际规划大赛（IPC）中取得了非常好的成绩。再之后，Avrim 等人在 1995 年首次采用图的方式来表示规划问题，并且在设计图规划系统时提出了规划图的概念。在后来的国际规划大赛中，出现了更先进启发式算法的规划系统。

到目前为止，规划系统的设计主要围绕启发式算法来研究。通常情况下，采用启发式方法设计的规划系统比非启发式规划系统的求解效率更高，得到的规划解质量也更高。总体来说，智能规划的发展从最初的定理证明求解方法到 STRIPS 方法，再到 SAT 方法、图规划方法，求解效率和质量在不断提高。

6.3.3 智能规划方法分类

现有的规划方法主要分为如下四大类。

1. 基于自动推理技术的规划方法

该方法是将规划问题转换为可满足性问题（SAT）予以求解的规划方法，利用了命题逻辑的完全可判定性。该方法可以利用命题逻辑的归结方法、扩展规则方法、表推演等各种证明方法以及命题可满足性判定方法等予以求解。该方法在经典规划问题域有其独特的优势，而对于一些非经典规划问题，如果也考虑基于转换的策略，并利用自动推理技术予以求解，则需要分别针对不同类型的规划问题，考虑不同的非经典逻辑予以表示与推理。

相对于后面要提到的基于启发式算法的规划方法，基于自动推理技术的规划方法主要局限如下：

1）目标形式受限：仅有具有成熟求解方法的问题的知识表示才能作为目标问题的知识表示，而且目标问题的知识表示能力须足以表达复杂的规划问题。

2）转换方法受限：规划问题的某些语义在目标问题的知识表示中是固定的，转换方式单一，很难有大的突破和改变。

3）转换时间受限：转换时间也需要作为规划过程的一部分，所以大规模的、复杂的、耗时的转换难以在实际中被采用。

2. 基于非线性规划的规划方法

将规划问题转换为非线性规划问题予以求解的规划方法，利用了非线性规划的表示能力。非线性规划（Nonlinear Programming）是运筹学领域的一个重要分支，它所研究的是如何在一定条件下，合理安排人力、物力等资源，使经济效果达到最好。该类规划方法使得成熟的非线性规划技术得以应用于规划过程中。

3. 分层规划方法

分层规划是一类特殊的规划方法，指通过将动作或任务分层，将规划问题转换为若干更易处理的子问题，使得原问题得以有效解决。分层规划的特点类似于运筹学中的分治法，能将一个复杂的规划问题分解为若干相互独立的子问题，进而尽可能地缩小问题规模，降低求解难度。

4. 基于启发式算法的规划方法

该方法将规划问题转换为状态空间启发式搜索问题并予以求解，将规划过程看成由初始状态到目标状态的转移。该方法的重点在于设计高效的启发式函数，并通过对启发式函数值的估量，有效引导规划系统在当前状态下沿着更趋近于目标的路径移动。图规划（Graph Plan）就是一种典型的基于启发式算法的规划方法。该方法在许多规划问题域中都有着出色的表现，是目前主流的规划方法之一。

小知识：启发式算法

启发式算法（Heuristic Algorithm）是相对于最优化算法提出的。一个问题的最优算法可以求得该问题中每个实例的最优解，而启发式算法则是基于直观或经验构造的算法，能在可接受的花费（指计算时间和空间）下给出待解决组合优化问题中每个实例的一个可行解，该可行解与最优解的偏离程度一般不能被预计。现阶段，启发式算法以仿自然体算法为主，主要有蚁群算法、模拟退火法、神经网络等。

6.3.4　智能规划应用领域

1. 航空航天领域

航空航天是智能规划的一个重要应用领域，该领域最著名的应用是美国宇航局研发的 ASPEN 智能规划系统，该系统被广泛应用在执行外太空任务的宇航器上。其主要工作是将高层次的工程操作指令转化为较低层次的宇航器执行指令，实现宇航器的半自动控制。此外，告诉它要实现的目标，它还能快速便捷地控制宇航器完成一些任务，如宇航器修复等。在这些操作中，具体的要完成的动作序列将会由规划系统自动地求解得到。

美国航天局在执行深度空间一号任务中使用的自治远程代理系统 RA，是一个基于智能规划技术的软件系统，可以用于规划、执行和监控航天器的行为。远程代理系统 RA 可以根据接收到的目标，使用智能规划方法求解得到可以实现这些目标的规划。因此通过智能规划技术，地面控制人员只需要用规划目标与远程代理系统 RA 进行交互，比如发送"在某个时刻，拍几张星球照片"之类的指令，RA 就会自动地规划出更细的指令来完成任务，而不需要地面发出那些详细的复杂指令，这样一来就大大简化了地面操作的难度。智能规划技术使得太空船拥有了较高智能的自主控制能力。

2. 机器人规划领域

机器人规划领域是智能规划中的经典应用领域，也是现在非常前沿的研究领域。该领域目前主要的研究方向包括感知规划、路径规划、规划交流以及任务规划。例如，一个名为 Martha 的项目研究如何在现有场地使用自主机器人，即码头工人机器人。码头工人机器人结合了路径规划、感知规划、规划交流和任务规划多种技术，能够自主地规划与执行分配的任务（每个任务包括移动到装载点、吊取集装箱和移动到卸载点等）。过去几年，智能规划发展很快，并已应用于许多实际场景，其中人机组合规划的研究较为热门，即智能规划技术在人机交互环境中指导机器人完成某些高难或者危险的任务，如城市搜索和救援任务。而在城市搜索和救援场景中，人类与机器人会进行远程通信，人类提供高级指令和任务目标，机器人分析并处理高级指令，自动调用规划系统来找到实现任务目标的方法。更为简单生动的机器人规划实例是我们常见的家用扫地机器人的路径规划、汽车的自动泊车规划等。

3. 货运码头规划调度问题

货运码头的调度规划问题是一个很常见的智能规划应用场景：在一个由巴西石油公司提出的实际场景中，包含两个港口和一些位于海面上的平台，每个港口可以同时停靠两艘船进行装卸和加油作业。当港口停满时，后面的船只就必须排队，问题则是要求船舶在港口和平台之间实现货物的合理运输。现实场景往往是非常复杂的，不仅要考虑船舶的数量、速度、油耗，以及港口和平台之间的距离，还要考虑船舶的停靠时间和费用等。这是一个涉及时间、资源、费用的最优化组合问题，在智能规划领域属于规划调度问题。

4. 情景规划问题

情景规划是一种常用的战略规划方法，旨在分析社会、科学、经济、环境和政治等因素之间的关系来解释当前形势，并提供对未来的预测。智能规划技术可以在企业中帮助决策者预测未知的风险并拟定相应决策。这个实际场景对应于企业风险管理问题，相关领域知识主要是特定领域专家提供的关于社会、科学、经济、环境和政治等能够影响企业风险的因素。来自不同领域的知识被编码为两种形式，一种是思维导图，能够表示当前形势的成因和效果，另一种则通过问卷的形式（根据思维导图生成的对应问题）供领域专家回答，如让专家选择某个因素发生的可能性，该可能性对应了思维导图中边的权重。编码完成之后，领域知识再由思维导图的形式转化为规划域描述语言 PDDL（Planning Domain Description Language）进行规划求解。

5. 城市交通规划

城市交通控制对于改善城市交通拥堵起着重要的作用。在该领域，应用智能规划技术存在两个问题：首先是如何生成对交通有良好效果的控制模型，其次是如何处理大型城市交通网络。道路连接处的环境通常是复杂多变的，考虑到控制任务的随机性、动态性和控制方式的多样性，大多数情况下定义的模型并不能很好地模拟实际场景，因此对这样一个规划任务进行建模需要知识工程的方法。现有的智能规划系统可以通过监测每个道路连接处的实时状况，使用领域相关的模型更新方法不断地更新动作模型，以适应动态交通场景。对于大型交通网络，系统根据随时间变化的车流量，将网络分割为不同区域，并进行分布式规划，最后将规划结果串联起来（有关城市交通规划实例，请参见第 9 章）。

6.3.5　智能规划的发展方向

1. 智能规划与深度学习的结合

近年来，随着深度学习的发展，利用深度学习加强智能规划开始受到重视。例如，有学者利用深度残差网对图像进行分类训练，再使用递归神经网络对图像特征提取深度信息以增强分类效果，然后运用 STRIPS 语言，将深度学习提取的图像特征命题信息转化为规划领域的模型描述文档，最后通过前向状态空间搜索规划器推导出完整的行为动作序列。还有研究利用深度强化学习方法开发多智能体的协同动作规划，例如在自动化物流仓库中，几百个分拣机器人要进行协同动作规划，保证无碰撞、高效率地完成拣货任务。

2. 智能规划与知识图谱的结合

在智能规划过程中，领域知识对规划求解过程是非常重要的。但是，获得一个系统领域的知识通常十分耗时并且耗费过高，因为一般情况下，领域知识的获得需要领域专家或知识工程师的参与来构建知识库。随着知识图谱技术的发展，规划过程中的知识获取、知识调用、知识复用等难题有望得到解决。

6.4　智能决策

6.4.1　智能决策概述

1. 智能决策与智能决策支持系统

智能决策，简单来理解，就是决策的自动化和智能化，可以看作"专家系统的智能升级"，抑或一个"决策机器人"。应当注意的是，智能决策不仅仅包括决策制定的自动化，还包括了整个管理决策过程的自动化，如方案选择的自动化、效果跟踪的自动化、评估与反馈的自动化。智能决策支持系统（Intelligence Decision Support System，IDSS）是在决策支持系统（Decision Support System，DSS）的基础上集成人工智能，并应用专家系统（Expert System，ES）技术而形成的辅助决策系统，它能够使得决策支持系统更加充分地应用人类的知识，并通过逻辑推理来帮助解决复杂的决策问题。图 6-6 是对智能决策支持系统的直观表示。

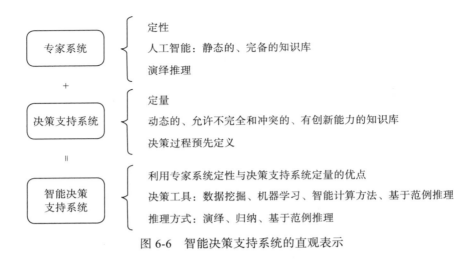

图 6-6　智能决策支持系统的直观表示

所谓专家系统，就是一个含有大量的某特定领域的专家知识与经验的智能计算机程序系统。它可以有效地利用人类专家积累的专门知识和有效经验，模拟人类专家的思维过程，去解决特定领域的、以往需要专家才能解决的问题。特别地，专家系统有些时候甚至能够使机器智能在某些方面超过人类专家水平。专家系统是人工智能一个重要的分支，早在 1968 年，费根鲍姆等人就成功研制出了世界上第一个专家系统——DENDEL。之后，专家系统不断发展，逐渐应用于军事、医疗、教学和地质勘探等多个领域，带来了巨大的经济和社会效益。

决策支持系统是辅助决策者综合利用大量数据、模型和知识，以人机交互的方式进行半结构化或非结构化决策的计算机应用程序。决策支持系统有效结合了人机交互系统、模型库系统和数据库系统，大大扩充了数据库与模型库的功能，使计算机逐渐能够解决那些原本不能由计算机解决的问题。它能够为决策者提供分析问题、建立模型、模拟决策过程和方案的环境，同时还能够调用各种信息资源与分析工具，提高决策者的决策水平与质量。

由上述对专家系统和决策支持系统这两个系统的概念性描述，相信大家已经能隐约感觉到，专家系统和决策支持系统在构建目的上存在着显著的区别：专家系统强调专用性，它的知识库存储的是来自某一特定领域专家的经验和知识。一般情况下，系统除了要求用户回答问题和提供必要的数据外，基本是自动且独立工作的。而决策支持系统则更加强调系统的通用性，在解决复杂的管理问题时，它往往是按照人类的思维方式和规律引导用户解决问题，最终做决定的仍然是人类。

为了更好地为管理决策服务，一部分学者开始将专家系统技术应用于决策支持系统中，从而建立了智能决策支持系统，这既克服了专家系统在面对不同决策问题时缺乏适应性的局限，又弥补了决策支持系统无法解决决策中常见的定性问题、模糊问题和不确定性问题等缺点。

2. 智能决策支持系统的特点

作为专家系统与决策支持系统的集成，智能决策支持系统充分发挥了专家系统以知识推理形式解决定性问题的特点，又发挥了决策支持系统以模型计算为核心解决定量分析问题的特点。整体来看的话，智能决策支持系统还具备以下几个特点：

1）具有友好的人机接口，能够理解自然语言，同时具有模型运行结果的解释机制，能够以简单明了的方式向决策者解释问题求解的结果。

2）能够表示并处理知识，并提供关于模型构造知识、模型操纵知识及求解问题所需的领域知识。

3）系统具备一定的学习能力，能够不断修正和扩充已有的知识，从而持续提高自身的问题求解能力。

4）系统具有较强的模块化特性，且模块重用性好，开发成本就相对较低。

5）系统各部分可以灵活进行组合，易于维护，且能实现强大的功能。

6.4.2　智能决策支持系统分类

Holsapple 等人曾总结了智能决策支持系统对决策过程的支持能力及学习能力，将系统对决策过程的支持能力分为了被动支持与主动支持两种，对决策过程的学习能力分为自适应和无自适应两种。

1. 主动支持 vs. 被动支持

能够提供主动支持的智能决策支持系统可以根据不同的问题求解阶段，向决策者提供不同的选择。不仅如此，它还能够根据用户的认知能力与决策方式，向某一特定的决策者提供适合其特点的决策方法。但是，用户决策过程模型往往较难获得，所以主动支持的智能决策系统开发起来是比较困难的。而被动支持的智能决策系统则无法实现这样灵活的支持关系，它只是简单地向决策者提供分析后的选择方案。

2. 自适应 vs. 无自适应

自适应性指的是系统根据自身所处环境的变化，提高处理问题能力的性质。由于一般的智能决策支持系统通常假定系统运行的环境是静止的，故决策所需要的领域知识和推理知识也是事先知道的。但是事实上，我们在现实生活中所面临的决策环境通常是多变的，而问题的求解过程又与决策环境密切相关。为解决这一问题，自适应决策支持系统通过采用数据挖掘、数据仓库、基于事例推理等数据驱动的决策支持方法与机器学习技术，试图从大量的历史数据与以往经验中发现对决策至关重要的知识，进而使得系统具备随时间和决策环境变化调整自身行为的能力，即获得自适应性。而无自适应性的决策支持系统则不具备这一能力。

由此，他们将 IDSS 分为了 4 类：被动支持且无自适应性的 IDSS、能提供主动支持且无自适应性的 IDSS、被动支持且自适应的 IDSS、能提供主动支持且自适应的 IDSS。

6.4.3 智能决策支持系统的基本结构

智能决策支持系统的基本结构如图 6-7 所示。

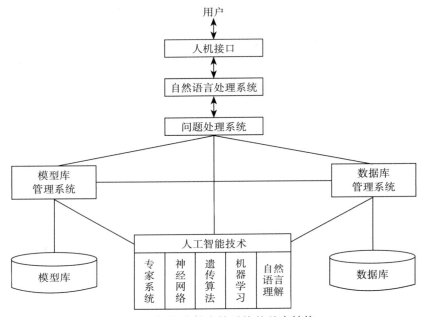

图 6-7 智能决策支持系统的基本结构

由图 6-7 可以看出，该系统中包含的人工智能技术主要有专家系统、神经网络、遗传算法、机器学习、自然语言理解。

智能决策支持系统中的人工智能技术种类很多，但应当注意的是，一个智能决策支持系统中的智能技术一般只有一种或两种。

专家系统的核心是知识库和推理机。神经网络涉及样本库与网络权值库，即知识库，其推理机为 BP 模型。遗传算法的核心为"选择、交叉、突变"这 3 个算子，在此可以将其视为遗传算法的推理机，而遗传算法所要处理的对象是群体，可以看作一个动态库。机器学习是对实例库进行一系列算法操作以获得知识。它包含各种算法库，而算法又可以看成一种推理。自然语言理解需要语言文法库，即知识库，还需要对处理对象（语言文本）进行推理，一般采用的是推导和归纳这两种方式。

通过分析，我们可以将智能决策支持系统中的这些人工智能算法概括为"推理机＋知识库管理系统"，故而能够将智能决策支持系统的结构简化为如图 6-8 所示。

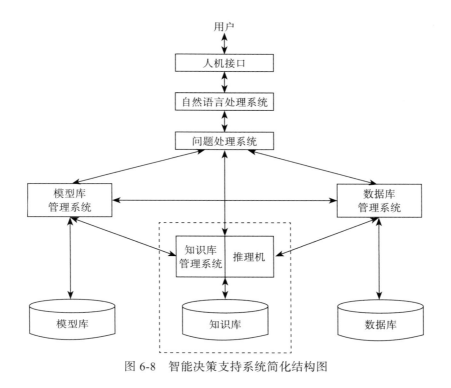

图 6-8　智能决策支持系统简化结构图

6.4.4　智能决策支持系统典型应用

目前国内有一些专门做智能决策产品的公司，这些公司所能提供的智能决策产品的种类十分丰富，能够满足很多行业对智能决策系统的需求。下面将根据应用领域的不同来介绍几种典型的智能决策系统。

1. 医疗领域

智能决策系统在医疗领域中较为著名的应用当属 IBM 公司打造的医疗认知计算系统——"沃森医生"（Dr. Watson）。作为第一个战胜国际象棋世界冠军的人工智能"深蓝"的后裔，"沃森医生"在全球顶级癌症治疗中心纪念斯隆 – 凯特琳癌症中心（MSKCC）接受了 4 年的严格训练，目前已学习超过 330 种医学专业期刊、300 种以上的医学书籍、2 700 万篇论文研究数据，以及大量临床案例。

"沃森医生"全称为" Watson 肿瘤解决方案"，主要用于肿瘤的辅助治疗、基因检测报告解读分析，可支持包括肺癌、乳腺癌、结肠癌等在内的 8 个癌种的治疗，目前已在14 个国家得到应用。在临床应用时，医生将患者的手术、病理、基础疾病、治疗过程等真实病情信息输入系统，"沃森医生"能在十几秒内列出最符合当前条件的数个治疗方案，并通过推理、分析和互动能力，将治疗方案按照优先级推荐给临床医生，同时注明各方案的循证支持和指南来源。此外，"沃森医生"还可以接受患者的肿瘤活检基因学检测报告，通过其认知与计算能力，发现与患者病情发展情况相关的基因突变，并进一步提供针对这些突变的可选治疗方案列表，以供主治医生参考。

2. 交通领域

交通领域的事故管理问题是一个非常复杂的非结构问题。交通事故的管理可以分为事故检测、事故确定、事故响应和事故清除4个阶段，每个阶段又有很多方案需要决策者进行决策。面对大量复杂的相关数据，决策者采取哪套救援方案指挥各个部门协同工作，并高效地进行事故管理，将直接影响到事故所造成的损失大小。IDSS能够较好地解决非结构化问题，为决策者提供定性和定量的建议，辅助其决策。IDSS的优势有3点：①对数据的采集和分析可以利用IDSS减少人工负担。② IDSS可以对事故管理措施的效果进行模拟及评价，有利于决策者做出最佳选择。③由于交通事故的实时性，IDSS可以减少专家判定带来的延时，从而使得对于事故的处理更加及时，减少经济损失。

2016年4月，杭州在全国率先提出建设"城市大脑"，并以交通领域为突破口，开启了用大规模数据改善城市交通的探索。"城市大脑"具备智能感知路况、智能判定堵情、智能巡查事件、智能优化配时、智能辅助指挥这五大基本功能。以智能优化配时为例，运用"城市大脑"，杭州萧山区创新性地实现了救护车等特种车辆的优先调度，实现了事件报警、信号控制与交通勤务快速联动，提升了应急事件处理效率。简单来说，一旦急救点接到电话，收到警情的"城市大脑"也同步开始进入高速运转状态，进行一系列精密计算。基于沿路布控的交通摄像头，系统会把拍摄到的视频自动转化为数值，并采集最近的两三个路口的车辆排队长短情况，计算出多久可以将其排空，然后根据计算出的结果自动调节交通信号灯，以保证救护车在经过特定路口时，信号灯为绿灯，并且其前方无排队的车辆。"城市大脑"能够为救护车制定一条一路绿灯的生命线，使得其到达事故现场的时间缩短一半。

3. 市场营销领域

市场营销也是智能决策支持系统比较常见的一个应用领域。智能决策支持系统可以持续对用户数据进行收集，并利用大数据及人工智能技术来捕捉用户画像，最终为企业用户提供智能且实时的营销决策辅助，帮助企业不断提升营销转化率及运营效率。以著名的精准智能营销系统SAP Marketing Cloud为例，它能够帮助营销人员精准识别目标客户，同时为其提供多种预定的营销模式，进而帮助他们推动收入与业务增长。具体来说，在与客户进行交互的过程中，营销人员会不断地进行数据的收集，并将相关数据输入SAP Marketing Cloud中。之后该系统可以对数据进行统计与分析，帮助营销人员不断完善用户画像，指导营销活动的进行。

4. 军事领域

智能决策支持系统在军事领域的应用也比较常见，它主要应用于辅助决策，可实现对情报处理、态势分析、方案确定和计划拟制的辅助支持。

军事决策支持系统这一概念最早是由美军提出的，旨在通过各种技术的融合，辅助指挥员做出及时和正确的判断并实施决策控制，经过几十年的发展，美国军方的"联合作战计划与实施系统"（JOPES）已经成为其全球指挥控制系统（GCCS）的核心，是实施联合作战的基础，也是战区进行作战计划、辅助分析、联合作战指挥和筹划的基本工具。

在战术领域，2016 年 6 月，由美国辛辛那提大学开发的人工智能系统"阿尔法"，在空战模拟对抗中战胜了经验丰富的空军上校，获得了广泛关注。该智能决策系统能够对传感器搜集到的大量信息进行分析处理，进而做出正确的判断和选择，而且整个过程耗时不足 1 毫秒，这就使得它能在战斗中极大地提高战斗机的生存能力和指挥协调能力。此外，军事运筹辅助决策系统可以自动生成作战方案，并演示战斗过程、评估战场效果等，而空中军事打击智能决策支持系统则可以辅助生成空中军事打击行动决策方案，并进行仿真和评估。

6.4.5 智能决策支持系统未来发展

尽管 IDSS 前景广阔，但是我们必须承认，现阶段各类型 IDSS 的实际应用效果往往低于人们的预期，例如对 IBM"沃森医生"和杭州"城市大脑"项目的批评之声就不绝于耳。综合各种评价和讨论，我们可以得出最简单的结论：IDSS 不好用！这其实是一直以来困扰人工智能"符号主义"发展路径的问题：人类认知智能复杂精密，客观世界千变万化，即使是在非常狭窄的专业领域，希望用计算机系统来模拟甚至超越人类的推理、决策过程也是一项巨大的挑战。

但是，人类在机器认知智能领域的探索不会停止。在未来，智能决策支持系统将会朝着综合化、集成化的方向发展，并将新兴人工智能技术应用到智能决策支持系统的构建中，将数据挖掘、深度学习、强化学习、知识图谱等各组成部分的优点结合起来，进而开发出有效且实用的智能决策支持系统。在这个过程中，应当注意以下两个关键问题的解决。

1. 系统各部件间的交互

在智能决策支持系统中，各部件间的联系是靠部件与部件之间的接口来完成的，包括数据的存取、对模型的调用和对知识的推理与修改等。能否实现系统各部件间的高效交互将决定着信息是否能在系统中进行高效传递，而如何实现则是需要我们长期研究的问题。

2. 系统的集成化

智能决策支持系统的集成化将是未来发展的明显趋势，未来应当多考虑如何根据实际需要，并运用适当方法和技术实现系统集成的问题。只有系统内各部件能够有机地结合在一起，形成的系统才是实用、完整的。

● 案例讨论：IBM "沃森医生" 的理想与现实 ●——○——●——○——●

自从 2011 年在"危机边缘"节目（知识问答竞赛）中一战成名后，IBM Watson 就成了人工智能发展史上的一座里程碑。但是，曾经是公众心目中"人工智能"代名词的 IBM Watson，在数年内砸下几百亿美元的研发投入后，前景反而愈发暗淡。IBM 医疗部分发生大规模裁员，多家医院终止了与 Watson 肿瘤相关的项目，医生抱怨 Watson 给出了错误判断。Watson 真的能治病吗？

• AI 会改变医疗，但从目前来看，赢家似乎不会是 IBM

根据 2019 年的《华尔街日报》（WSJ）报道，没有任何已发表的研究表明 Watson 提升了患者的治愈率。已经有十几家 IBM 的合作伙伴和客户终止或缩减了与 Watson 癌症分析诊疗相关的项目。有十几位使用过 Watson 的机构和医生向 WSJ 记者反馈，Watson 癌症应用收效甚微，某些情况下还会出错。由于缺乏罕见病例数据，Watson 的训练也跟不上进度，当前癌症治疗的发展速度已经超过了 IBM 能够更新 Watson 系统的速度。哥伦比亚大学的 Herbert Chase 教授如今已经退出了 Watson 的顾问小组，并对 IBM 推广该技术的方向倍感失望。2019 年，在由第三方独立撰稿人发表的 IEEE 科技杂志报道中，撰稿人直接以 "How IBM overpromised and underdelivered on AI Health care" 这样的尖锐批评作为文章的副标题。

• Watson 具体是怎么工作的

如图 6-9 所示，Watson 首先对问题进行解读，包括问题分析和问题拆解。紧接着，Watson 会提出多达数百种可能的答案，也就是生成很多假设。然后，Watson 会从它的知识库中去寻找和获得多达上千条与问题相关的证据。再然后，Watson 会用这些证据去验证每一个答案的可信程度并评分，也就是对假设进行验证。最后，Watson 会对所有多达 10 万级别的评分进行平衡和综合，选出最可信的答案，同时提供答案的可信度评分。

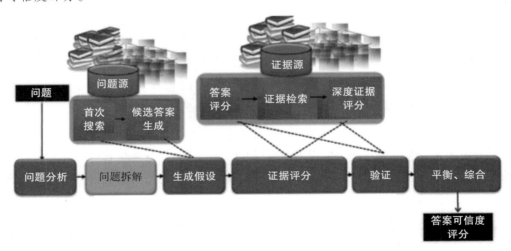

图 6-9 IBM "沃森" 医生的决策过程

图片来源：https://baike.baidu.com/item/%E6%B2%83%E6%A3%AE/3801471，有改动。

• Watson 与人类医生的比较

Watson 的决策过程实际上是一个统计过程，即把所有可能的答案都列举出来，用海量的资料作为依据对每项答案进行评分，将评分最高的答案作为最终答案。简单来说，就是"少数服从多数"。但是在实际情况中，人类医生往往具有一票通过或一票否决权。例如，2018 年美国 FDA 批准了一项用于具有特定基因表型癌症的新抗癌药物，但这项药物只在 55 名患者中进行了试验，并且只对其中的 4 名患者有疗效。对于这样的信息，由于其依靠的数据集太小，Watson 不会把它作为一个很高的权重因素来考虑。但这样的报道对于临床医生来说确实是"爆炸性新闻"，如果遇到基因表型相符的患者，医生是会优先考虑采用这样的方案的。这就是 Watson 与人类医生思考方式、决策过程不同的体现。换句话说，医生更能够关注和采纳最新的、突破性的学术发现，并第一时间调整自己的治疗方案。由此可见，尽管人脑有时会感觉"千头万绪"、无从下手，但有时却能做出"百万军中直取上将首级"的机警决断。

• 另一个技术局限：NLP

理解医学论文和其他资料的核心技术是 NLP。Watson 之所以能够在 2011 年成名，靠的也是 IBM 的研究团队把 NLP 技术提升到了一个全新的高度，能够去做基于上下文的理解，而不再局限于字面意义上的关键字匹配。也正是基于对 NLP 技术发展的自信，让 IBM 树立了要让 Watson 实现在两年内能够帮人看病这样的雄心壮志。尽管 Watson 借助强劲算力和最新算法，能够在 NLP 上做得更好，但是 NLP 没有取得爆炸性理论或技术突破，在语义理解（或者说知识获取）方面依然步履维艰，这也就导致 Watson 始终无法理解诸如医生口述、临床病历、影像诊断文本等颇具价值的临床信息。

• 人工智能有极大潜力革新医疗，只是目前还没有实现

"有时候，你不知道到底是 Watson 在帮医生的忙，还是医生在帮 Watson 的忙。我和其他人在使用时都感到不舒服，因为你永远不知道你会得到什么……"圣路易斯华盛顿大学医学院麦克唐奈基因组研究所的 Lukas Wartman 说，他很少使用这个系统，尽管该系统可以免费使用。Kelley 博士觉得 Watson 的建议可能是错误的，即使是经过验证的治疗方法。另一方面，他认为 Watson 在查找相关医学文章方面快速有用、能节省时间，有时还能显示一些医生不知道的信息。

"人工智能有很多希望，"Kelley 博士说，"但就目前而言，这个希望还没有实现。"

● **思考题** ●━━●━━○━━●

1. 在本章讲述的微软小冰的案例涉及哪些人工智能技术？微软小冰与百度小度的区别是什么？试分析，微软小冰作为一个产品，可以有哪些盈利模式？

2. 智能规划与机器学习有关系吗？智能规划体现了人工智能发展中哪个学派的思想？

3. IBM 沃森医生与进行医学影像诊断的 AI 系统有什么区别？IBM 沃森医生的发展困境说明了什么？

4. 本书第 3 章中介绍的知识图谱技术能帮助沃森医生进行认知推理和逻辑表达吗？

第 7 章 ●—○—●—○—●

智能机器人技术

近年来，机器人相关技术正呈现出欣欣向荣的发展态势，并向智能化系统的方向不断发展。随着人工智能、5G 和物联网等技术的发展，机器人的应用领域将不断扩展，并对人类的生产、生活、科研等方面产生重要影响，在可以预见的未来，智能机器人很可能成为人类生活的重要部分。

7.1 机器人技术概述

1921 年，捷克斯洛伐克作家卡雷尔·恰佩克在他的科幻小说中，根据 Robota（捷克文，原意为"劳役、苦工"）和 Robotnik（波兰文，原意为"工人"），创造出"机器人"这个词。1939 年，美国纽约世博会上展出了西屋电气公司制造的家用机器人 Elektro。1950 年，美国科幻作家阿西莫夫在他的小说《我，机器人》中提出了著名的"机器人三守则"：

1）机器人必须不危害人类，也不可以在人类将受害时袖手旁观；

2）机器人必须绝对服从于人类，除非这种服从有害于人类；

3）机器人必须保护自身不受到伤害，除非是为了保护人类或者是人类命令它做出牺牲。

虽然这三条守则只是科幻小说里的说法，但是它给机器人赋以伦理性，并使机器人更易于被人类社会所接受，因此成为机器人学术界开发机器人的行为纲领。

7.1.1 机器人的定义

国际上关于机器人的定义有许多，例如：

1）英国简明牛津字典：机器人是"貌似人的自动机，具有智力的、顺从于人但又不具有人格的机器"。这一定义在现在看来并不完全正确，与人类相似的机器人仍然是一种理想化的存在。

2）日本工业机器人协会（JIRA）：工业机器人是"一种能够执行与人的上肢（手和臂）类似动作的多功能机器"，智能机器人是"一种具有感觉和识别能力，并能够控制自身行为的机器"。

3）国际标准化组织（ISO）："机器人是一种自动的、位置可控的、具有编程能力的多功能操作机，这种操作机具有几个轴，能够借助可编程序操作处理各种材料、零件、工具和专用装置，以执行各种任务。"

4）美国国家标准局（NBS）：机器人是"一种能够进行编程并在自动控制下执行某些操作和移动作业任务的机械装置"。

随着机器人技术研究的深入和拓展，很多科学家也对机器人进行了定义，例如：

1）森政弘与合田周平提出："机器人是一种具有移动性、个体性、智能性、通用性、半机械半人性、自动性、奴隶性 7 个特征的柔性机器。"从这一定义出发，森政弘又提出了作业性、信息性、柔性有限性，共计 10 个特性，以表示机器人的形象。

2）法国学者埃斯皮奥提出："机器人学是指设计能根据传感器信息实现预先规划好的作业系统，并以此系统的使用方法作为研究对象。"

3）一些中国科学家也对机器人进行了定义，例如，"机器人是一种具有高度灵活性的自动化机器，这种机器具备一些与人或生物相似的智能能力，如感知能力、规划能力、动作能力和协同能力"。

7.1.2　机器人的特征

总的来说，机器人有三个基本的特征："大脑"——自动控制的程序，"身体"——一定的结构形态，"动作"——具有完成一定动作的能力。相比于传统的机器和人类，机器人也具有许多功能性特点。

第一，相比于传统机器，机器人作为高度自动化技术之一，在多数情况下可以提高生产率、效率和产品的一致性，但这也同时意味着较高的机器人成本费用，例如开发、安装、使用者培训、再次开发等费用。

第二，相比于人类，机器人可以应用在较为危险的工作环境中，而无须考虑生命保障或安全的需要。不知疲倦、不需要激励、不需要医疗和假期，这一优势在应急救援、极限作业和军事领域尤为突出。机器人具有高度一致性，除了发生故障或磨损外，将始终如一地保持工作效率和准确性。同时，机器人可以同时响应多个任务、处理多项工作，实现"一心多用"。

第三，相对于其他人工智能系统，机器人技术多了"行动能力"。即使比较初级的智能机器人，也具备"感知、认知、行动"全部三个人工智能要素，而其他人工智能系统的行动仅局限于通过某种界面，实现"人机交互"。

从当前的发展水平看，尽管机器人在一些特定情境下表现得非常出色，但其灵巧性、应变能力、响应性、人性化设置、传感器能力、视觉系统、语言处理等方面仍存在局限性。从社会影响的角度上说，机器人在一定程度上替代了一部分人类劳动者，有可能由此带来一些经济和社会问题，如就业问题、社会稳定问题等。

7.2　机器人的关键技术

如果将机器人看成一个智能系统，这些关键技术可以被涵盖在机器人的感知、认知、行动三个方面。

7.2.1　机器人感知

感知是机器人必须具备的功能，也是机器人研究的重要领域。包括多传感器系统与传感器融合、主动视觉与高速运动视觉、各种新型传感器（视觉、触觉、听觉、接近感、力觉、临场感等）的开发以及传感器硬件的模块化、传感器系统软件支撑、虚拟现实技术等。体现在如下几个方面：

1）移动式机器人的视觉导航。视觉感知系统利用视觉信息跟踪路径，检测障碍物以及识别路标或环境，以确定机器人所在方位，为提高无人系统的自主能力提供技术支持。除了基于摄像头的视觉系统，机器人还有其他手段进行视觉感知，例如无人驾驶汽车通过集成机载激光雷达、毫米波雷达等设备获得实时位置与交互环境数据。机器人的视觉视角可以达到 360 度，甚至采用"上帝视角"。

2）基于语音识别和语音交互技术的声音感知系统。该系统可以帮助机器人识别人类语音指令和其他工作环境信息。

3）除了语音、视觉等模拟生物体的感知能力外，机器人还可以配置生物体不具备的所谓"超感知"能力，例如定位方向、坐标、经纬度，精密测距、测速，透视，测定电流、电压，扭矩，等等。

7.2.2　机器人认知

1. 机器人规划调度

机器人规划调度中包括环境模型的描述路径规划、任务规划、协作规划、基于传感信息的规划、任务调度等问题。

以路径规划技术为例，路径规划技术是机器人研究领域的一个重要分支，即依照工作目标和优化准则，在机器人工作空间中找到一条从起始状态出发、可以避开障碍物到达目标状态的最优路径。根据环境信息掌握程度，路径规划可分为：

1）环境信息完全已知的全局路径规划。全局路径规划常用方法有可视图法、栅格法、自由空间法等。

2）环境信息不完全或未知的基于传感器的局部路径规划。局部路径规划的主要方法有人工势场法、基于遗传算法的规划方法和模糊逻辑规划法等。此外，还有神经网络法、细胞神经网法等。

2. 机器人学习

机器人学习是研究机器人如何模拟人类进而实现人类的学习行为，从而能够像人类一样通过不断的学习来改善自身的性能，提高自身的适应能力和智能化水平。机器人学习属于人工智能发展中的"行为主义"学派，是机器人学领域一个非常重要的研究方向，近几十年来一直是研究者研究的重点。

不同的研究者根据自己的研究方向或者成果对机器人学习做了不同的定义。有学者从人工智能角度出发得出的理解是，学习就是提升解决新问题的能力，即"面对一个新的问题，机器人应该先使用以前成功解决类似问题的方法进行尝试"。也有学者从动物行为学的角度定义机器人学习：机器人学习能力是指机器人在与环境交互时所表现出来的一种自适性，能够根据特定的任务来改进自己行为从而适应环境的特性。而这种自适性和学习能力是通过下面两个方面体现出来的：首先，它能感知到环境信息及环境的变化，并学习对感知信息的理解和处理过程；其次，当机器人所处环境或目标发生变化时，能够根据变化改进当前的行为策略或者学习新的行为策略。当前机器人学习技术类型主要有：

1）面向任务：针对特定的环境或预定任务，开发机器人学习系统，提高机器人完成任务的能力。这个方向主要应用于某些具有特定用途的专业机器人的研究。

2）认知模拟：这是从心理学角度出发进行的研究，主要目的在于研究人类学习过程从而应用于机器人的行为模拟和行为学习，最终提高机器人的智能化水平。

7.2.3　机器人行动

由于感知系统、计算机视觉、规划与认知、神经网络等关键技术取得了发展与进步，一些更为困难和高级任务目标正在逐渐被实现。可以说，在未来人类可能会委托机器人做更多、更重要的工作。然而，在这些任务的执行过程中，无论是对于传统的工业机器人，还是智能机器人来说，行动能力都是考验机器人能力的关键要素，也是目前机器人发展中急需突破的难点。

正如"莫拉维克悖论"所指出的那样：和传统假设不同，对计算机而言，实现逻辑推理等人类高级智慧只需要相对很少的计算能力，而实现感知、运动等低等级智慧却需要巨大的计算资源（关于"莫拉维克悖论"，请参阅第 10 章内容）。与之相似，人工智能领域的著名学者马文·明斯基强调：对技术人员来说，最难以复刻的人类技能是那些无意识的技能。

关于机器人的运动，研究者们提出了许多课题，比如执行机构研制、驱动器的开发、系统动力学的分析、控制系统结构的设计、控制算法的改进等。而从更加宏观的角度上来说，机器人的行动涵盖两个方面的重要内容，即机器人导航技术和机器人控制技术。

1. 机器人导航技术

机器人导航技术主要解决以下基本任务：

1）基于环境的定位：通过对环境中景物的理解，识别人为路标或具体实物，以完成对机器人的定位，为路径规划提供素材。

2）目标识别和障碍检测：实时地对障碍物或特定目标进行检测和识别，提高系统的稳定性。

3）安全保护：对机器人工作环境中出现的障碍和移动物体做出分析并避免对机器人造成伤害。

2. 机器人控制技术

机器人控制技术可以理解为，为使机器人完成各种任务和动作所执行的各种控制手段，既包括实现控制所需的各种硬件系统，又包括各种软件系统。机器人控制技术是机器人行动中的关键技术之一。近年来，机器人控制技术在理论和应用方面都有了较大的进展，许多学者提出了各种不同的机器人控制系统，控制方法主要有模糊控制技术、神经网络控制技术等。

1）模糊控制技术：在模糊控制方面，模糊系统在机器人的建模、控制、对柔性臂的控制、模糊补偿控制以及移动机器人路径规划等各个领域都得到了广泛应用。模糊控制技术提高了机器人的速度及精度，但是它也有其自身的局限性：若机器人模糊控制中的规则库过大，推理时间就会很长，如果规则库过小，推理的精确性又会受到限制。

2）神经网络控制技术：在机器人神经网络控制方面，小脑模型控制器（Cerebella Model Controller Articulation）是应用较早的一种控制方法，其最大特点就是实时性强，尤其适用于多自由度操作臂的控制。神经网络隐含层数量的确定、隐含层内神经元数的确定，以及避免陷入局部最小值等问题，是智能控制中要解决的关键问题。

7.3　机器人技术的发展历史

2017 年，中国信通院、IDC 和英特尔公司共同发布了《人工智能时代的机器人 3.0

新生态》白皮书，其中机器人的发展历程被划分为 3 个时代，分别为机器人 1.0、机器人
2.0、机器人 3.0（见图 7-1）。

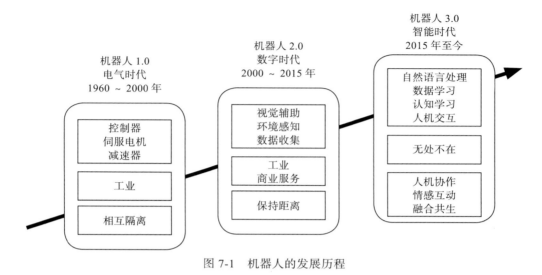

图 7-1　机器人的发展历程

7.3.1　电气时代的程序控制机器人

　　程序控制机器人也被称为"可编程机器人"或"示教再现型机器人"，它完全按照事
先装入机器人存储器中的程序安排的步骤进行重复性的工作，无论外界环境怎么样改变，
都不会改变动作。1954 年，美国人乔治·德沃尔设计开发了第一台可编程序的工业机器
人机械手并申请了专利。这种机械手能够按照不同程序从事不同的工作，具有一定的通用
性和灵活性。1962 年，美国 AMF 公司推出的"Versatran"（见图 7-2）和 UNIMATION 公
司推出的"Unimate"是机器人产品中最早的实用机型，标志着第一代机器人的诞生。这
一代机器人能成功地模拟人的运动功能，它们会拿取和安放，拆卸和安装，翻转和抖动，
看管机床、熔炉、生产线等，能有效地从事安装、搬运、包装、机械加工等工作。这一代
机器人从 20 世纪 60 年代后期开始投入实际使用，现在已得到广泛的运用，目前国际上
商品化、实用化的机器人大都属于这一类。但这一代机器人最大的缺点在于它只能固化地
完成规定程序动作，不会适应环境、随机应变，一旦环境有所改变，就无法很好地完成任
务。同时，由于它们没有感知系统，可能会对现场的人类工作者造成危害，存在机器人伤
人的可能性。

图 7-2　1962 年 AMF 公司推出的"Versatran"

7.3.2　数字时代适应型机器人

　　第二代机器人对外界信息有反馈能力，是带传感器的机器。这代机器人具有触觉、视觉、听觉等功能，能对外界环境的改变做出一定的自身调整，因此又被叫作"感觉型"机器人，或者"适应型"机器人，是具有一定感知功能和适应能力的离线编程机器人。

　　第二代机器人的特征是可以根据作业对象的状况改变作业内容，主要标志是其自身配备有相应的感觉传感器，如视觉传感器、触觉传感器、听觉传感器等。它们通过传感器获取作业环境、操作对象的简单信息，然后由计算机对获得的信息进行分析、处理，并控制机器人的动作。这一代机器人最突出的优势就在于其能随着环境的变化而一定程度上改变自己的行为，不再像第一代机器人那样一成不变。目前，第二代机器人也已进入商品化阶段。虽然这一代机器人具有一些初级的智能，但还远远没有达到完全"自治"的程度，在某些应用场景中仍然存在无法完全适应工作环境的情况。

7.3.3　智能机器人

　　2005 年以后，伴随着感知、计算、控制等技术的迭代升级和图像识别、自然语言处理、深度学习等新型数字技术在机器人领域的深入应用，机器人领域智能化、服务化趋势日益明显。在机器人 2.0 的基础上，机器人 3.0 实现了从感知到认知、推理、决策的智能化升级。智能机器人在感知能力、决策能力、行动能力三个方面都取得了明显的进步。智能机器人可获取、处理并识别多种信息，自主地完成较为复杂的操作任务。相比一般的 2.0 时代工业机器人，智能机器人具有更大的灵活性、机动性、自主性和更广泛的应用领域。

7.4　智能机器人分类

目前市场上的智能机器人按照不同的智能程度、用途和形态等有着很多不同的分类，下面将具体介绍两种智能机器人的分类方式。

7.4.1　按智能程度分类

1. 初级智能机器人

与只能死板地按照人类规定的程序工作的那类工业机器人不一样，具有初级智能的机器人具有一定的感受，以及识别、推理和判断能力。它可以根据外界条件的变化，在一定范围内自行修改程序。不过，修改程序的原则是由人预先规定的。这种初级智能机器人已拥有一定的智能，虽然还不能完全自主进行规划，但这种初级智能机器人也慢慢开始走向成熟。

2. 高级智能机器人

除具备初级智能机器人的能力外，高级智能机器人的另一个优势在于其修改程序的原则不是由人规定的，而是通过机器人自己学习并总结经验来获得的。这类机器人已拥有一定的自主规划能力，能够自己安排自己的工作，然而此类高级智能机器人在目前的实际应用中并不多见。

7.4.2　按形态分类

1. 仿人机器人

模仿人的形态和行为而设计制造的机器人就是仿人机器人，这类机器人一般具有仿人的四肢和头部（见图 7-3）。它们会根据不同应用需求被设计成具有不同形状和功能，如步行机器人、写字机器人、奏乐机器人、玩具机器人等。仿人机器人研究集机械、电子、计算机、材料、传感器、控制技术等多门科学于一体，代表着一个国家的科技发展水平。仿人机器人可以适应人类的生活和工作环境，代替人类完成各种作业，并可以在很多方面扩展人类的能力，在服务、医疗、教育、娱乐、军事等多个领域得到广泛应用。

2. 仿生或拟物智能机器人

人类形态并非机器人的必由之路，相反，模仿人类的双足直立行走姿态给机器人带来了诸多限制和障碍。例如，人形机器人要进行大量运算和控制以保持自身平衡，而四足机器人在保持平衡方面就要容易得多。因此，仿照各种各样的生物、日常使用物品、建筑物、交通工具等做出的机器人大量涌现，如机器狗（见图 7-4）、六足机器昆虫、轮式（履带式）机器人等。

图 7-3　美国波士顿动力公司的仿人机器人 Atlas

图片来源：https://www.bostondynamics.com/robots.

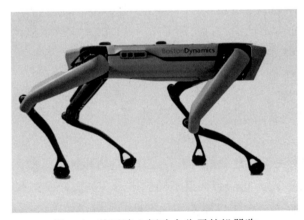

图 7-4　美国波士顿动力公司的机器狗

图片来源：https://www.bostondynamics.com/spot.

小知识：恐怖谷效应

　　恐怖谷理论是一个关于人类对机器人和非人类物体的感觉的假设，在 1970 年由日本机器人专家森政弘提出。其核心观点是，随着仿真物（如机器人、玩偶等）模拟真实性程度的变化，人类对其亲和力也会产生变化，一般规律是亲和力随着仿真程度增高而增高，但当仿真程度到达一个较高临界点时，人的亲和反应会陡然跌入谷底，并产生对这个仿真物的排斥、恐惧、困惑等负面心理。

　　森政弘的假设指出：由于机器人与人类在外表、动作上相似，所以人类会对机器人产生正面的情感，而当机器人与人类的相似程度达到一个特定程度的时候，人类对它们的反应便会突然变得极其负面和反感，哪怕机器人与人类只有一点点的差别，都会显得非常显眼刺目，从而使整个机器人有非常僵硬恐怖的感觉。当机器人和人类的相似度继续上升，达到普通人之间的相似度时，人类对它们的情感反应会再度回到正面（见图 7-5）。

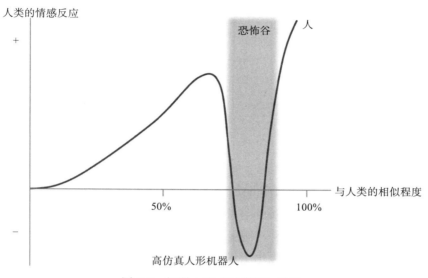

图 7-5　机器人的"恐怖谷"效应

7.5　智能机器人的应用领域

如今，智能机器人应用领域日益广泛，智能机器人研发和应用状况也成为一个国家工业自动化水平和高新技术产业发展水平的重要标志。我们将着重介绍智能机器人在工业、服务业、物流与运输业以及危险环境中的应用情况。

7.5.1　工业机器人

1. 工业机器人特点

工业机器人通常需要和末端执行器组装在一起才能组成一套真正意义上的机器人，并进行编程操作。它是面向工业领域的多自由度的机器人，可以自动执行工作，靠自身动力和控制能力来实现特定功能。它可以接受人类的指挥，也可以按照事先编写好的程序运行。更先进的机器人还可以依靠人工智能算法学习规则和知识，从而做出行动决策。总的来说，工业机器人有 3 个最显著的特点：

1）可编程：工业机器人可随其工作环境变化的需要而再编程。

2）拟人化：工业机器人在机械结构上有类似人的双腿、腰、大臂、小臂、手腕、手爪等部分。此外，智能化工业机器人还有许多类似人类的"生物传感器"，如皮肤型接触传感器、力传感器、负载传感器、视觉传感器、声觉传感器、语言传感器等。传感器提高了工业机器人对周围环境的自适应能力。

3）通用性：除了专门设计的专用的工业机器人外，一般工业机器人在执行不同的作业任务时具有较好的通用性。比如，更换工业机器人手部末端操作器（手爪、工具等）便可执行不同的作业任务。

当今工业机器人技术正逐渐向着具有行走能力、多种感知能力、较强的对作业环境的自适应能力的方向发展。当前，对全球机器人技术的发展最有影响的国家是美国和日本。美国在工业机器人技术的综合研究水平上仍处于领先地位，而日本生产的工业机器人在数量、种类方面则居世界首位。

2. 工业机器人应用类型

工业机器人主要在工业生产中代替人类工作者从事一些相对单调、频繁和重复的长时间作业。例如，装配线上的机械手程序化地执行装配、零件放置、材料处理、焊接、喷涂等任务，完成对人体有害物料的搬运或工艺操作。再例如，采矿机器人能够很好地代替工人在各种有毒、有害及危险环境下采掘。按照具体用途，工业机器人可以分为如下几种。

（1）搬运机器人

搬运机器人是可以进行自动化搬运作业的工业机器人。最早的工业机器人 Versatran 和 Unimate 就是两种搬运机器人。搬运机器人可安装不同的末端执行器以完成各种不同形状和状态的工件搬运工作，大大减轻了人类繁重的体力劳动。目前世界上正在使用的搬运机器人已逾 10 万台，被广泛应用于机床上下料、冲压机自动化生产线、自动装配流水线、码垛搬运、集装箱等的自动搬运等工作中。部分发达国家已制定出人工搬运的最大限度，超过限度的部分必须由搬运机器人来完成。

（2）焊接机器人

焊接机器人是从事焊接（包括切割与喷涂）的工业机器人。焊接机器人主要包括机器人和焊接设备两部分。机器人由机器人本体和控制柜（硬件及软件）组成。而焊接装备，以弧焊及点焊为例，则由焊接电源（包括其控制系统）、送丝机（弧焊）、焊枪（钳）等部分组成。智能机器人还应有传感系统，如激光或摄像传感器及其控制装置等。以汽车制造业为例，焊接机器人目前已广泛应用于焊接汽车底盘、座椅骨架、导轨、消声器以及液力变矩器等工作中，尤其在汽车底盘焊接生产中得到了广泛的应用。

（3）码垛机器人

码垛机器人是从事码垛的工业机器人（见图 7-6），即将已装入容器的物体，按一定排列码放在托盘、栈板上，进行多层自动堆码后推出，便于叉车运至仓库储存。码垛机器人可以集成在任何生产线中，为生产现场提供智能化、机器人化、网络化的服务，提高啤酒、饮料和食品行业中多种多样作业的码垛物流效率，被广泛应用于制作纸箱、塑料箱、瓶类、袋类、桶装、膜包产品及灌装产品等。

图 7-6　KUKA 公司的码垛机器人

图片来源：https://www.kuka.com.

（4）喷涂机器人

喷涂机器人又叫喷漆机器人（Spray Painting Robot），是可进行自动喷漆或喷涂其他涂料的工业机器人。喷漆机器人主要由机器人本体、计算机和相应的控制系统组成。多采用自由度为 5 或 6 的关节式结构，手臂有较大的运动空间，并可做复杂的轨迹运动，其腕部一般有 2 ~ 3 个自由度，可灵活运动。较先进的喷漆机器人腕部采用柔性手腕，既可向各个方向弯曲，又可转动。其动作类似人的手腕，能方便地通过较小的孔伸入工件内部，喷涂其内表面。喷漆机器人一般采用液压驱动，具有动作速度快、防爆性能好等特点，可通过手把手示教或点位示数来实现示教。喷漆机器人被广泛应用于汽车、仪表、电器、搪瓷等工艺生产部门。

（5）激光加工机器人

激光加工机器人是指将机器人技术应用于激光加工中，通过高精度工业机器人实现更加柔性的激光加工作业。其系统可通过示教盒进行在线操作，也可通过离线方式进行编程。该系统可以通过对加工工件的自动检测，产生加工件的模型，继而生成加工曲线，也可以利用 CAD 数据直接加工。激光加工机器人多用于工件的激光表面处理、打孔、焊接和模具修复等。

（6）真空机器人

真空机器人是一种在真空环境下工作的机器人，主要应用于半导体工业中，可实现晶圆在真空腔室内的传输。真空机械手难进口、受限制、用量大、通用性强，现已成为制约半导体装备整机研发进度和整机产品竞争力的关键部件。

（7）洁净机器人

洁净机器人是一种在洁净环境中使用的工业机器人。随着生产技术水平的不断提高，人类对生产环境的要求也日益苛刻，很多现代工业产品生产都要求在洁净环境中进行，洁净机器人便是在洁净环境下生产所需要的关键设备。洁净机器人要求很多特殊技术，例如控制器的小型化技术（根据洁净室建造和运营成本高，通过控制器小型化技术减小洁净机器人的占用空间）、洁净润滑技术（通过采用负压抑尘结构和非挥发性润滑脂，实现对环境无颗粒污染，满足洁净要求）等。

7.5.2　服务机器人

服务机器人又叫社会性护理机器人，是一种半自主或全自主工作的机器人，它能完成有益于人类的服务工作，但无法进行设备生产。服务业是机器人学中一个很有前途的应用领域，一些服务机器人仅在公共场所运行，如商场、商品交易会、博物馆中的机器人信息站等。服务机器人面对的大多数任务需要与人交互，这要求它们能够稳健地应付不可预测和动态的环境。服务机器人也是发展最快的人工智能技术领域之一，与家庭、个人、智慧生活和医疗保健系统密切相关。从目前的应用现状来看，可大致将其划分为家用服务机器人、商用服务机器人以及医疗服务机器人三大类。

1. 家用服务机器人

家用服务机器人，是指能够代替人完成家庭服务工作的机器人，是为人类服务的特种机器人。在技术配置上，它包含了行进装置、感知装置、接收装置、发送装置、控制装置、执行装置、存储装置、交互装置等。其中，感知装置将在家庭居住环境内感知到的信息传送给控制装置，控制装置向执行装置发出指令，执行装置做出响应，进行防盗监测、安全检查、清洁卫生、物品搬运、家电控制，以及家庭辅助、病况监视、儿童教育、报时催醒、家用统计等工作。目前已经实现的应用包括让家用服务机器人承担照顾孩子学习玩乐、提醒病人按时吃药、清洁地面、洗衣吸尘等家务工作。家用服务机器人中极具代表性的产品包括家居辅助机器人、娱乐机器人以及陪伴机器人。

（1）家居辅助机器人

家居辅助机器人包括真空吸尘机器人（扫地机器人）、割草机器人等，图 7-7 是硅谷 AI 家庭机器人公司的扫地机器人 Trifo Max。它拥有视频监控、语音对讲、动态检测、App 手动遥控清扫等功能。顶部的摄像头赋予了 Trifo Max"视觉"功能，通过摄像头对清扫环境扫描学习，自主规划生成清扫路线，用户使用 Trifo Home App 连接自己的 Trifo Max，设定清扫时间和清扫范围即可，还可以避免出现被扫地机器人打扰的情况。

（2）娱乐机器人

经过不断发展创新，机器人已经开始征服娱乐业和玩具工业。娱乐服务机器人就是通过对一般机器人进行一些拟人化的外形改造及硬件设计，同时运用相关的娱乐形式进行软件开发而得到的一种用途广泛、老少皆宜的服务型机器人。这类机器人可以用来供人观赏、娱乐，有语言能力和感知能力，例如歌唱机器人、舞蹈机器人、演奏机器人、玩具机器人、足球机器人等。

图 7-7　扫地机器人 Trifo Max

图片来源：https://trifo.com.

（3）陪伴机器人（社交机器人、情感机器人）

随着人工智能技术的发展以及人口老龄化、劳动力成本上升等社会问题的日益严峻，机器人已不仅仅局限于生产领域，而是向着更加宽广的家庭生活服务领域发展。陪伴机器人所关注的群体以儿童和老年人居多，儿童陪伴机器人多为伴读伴学机器人。该类机器人具有教育功能，受到了许多父母的青睐。它能综合运用已有的资源，通过其自身的智能交互，有效地激发孩子的学习兴趣，同时提供各种先进的教育理念和教学方法。而针对老年人，陪伴机器人则是为了保证老年人的心理健康、给予情感关怀而设计。这类机器人以其自然的交互方式、较低的学习门槛及认知负荷、较高的交互效率逐渐被市场所看好。

小案例：软银"情感机器人"Pepper

Pepper 是一款情感机器人，由日本软银集团和法国 Aldebaran Robotics 联合研发，可综合考虑周围环境，积极主动地做出反应（见图 7-8）。机器人配备了语音识别技术、可呈现优美姿态的关节技术，以及可分析表情和声调的情绪识别技术，能与人类进行交流。它的体重为 28 千克，净身高近 120 厘米，有 17 个关节以方便移动，3 个无定向轮让它可以四周自由移动。Pepper 有一个 3D 摄像头，能在 3 米以内有效检测其周围环境及人类的行为举止。

根据普遍的情感认知（开心、惊讶、生气、疑惑和悲伤）及对人类的面部表情、肢体语言及措辞的分析，Pepper 能够"读懂"人类的情感状态，附和人类的感受。例如，它会播放人类喜欢的乐曲以让人重新振作精神。

当 Pepper 被主人忽略时，它会模仿出一种孤独和难过的状态，当受到表扬和沐浴爱意时，它就会变得开心。为了让用户更好地了解 Pepper 的行为和观点，Pepper 的胸口上配置了一台平板电脑，可以显示相关的信息。

目前已有近 200 款情感类软件在 Pepper 中得到应用。比如，Pepper 日记可以在家庭活动中拍照留念，还可以写日记，像智能影集一样储存家庭成员的回忆。随着与用户之间交流的增多，Pepper 还能预测你喜欢的或者不喜欢的新事物。

提高机器人的"共情能力"和"移情能力"，以实现更加自然、真实的人机交互，已经成为机器人发展的主要方向。

图 7-8　情感机器人 Pepper

图片来源：https://mbd.baidu.com/ma/s/Cr590Pm8.

2. 商用服务机器人

商用服务机器人是应用于 B 端日常服务场景的机器人，主要运用于商用服务领域，可根据行业需求开发相应功能，主要为银行、餐厅、企业、大型卖场、专卖店等提供服务。商用服务机器人具有解放和提高生产力的应用价值，在机器人制造技术迭代、人机交互等人工智能技术创新的基础上，被应用于诸多场景，可逐渐推动商业项目落地。在技术的驱动下，商用服务机器人的产品类型正在逐渐丰富，应用场景已具体到零售、迎宾、导览导购等。

商用服务机器人不管是在外观上还是应用功能上，无疑都具有成为展会明星产品的潜质。它既能卖萌撒娇，还能走路、说话、唱歌，不仅外观萌化人心，还能做出机智的应答，在无服务员的环境下，不仅能为顾客介绍产品，还能针对顾客的要求提供个性化的服务。

以银行场景为例，当商务服务机器人出现在银行营业厅时，由于机器人对于大多数普通人都具有吸引力，因此几乎人人都会主动靠近并迅速适应与机器人的语言交流。例如科沃斯银行机器人，声音温柔、表情"呆萌"，其低龄化、拟人化的外形设计能给银行顾客带来无压迫感的亲和交流。机器人与人进行交互时，也更容易做到无障碍交流——人们往往会对陌生人有防御心理，顾客不习惯跟银行大堂经理攀谈，却很乐意与机器人交流。在这样的心理和情绪气氛中，机器人自然就能更了解顾客，提供的服务也更能满足顾客需求。

3. 医疗服务机器人

医疗服务机器人主要包括康复机器人和外科手术机器人。其中，康复机器人是指用于辅助病人恢复、生活自理的机器人，外科手术机器人可分为 3 类：监控型、遥操作型和协作型。

1）监控型外科手术机器人是指由外科医生针对不同病人，指定不同程序，在医生的监控下由机器人完成手术。

2）遥操作型外科手术机器人是指由外科医生操纵控制手柄来遥控机器人完成手术。

3）协作型外科手术机器人主要用于外科医生使用的器械，能帮助医生完成高稳定性、高复杂度的外科手术，例如著名的"达·芬奇"手术机器人。

在对一些复杂器官，如大脑、眼睛和心脏进行手术时，协作型外科手术机器人被越来越广泛地用于协助外科医生放置器械。由于其具有高度的准确性，机器人在某些类型的髋关节置换手术中已经成为不可或缺的工具。在当前的研究中，该类型机器人被证明能够减少在结肠镜检查时造成损伤的危险。

在医疗领域的服务机器人可以应用于人类增强，实现人类增强是医疗服务机器人应用的终极目标之一。研究人员也已经开始开发为老年人或残疾人服务的机器人助手，诸如智能机器人步行器等。他们还希望研发出另一种能帮助人们做一些运动以恢复健康的机器人设备。此外，目前还有一些研究正专注于开发这样的设备：它们能够通过附加的外部骨架提供额外的力，使人行走或移动手臂更容易。如果这样的设备能永久地附在人身上，那么它们可以被看作一种人工机器人肢体。

7.5.3　物流与运输机器人

机器人在物流与运输上的应用可分为室内与室外两种。室内运输机器人，如仓储物流机器人等，已经被用于在医院中进行食品物品传送，在工厂的仓库里和生产线之间运送货物，在物流仓储中进行智能分拣作业，等等。而室外运输机器人最典型的应用就是自动驾驶汽车，其表现已经能够超过熟练的人类驾驶员。

1. 仓储物流机器人

在物流场景中，仓储物流机器人已成为智慧物流的重要组成部分。它顺应了新时代的发展需求，成功解决了物流行业高度依赖人工、业务高峰期分拣能力有限等传统问题。随着自动化技术的不断发展，仓储机器人逐渐能够帮助人类解决更加复杂的工作问题，根据应用场景的不同，仓储物流机器人可分为自动引导车（Automated Guided Vehicles，AGV）、码垛机器人、分拣机器人、自主移动机器人（Automatic Mobile Robot，AMR）、有轨制导车辆（Rail Guided Vehicle，RGV）五大类。下面简单介绍 AGV 与分拣机器人。

AGV 是一种智能移动机器人，是应用于自动化物流系统的移动机器人装备。由于车载计算机的软硬件功能的日益强大、不断升级，现代的 AGV 技术具有明显的智能化的特征。AGV 系统能够通过无线网络或红外线接收指令，完成自动导引、自动行驶、优化路线、自动作业、交通管理、车辆调度、安全避碰、自动充电、自动诊断等任务，从而实现了 AGV 的智能化、信息化、数字化、网络化、柔性化、敏捷化、节能化、绿色化。

分拣机器人是一种可以快速进行货物分拣的机器设备。它可以利用图像识别系统分辨物品形状，用机械手抓取物品，然后放到指定位置，实现货物的快速分拣。分拣机器人运用的核心技术包括传感器、物镜、图像识别系统、多功能机械手。

2. 自动驾驶汽车

自动驾驶汽车又称无人驾驶汽车，是一种通过计算机实现无人驾驶的智能汽车。理论上，自动驾驶（无人驾驶）会比人类司机更安全，因为自动驾驶系统具有不知疲倦、不会分心、算力强大等优点。自动驾驶汽车依靠人工智能、视觉计算、雷达、监控装置和全球定位系统协同合作，让电脑可以在没有任何人类主动操作的情况下，自动、安全地操作机动车辆。

如今，伴随着深度学习等人工智能技术的迅猛发展，自动驾驶汽车开始具备越来越强的学习能力，其自动化、智能化程度越来越高，对人类注意力和操控努力的需求越来越低，逐渐接近 L4 或 L5 级的自动驾驶，而 L4 或 L5 级的自动驾驶可以被称为无人驾驶（有关自动驾驶的详细内容，请参见第 9 章）。

7.5.4　危险环境机器人

机器人技术在危险环境中的应用已经发展得较为成熟，例如从事帮助人们清理化学废料，进行探险活动，进入危险区域对人类进行搜索和救援等对于人类来说过于危险的工作。

1. 危险作业机器人

2017 年，英国机器人与自动系统协会（UK-RAS）发布的《危险环境作业机器人：应急响应、救灾援助和灾后重建》报告中明确指出极端环境作业下人工智能技术的未来发展研究领域。一些国家已经使用机器人来执行军火运输、炸弹卸除、火场探测、受污染区探测等危险环境任务。许多国家正在开发用于在陆上或海上清除雷场的原型机器人。另外，机器人已经被多次应用于探索以前没有人类到达过的地方，包括海底、火山等。机器人正在成为在那些对于人类而言难以接近（或很危险）的区域收集信息、执行特定任务的有效工具。

2. 航空航天机器人

航空航天机器人能够帮助航天员在宇宙中进行工作。从机器人的概念来讲，它们既可以和人一起工作，也可以代替人完成危险性很大的工作，扩大了人类的活动范围。航空航天机器人在完成具有一定难度的任务时没有专用的设备，也不用设计程序，这一工作完全由地面处于遥测操控状态的操纵员来控制。它们最主要的优点就是机动性强，而这正是穿着笨重航天服在开阔的宇宙中工作的航天员所欠缺的。

航天机器人中的星际探索机器人，是当今"智能化"程度最高的机器人。因为在太空中，人类远程控制和干预能力变得非常有限，因此只能尽量依赖机器人自己的感知、认知（规划）、行动能力。但太空工作环境恶劣，这对机器人的行动带来了极大考验。

3. 军事机器人

军事机器人是指在军事领域，能够接收来自外部环境的信息，并在此基础上独立或在操作员控制下完成一定行动的自动化机器。它可以是一个武器系统，如机器人坦克，也可以是武器系统装备上的一个系统或装置，如军用飞机的"自动驾驶仪"、自动化程度极高的各种军用无人机。

与正常的军人相比，军用机器人在战场上具备许多优势，例如全方位、全气候的作战能力，较强的战场生存能力，绝对服从命令、听从指挥等。最重要的是，军用机器人可以代替士兵完成各种极限条件下的危险任务，使得战争中绝大多数军人可以免遭伤害。其中飞行机器人、无人机的研究和应用在近些年得到越来越多的重视。

在未来，军事应用机器人可能引起对抗格局的变化。在人工智能和高端制造产业的高速发展下，军事应用机器人发展的条件越来越成熟。从军事应用机器人的应用场景不断扩大来看，伦理问题并没有阻碍军事应用机器人的发展，更多国家追求的是解决技术和应用环节的问题。

7.6　智能机器人技术未来发展方向

在最初构建机器人时，研究者们只期待机器人能够帮助人们完成一些简单的工作，例如搬运、组装等。然而随着技术的不断发展，人们的期待不再仅局限于希望机器人执行最初期待的那些简单任务，或者说，在机器人领域，人们有了更大的野心，希望机器人更加智能，不仅可以帮助人，还要效仿人、增强人的能力，根据人的形象重新创造，或以更高效率、更低成本替代人类。总的来说，就是要求机器人执行那些除了一般任务以外的"不平凡的任务"——智能机器人要能够做家务、进行手术、提供娱乐、进入危险场所，甚至安全驾驶无人汽车等。在未来，智能机器人可能需要执行更加困难的任务，并且比人类的表现更好。

人类习惯性地执行了数百年的工作，现在正慢慢由智能机器人承担。在未来，机器人技术需要在运用人工智能技术、云计算、移动技术、仿生技术、系统设计、物联网等方面不断改进，来推动机器人技术在现有领域和更广阔的领域不断向前发展。

7.6.1 智能机器人技术发展

全球智能机器人基础与前沿技术正在设计工程材料、机械控制、传感器、自动化、计算机、生命科学等各个方面迅猛发展，大量学科正在相互交融、互相促进，其发展趋势主要围绕人机协作、人工智能和仿生结构3个重点展开。

从智能机器人的各项关键技术的未来发展角度上说，为了使机器人更加全面、精准地理解环境，需要机器人配置视觉、声觉、力觉、触觉等多种传感器，通过多传感器的融合技术与所处环境进行交互，使机器人在动态和不确定的环境下，完成复杂和精细的操作任务。一方面，需要借助脑科学和类人认知计算方法，通过云计算和大数据处理技术，增强机器人感知环境的能力以及理解和认知决策能力。另一方面，需要研制新型传感器和执行器，使机器人能够与作业环境、人和其他机器人进行自然交互，自主适应动态环境，提高作业能力。

此外，当今兴起的虚拟现实技术和增强现实技术也已经应用在机器人中。与各种穿戴式传感技术结合起来，采集大量数据，并采用人工智能方法来处理这些数据，可以让机器人实现自主学习人类技能、进行概念抽象、实现自主诊断等功能。下一代智能机器人技术将沿着自主性、智能通信和自适应性三个方向发展。

接下来的部分将从人工智能技术在机器人领域的应用、云机器人、物联网应用、仿生技术等多个角度，展开讨论智能机器人的技术发展问题。

1. 人工智能技术在机器人领域的应用

把传统的人工智能符号处理技术应用到机器人中并不容易，一般的工业机器人的控制器，本质上是一个数值计算系统。把人工智能系统（如专家系统等）直接加到机器人控制器的顶层并得到一个好的智能控制器是很困难的。因为符号处理和数值计算在知识表示的抽象层次以及时间尺度上有着很大差距。把两个系统结合起来，相互之间将存在通信和交互的问题。这种困难具体表现在两个方面：

1）传感器所获取的反馈信息通常是数量很大的数值信息，符号层一般很难直接使用这些信息，需要经过压缩变换、理解后将它转变成为符号表示，这往往是一件很困难又耗费时间的事。信息来自分布在不同地点和不同类型的多个传感器，当信息受到干扰和各种非确定性因素的影响时，可能存在畸变、信息不完整等缺陷，使上述的处理、变换更加复杂和困难。

2）从符号层形成的命令和动作意图，要变成控制级可执行的命令，也要经过分解、转换等过程，这也是困难和费时的工作。它们同样受到控制动作和环境等非确定性因素的影响。

为了将人工智能技术应用到机器人的开发设计中去实现机器人的智能化，研究者们将面临许多困难且需要做长期的努力，并进行大量深入的研究。例如，需要研究机器人系统的思维方式、机器人所需的环境模型的设计，以及建立怎样的环境模型，等等。人们试图暂时抛开人工智能中有关各种根本性问题的讨论，而把着眼点放在一些较成熟的技术上，然而人工智能技术本身尚且不够成熟稳健。因此，将人工智能技术完全契合地融入机器人的设计开发当中还有很长的路要走。

2. 云机器人

云机器人是指将云计算技术基础的 Web 服务技术和面向服务的 IT 架构方法应用到机器人技术中。云机器人系统充分利用了网络的泛在性，采用开源、开放和众包的开发策略，极大地扩展了早期的在线机器人和网络化机器人概念，提升了机器人的能力，扩展了机器人的应用领域，加速和简化了机器人系统的开发过程，降低了机器人的构造和使用成本。就当前的云机器人设计来说，需要考虑两个方面的工作：

1）利用云服务器的计算资源来提高机器人的能力。基本思想是采用云计算来处理机器人操作所需要的各种计算任务，如行为规划和感知。这种"远程大脑"能增强单体机器人的能力，同时降低对成本和能源的要求。实现这一思想的难点在于如何分解任务并卸载到云端执行，另外，还要考虑网络的稳定性和延时对任务的执行效率带来的影响。

2）通过云计算实现知识共享和语义信息交换。欧洲科学家启动的 Robo Earth 和 CoTeSys 两个项目试图解决异构机器人之间的信息共享问题，将关于机器人的操作策略、任务目标等信息聚合和累积到 Web 服务器中，通过参考这些信息，使机器人可以自动生成提供服务所需的操作命令。实现这一思想的难点在于明确知识的表示方法、服务的组合算法等。

虽然现阶段云机器人的研发工作刚刚起步，但随着机器人无线传感、网络通信技术和云计算理论的进一步综合发展，云机器人的研究会逐步成熟化，并推动机器人应用向更廉价、更易用、更实用化发展。同时，云机器人的研究成果还可以应用于更广泛的普适网络智能系统、智能物联网系统等领域。

3. 物联网应用

无线网络和移动终端的普及使得机器人可以直接联网，不用考虑由于其自身运动和复杂任务而带来的网络布线困难，同时，多机器人网络互联也给机器人协作提供了方便。

在物联网领域，现有研究主要集中在智能化识别、定位、跟踪、实时监控和管理等方面，但其应用在很大程度上无法实现智能移动和自主操作。事实上，作为信息物理融合系统的具体实例，通过将物联网技术与服务机器人技术有效结合，构建物联网机器人系统，能够突破物联网和服务机器人的各自研究瓶颈，并实现两者的优势互补，具体如下：

1）由感知层、网络层、应用层构成的物联网能够为机器人提供全局感知和整体规划，弥补机器人在感知范围和计算能力上的缺陷。

2）机器人具有移动和操作能力，可作为物联网的执行机构，从而使其具备主动服务能力。

总而言之，物联网机器人系统是物联网技术扩展自身功能的一个重要途径，同时也是机器人进入日常服务环境提供高效智能服务的可行发展方向，尤其是在环境监控、突发事件应急处理、日常生活辅助等面积较大、动态性较强的复杂服务环境中具有重要应用前景。

4. 仿生技术

研究仿生技术的目的是开发"仿生机器人"，即可以模仿生物、从事生物特点工作的机器人。目前在西方国家，机械宠物十分流行，如仿麻雀机器人可以执行环境监测的任务，具有广阔的开发前景。仿生机器人的研究是以机器人技术和仿生学的发展为基础的，它模仿的生物特征在经过了长期的自然选择后，在结构功能执行、环境适应信息处理、自主学习等诸多方面具有高度的合理性和科学性。人类通过学习和研究自然界的生物特性，模仿并制造出能够代替人类从事恶劣环境下的工作的仿生机器人，希望以此提高人类对自然的适应能力和改造能力。人类很有可能在 21 世纪进入老龄化社会，研发"仿人机器人"将弥补年轻劳动力的严重不足，解决老龄化社会的家庭服务和医疗等社会问题，并能开辟新的产业，创造新的就业机会。

智能机器人是自动化领域的重要主题，经过人类几十年的开发和研究，机器人技术已取得了巨大的进步。虽然目前对机器人的研究已取得了许多成果，但当今大多数机器人仍然不够智能。随着如云计算、大数据、深度学习、生物工程等技术的快速发展，如何让这些技术与机器人技术相结合将成为智能机器人研究领域的新课题，并具备重要的现实意义。

7.6.2 智能机器人应用前景

目前，我国工业机器人的研发仍以突破机器人关键核心技术为首要目标，现已初步实现了控制器的国产化。我国服务机器人的智能水平快速提升，已与国际第一梯队实现并跑。特种机器人主要依靠国家扶持，其研究实力基本能够达到国际先进水平。总的来说，机器人技术与产业的发展呈现出以下几方面的发展趋势。

1. 工业机器人需求持续增长，机器人密度增加，市场潜力依旧

我国工业机器人市场保持向好发展，约占全球市场份额的三分之一，是全球第一大工业机器人应用市场。2019 年，我国工业机器人市场规模达到 57.3 亿美元，到 2021 年，国内市场规模会进一步扩大，预计将突破 70 亿美元。按照应用类型分，目前国内市场中，搬运上下料机器人占比最高，生产制造智能化改造升级的需求日益凸显，工业机器人的市场需求依然旺盛。

机器人密度是指在制造业中每万名雇员占有的工业机器人的数量。另一种衡量机器人密度的方法是测算在汽车制造业中每万名生产工人占有机器人的数量。日本和韩国的机器人密度相当高，其中，日本汽车工业中的机器人密度处于世界领先地位，紧接着是美国、

意大利、德国、法国、英国、西班牙和瑞典。随着工业界对精密加工和高端制造的需求持续增长，机器人的密度将进一步增加。

2. 应用范围遍及工业、科技和国防的各个领域

在日本，工业机器人应用得最多的工业部门依次是家用电器制造、汽车制造、塑料成型、通用机械制造和金属加工。其中，用于汽车和家用电器制造的机器人数量占总数的一半以上。在美国，制造工业中的焊接、装配搬运、装卸、铸造和材料加工使用的机器人占多数。在俄罗斯，机器人的应用范围包括钟表和汽车零件的组装、原子能电站的维护、锻压加工、水下作业、装卸作业，以及对人体有害物质的化学处理等。此外，空间机器人、水下机器人和军用机器人的开发与应用，也具有十分可观的发展前景。其中特种机器人的应用场景范围不断扩展，尤其是在地震、洪涝灾害、极端天气，以及矿难、火灾、安防等公共安全事件中。2019 年，我国特种机器人市场规模达 7.5 亿美元，增速达到 17.7%⊖，高于全球水平。目前，我国的特种机器人部分关键核心技术已取得突破，在无人机、水下机器人等领域已形成了规模化生产。到 2021 年，特种机器人的国内市场需求规模有望突破 11 亿美元。

3. 服务机器人发展方兴未艾

2019 年，我国服务机器人市场规模达到 22 亿美元，同比增长约 33.1%，高于全球服务机器人市场增速。服务机器人智能相关技术可比肩欧美，创新产品大量涌现。到 2021 年，随着停车机器人、超市机器人等新兴应用场景机器人的快速发展，我国服务机器人市场规模有望接近 40 亿美元。⊖

如今，我国服务机器人的市场规模正在快速扩大，并成为机器人市场应用中颇具亮点的领域。老龄化社会服务、医疗康复、救灾救援、公共安全、教育娱乐、重大科学研究等领域对服务机器人的需求也呈现出快速发展的趋势。

4. 机器人向智能化方向不断发展

随着工业机器人数量的快速增长和工业生产的发展，人们对机器人的工作能力也提出了更高的要求，特别是需要各种具有不同程度智能的机器人和特种机器人。这种对智能化的需求主要体现在以下几点。

1）随着集成化、系统化生产需求的不断增强，人工神经网络技术、模糊控制技术以及基于 PC 的开放式控制系统将在对车间级机器人的控制中获得更多的应用。

2）为了满足极限作业、多作业对象、大作业对象以及长距离搬运作业对于机器人的需求，世界各国都在积极开展对机器人智能化移动（如自动飞行、跳跃、爬行、行走、滚动和滑动）的研究。

3）由于机器人的工作环境大多存在着许多不可预见的不稳定因素，因此想要实现其

⊖⊖　数据来源：IFR，中国电子学会。

智能化，首先要确保机器人安全可靠，需要其具有对外界各种情况的应变能力以及对自身软件的智能升级和智能诊断、修复能力。

4）随着新技术的出现，机器人智能化将存在新的实现途径。多种新技术的组合将开发出智能特性更加丰富的机器人产品。

5. 机器人向微型化方向发展

随着技术的不断进步，微型化成为机器人发展的另一个重要方向，毫米级甚至是纳米级的机器人将会广泛应用于医学、微加工、海洋和宇宙开发等领域。微型化的机器人能够适应管道、建筑废墟等复杂环境，并在其中自由移动。如果能对其运动进行更加精确的控制，还能将其应用到化工及核工业的管道以及人体器官中进行移动和作业。

6. 机器人的军用化方向快速发展

国外科学家认为未来军用机器人的发展趋向于采用第五代计算机，将突破模式识别关，即能够利用计算机或其他装置，对战场上物体、环境、语言、字符等信息进行自动识别，使之不仅能一目了然地认清目标的性质、目标之间的相互关系、目标在地理上的精确位置，还能使人和机器人之间进行语言交流。通过发展各种专家系统、软件程序，使机器人获得更高的智力，即分析、判断和决策能力，使之更加适应复杂多变的战场情况。

（1）提高机器人对环境的感测能力和反应能力

大多数机器人只装有内部传感器，因此对外部情况的感觉能力不高，反应比较迟钝。今后，军用机器人将重点发展外部传感器系统，如采用先进的光感受器、脑电波感受器、化学感受器、触觉感受器、听觉传感器等，使机器人能够做到"想""看""听""摸""写"等，并能识别出发生在它周围的事情和可能存在的危险，以提高其自身的快速反应能力。

（2）以柔性结构逐步替代刚性结构，提高机器人的战场灵活度

大多数机器人的操作系统都是钢质的机械装置，远不及人的肢体灵活自如。国外一些科学家正在开展对人体的肌肉和韧带等软组织的研究，希望能找到一种类似的柔性物质，替代机器人身上的刚性物质，以提高机器人的肢体的灵活性。估计到21世纪末这种研究会取得一些突破性进展。

（3）加强基础机器人的研究

科学家正试图实现机器人生产的标准化和软件系统的模块化，为组建机器人军队创造条件。鉴于五花八门的军用机器人为大工业的成批生产造成了困难，也不便于维修保养，国外一些科学家正在对研制中的各类机器人进行比较研究，综合选优，希望能使某一种机器人具有多种功能、多种用途，以减少专用机器人数量，提高基础机器人的质量，并使各构成部分标准化、通用化、模块化。这不仅为机器人工业化生产创造了条件，而且为尽早建立机器人新军奠定了基础。

　　总之，随着机器人研究的不断深入，一种高智能、多功能、反应快、灵活性好、效率高的机器人群体，将逐步接管某些军人的战斗岗位。机器人有组织地走上战场前线已不是什么神话。在未来，机器人势必将大规模走上战争舞台，带来军事科学的真正革命。

● **思考题** ●─○─●─○─●

1. 按照本章对智能机器人的定义，第 4 章案例讨论中出现的"聊天机器人"是真正的智能机器人吗？智能机器人与其他 AI 系统相比，最大的不同是什么？
2. 随着越来越多的智能机器人出现在人们的生活中，你觉得恐怖谷效应会一直持续吗？智能机器人外观上像人类的利弊各是什么？
3. 请自行了解"阿西莫夫三大定律"。你认为智能机器人的设计和使用是否应该符合人类的伦理道德？该如何做？
4. 人类和智能机器人相比，各自的优缺点是什么？

第 8 章 ●─○─●─○─●

人工智能的产业应用（一）

本章着重介绍人工智能在不同行业中的产业应用情况，主要包括制造业、家居生活产业、医疗产业、汽车产业等。其中，智能制造发展时间长，体系也日趋完备。智能家居生活产业的产品尚未完善，市场正在逐步培育。智能医疗产业由于涉及审批机制，市场尚未形成规模。预计到 2022 年，全球人工智能应用层产业规模将达到 1 000 亿美元，其中，智能机器人、智能驾驶、智能教育、智能安防及智能金融的占比将超过 68%，同时我国人工智能应用层产业规模将突破 500 亿美元。

8.1 人工智能 + 制造

人工智能 + 制造的融合场景主要有以下几类：智能研发设计、智能工业生产制造、智能工业质检、智能工业安检、智能设备维护、智能仓储物流等。其中，智能工业质检与智能工业安检是人工智能在制造领域成熟度最高的应用，利用图像识别与深度学习技术可以解决传统质检人工成本高、无法长时间连续作业、只能抽检等痛点，进而大幅提升产品质检效率和缺陷准确率。智能工业生产制造与智能仓储物流也广泛应用机器人，通过人工智能算法规划生产与路线，提升生产效能，节省运输成本。关于智能数字工厂，虽然目前已有部分国际企业取得了一些进展，但总体依然处于探索阶段。

8.1.1 智能研发设计

智能研发设计是生产周期中的首要环节。人工智能助力智能研发设计业务主要体现在对研发过程中的市场产品需求预测与智能设计软件两方面。

市场产品需求预测的需求点是基于销售数据建立用户画像模型，预测产品销售情况。人工智能的解决方案包括：通过智能终端获取用户数据；通过用户数据建立用户画像；通过建模参数优化给出预测的营销支撑数据，判断客户购买意愿；针对不同客群优化销售营销策略等。其难点及风险主要有用户数据标准化程度低，客户行为分析难度较高，用户数据多涉及个人隐私及商业机密，数据获取困难。

智能研发设计主要是采用智能助手，为设计师提供满足相关标准的设计参数或设计方案建议。其解决方案包括：根据国标及行业标准，建立标准件参数库；以成熟产品的设计参数建立数据库，对不同类型产品参数进行分类；以分类后的参数库作为训练样本，对深度学习算法进行训练；在用户开启智能功能时，为非标准件提供参数建议；基于知识图谱组建智能研发设计模块。具体难点及风险包括：国标及行业标准数据冗杂，机器学习样本分类难度大；直觉型 AI 的稳定性和可解释性较差，应用效果难以保证；技术推广前期市场接受度较低。

人工智能赋能后的智能设计能够缩短设计周期来增强产品占领市场的核心竞争力，减轻人类设计师工作负担，发挥人类独特的优势：专业判断和审美感受。基于知识图谱的智能设计模块能够避免因设计失误而造成的设计方案反复修改，提升产品的市场竞争力。

应用实例

欧特克（Autodesk）是著名的设计软件 AutoCAD 的供应商。基于人工智能算法，欧特克推出了新一代的智能 CAD 设计系统——"捕梦者"（Dreamcatcher）。Dreamcatcher 是一个生成性设计系统，它使设计师能够通过目标和约束来定义他们的设计问题，这些条件和约束信息用于合成满足目标的替代性设计解决方案。设计师能够在许多替代方法之间进行权衡，并为制造业选择设计解决方案。

Dreamcatcher 系统允许设计师输入特定的设计目标，包括功能需求、材料类型、制造方法、性能标准和成本限制。系统加载了设计需求后，会搜索一个程序化的综合设计库，并对大量生成的设计进行评估，以满足设计需求，然后将得到的设计备选方案以及每个解决方案的性能数据返回给用户。设计人员能够实时评估生成的解决方案，并可随时返回到问题定义，以调整目标和约束，从而生成优化后的新结果。一旦设计方案达到令人满意的程度，设计师就可以将设计输出到制造工具，或者将得到的几何图形输出到其他软件工具中进行使用。

8.1.2　智能工业生产制造

基于 AI 的各种工业机器人正在生产制造中发挥作用。随着柔性生产模式的转型，具备感知、规划、学习能力的智能定位机器人和智能检测机器人加速出现，智能定位机器人通过机器视觉系统，结合双目摄像头，引导机械手进行准确的定位和运动控制，不仅可以完成对工件的抓取和放置等操作，同时还能进行焊缝、抛光、喷涂、外壳平整等多项作业。

协作机器人能为柔性制造提升加工精度，为人机协同降低用工成本，为多级并联提高生产效率。协作机器人的解决方案是通过人工智能模块加载，实现人机协同和多机协作，通过算法训练，对机器加工力度、精度等提供校准、纠错等辅助功能。但协作机器人目前仍处于初级人工智能阶段，其技术达不到实现人机互动、人机协同。

焊接机器人的用途是提高焊接效率、减小焊缝间隙、保持表面平整。人工智能可以针对焊接精度进行算法补偿，针对焊接定位误差、焊接面积误差等进行辅助修正，以提高精度。但其更多的是起到焊接工艺补偿的辅助功能，在控制算法、视觉算法等方面有待提升，并且焊接知识尚无法通过模块化处理，算法模型也难以进行训练。

制孔机器人的优势是提升制孔精度和制孔定位误差补偿，面板基孔能够自动预设，控制算法能实现定位精度动态补偿。其风险在于目前大多数主机厂商存在工件的数字模型不完整的问题。

在自动生产调节方面，特殊行业制造往往需要恒温、恒压、恒湿的无尘环境以及洁净的压缩空气，而制造压缩空气的大型机台需要使用冷却水，但厂务站房里的空压机和冰机的耗电量占到了厂务系统的 60% 以上。对此，解决方案是根据厂务运转机理和历史运行数据对厂务系统进行建模，输入可调参数，输出厂务运行状态，用深度学习算法拟合输入与输出的关系，把依靠人的观察和经验调节变为系统智能建议调节，把滞后的应激式调节变为前瞻的预测性调节，把设备定期维护变为实时监测设备状态和预测性维护报警。

应用实例

库卡（KUKA）机器人公司于 1995 年建立于德国巴伐利亚州的奥格斯堡，是世界领先的工业机器人制造商之一。库卡工业机器人的用户包括通用汽车、克莱斯勒、福特、保时捷、宝马、奥迪、奔驰、大众、法拉利、哈雷戴维森、一汽大众、波音、西门子、宜家、施华洛世奇、沃尔玛、百威啤酒、可口可乐等。库卡机器人可用于物料搬运、加工、堆垛、点焊和弧焊，涉及自动化、金属加工、食品和塑料加工等行业。

在物流运输中，工业机器人可在运输超重物体中起到重要作用，主要体现在负重及自由定位等功能上。在金属加工行业中，其主要应用领域为金属钻孔、铣削、切割、弯曲和冲压，也可以用于焊接、装配、装载或卸载工序中。在石材加工中，工业机器人可用于石板桥锯以及全自动 3D 加工。在铸造和锻造业中，工业机器人可以直接安装在铸造机械上，因为它耐高温、耐脏。在去毛刺、打磨及钻孔等加工过程及质量监控过程中均可使用到库卡机器人。在玻璃制造行业中，尤其是实验室器皿制造、制胚及变形等工作中，均会用到库卡机器人。

8.1.3　智能工业质检

智能工业质检系统可以逐一检测在制品及成品，准确判别金属、人工树脂塑胶等多种材质产品的各类缺陷，被广泛应用于生产制造的工业质检工作中。人工智能利用机器视觉技术，让质检线拥有一双会思考的眼睛。在引入 AI 质检员之后，无论是时间还是人力成本都有所节省。AI 质检适用于众多业务场景，包括但不限于 LED 芯片检测、液晶屏幕检测、光伏 EL 检测、汽车零件检测等。当前制造业产品外表检查主要有人工质检和机器视觉质检两种方式，其中人工占 90%，机器只占 10%，且两者都面临许多挑战：人工质检成本高、误操作多、生产数据无法有效留存，机器视觉质检虽然不存在这些问题，但受传统特征工程技术限制，其模型升级及本地化服务难度较大。

在 3C 显示屏智能质检中，显示屏表面的微小缺陷难以被察觉，人工观察难度大、成本高，并且显示屏涉及复杂的物理原理，缺陷成因难以依靠机理模型确定。人工智能的解决方案是在屏幕质检环节增加工业相机，作为质检人员的辅助工具，以减轻质检人员工作量，降低检测失误率。此外，在 AI 算法方面，还要对已有故障屏幕进行多角度拍照，以图像作为训练样本，对屏幕故障模式进行机器学习，通过机械臂机构和光学成像方案，实现对 3C 零部件外观多个表面的缺陷检测。

在钢铁行业中，长期以来，钢铁产品的内部缺陷、强度硬度等内在质量只能依靠离线实验方法进行检测，在线检测方法所依赖的机理模型均存在较大的偏差。基于人工智能算法，可以降低检测结果对机理模型的依赖，提高准确性。人工智能的解决方案是结合现场已有的工业仪表，增加超声或 X 射线检测设备，并通过信息技术实现检测数据的实时采集与处理，对产品取样后，还能进行材料学实验检测，并结合超声和射线成像数据，对质量波动的数据进行标定。

应用实例

百度的智能工业质检 IQI 系统（见图 8-1）基于 AI+ 视觉识别技术，实现了产品的缺陷识别及分类，以及工业产品外观表面的细粒度质量检测，主要应用于 3C 电子产品、钢铁、能源、汽车等领域，可全面赋能工业质检和巡检场景。IQI 系统支持"端云一体化"的方式，云端支持深度学习模型训练闭环，同时通过边缘计算支持模型下发和数据回传，还可提供完整的一体化方案，帮助客户实现智能制造及工业 4.0 时代的产业升级，满足不同行业和不同客户的多层次需求。该系统能基于自有数据进行模型训练，并可通过不断增加数据持续优化模型，提升模型性能。

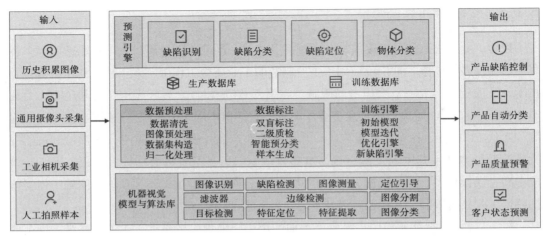

图 8-1   百度智能工业质检 IQI 系统

图片来源：https://cloud.baidu.com/product/aiiqi.htm.

8.1.4   智能工业安检

基于人工智能的安检在业务场景上被广泛应用于厂区管理、安全生产、环境监控、仓库等场景。它以计算机视觉技术为核心，用机器视觉代替人力肉眼的监管，能真正做到解放人力、24 小时无缝无死角监管，大大节省了人力资源，同时使得安检处置手段更为高效化和多样化。

智能工业安检具有以下特点。在厂区管理中，可借助人脸识别技术，针对员工进行人脸识别，进行人脸考勤与非员工或陌生人识别。在车辆管理方面，能够进行车牌识别、人车匹配、车辆停留检测等。在安全生产方面，通过视觉识别系统，能够检测员工的安全帽佩戴情况、工服着装情况等。针对生产机械，可以进行操作距离检测、操作区闯入检测、机器运转状态检测等。针对危险行为监测，可以识别吸烟、打斗等个人行为。在环境检测监控安全方面，能够将高清摄像头拍取的视频数据用作模型训练，识别烟火、油滴漏等安全漏洞。

在冶金行业的智能管网管理中，高炉煤气是高炉炼铁过程中的重要副产物，经管道回收后可输送至下游生产车间充当主要能源介质。然而在生产过程中，高炉产气波动不可预知，且下游用户用气节拍不协同，导致产气与用气不平衡。人工智能解决方案可实时监测管网压力及各设备产气和用气波动，可利用机器学习算法建立高炉煤气产生的预测模型，对未来煤气产生量进行预测，还可以结合预测数据和煤气管道压力监测数据，保障关键用气工序节拍稳定，对异常用气操作进行监测和预警。

在电力巡检领域中，人们通常希望能够降低人力巡检成本，提高巡检效率。人工智能的解决方案是通过无人机、巡检机器人等智能装备对电力设备运行状况、运行参数进行记录存档，通过智能算法分析数据，提升巡检效率和隐患识别率。其难点及风险是巡检环境复杂多变，对巡检设备及 AI 技术要求高。

应用实例

　　百度大脑推出了"工厂安全生产监控解决方案"，其方案实现流程为，在厂区内布设摄像头采集视频，通过前置计算设备或服务器集成的定制化 AI 识别模型进行分析，针对不同的摄像头，灵活配置监控的事件及使用的模型，实时将危险事件及各种统计结果反馈给工厂安全生产管理系统，实现生产管理联动。以安全着装规范识别为例，它能实时监测员工着装是否符合安全防护标准，如安全帽、静电帽、工作服、手套、口罩、绝缘靴穿戴情况等。此外，还能实现作业区危险行为监测，如实时监测作业区使用手机、打电话、跌倒、人员违规闯入、车辆违规停留等行为。还可进行生产机械安全监控：实时监测生产车间内各种生产设备、工作区的安全作业情况，如行吊的起吊高度、绞龙启动后防护区人员逗留、工人操作中手与木盘距离等。

8.1.5　智能设备维护

　　人工智能在降低设备维护维修的工作量、提高维修响应能力、保证备件供给效率和质量等方面都可以发挥作用。借助人工智能，可以实现设备维护的智能化、可视化和服务化。

1. 智能化

　　人工智能可以凭借故障描述，从历史维修经验中进行查询匹配，大幅降低故障判断错误率，有效提升故障处理效率，实现维修知识共享和精准技能培训。人工智能还能用于基于预测性维修的智能诊断辅助与远程维护支持。预测性维修是指在故障早期发现设备隐患和缺陷，进而采取干预措施策略。例如，AR 智能眼镜可以通过传感器获取诊断数据，构建故障检测模型，通过云计算排患检查，生成远程诊断报告。

2. 可视化

　　维修维护动态监控可视化系统能够实现从报修到开机检验的全过程管理，形成作业动态管理，并生成一个综合的可视化看板系统。

3. 服务化

　　服务化是指工业互联网条件下的维修模式变革，如 IT 运维外协普及降低设备维护业务成本。非制造整体的运维托管业务允许工业企业将能源（水、电、冷气、热能）供给委托给第三方管理，以实现日常运作、维修维护、设备无人值守、虚拟巡检、预测诊断等方面的全方位管理。

　　总之，基于人工智能的设备维护正在智能化、可视化、服务化方面发挥着重要的作用。

应用实例

美国电力公司（AEP）基于 ABB 公司的 ABB Ability 平台实现智能设备维护。公司以往主要依靠现场诊断对设备运行数据进行分析，工作效率较低，时常面临高压设备带来的安全危险，而零部件的更换维修则主要依据产品手册、设备寿命来确定。通过合作，ABB 公司为美国电力公司的变压器、断路器和蓄电池分别加装了 8 600 个、11 500 个和 400 多个传感器，对设备进行智能化数据采集、诊断与分析，并形成有效的设备维护方案。ABB Ability 平台结合 AI 算法，借助多功能智能仪表盘，运用可视化方法呈现变压器状态、故障概率，运用历史数据与知识库分析算法来智能化地提供专家维修行动建议。凭借 ABB Ability 平台，美国电力公司可以实时监控其设备参数，实现设备预测性维护。其高压设备运行、维护风险降低了 15%，设备寿命延长了 3 年，维护成本降低了 2.7%，设备维护效率提高了 4%，维护策略成效提升了 8%，有效降低了设备的维护成本。

8.1.6　智能仓储物流

AI 技术在仓储物流领域的应用空间非常广阔，自动运输小车（AGV）已经实现大规模应用，其他新技术也越来越受到业界重视，如无人驾驶货车、司机监督系统、无人航空运输、自动化仓库、AGV 无人叉车、智能路径规划、无人配送等。如今大量物流仓储中心都在应用 AGV 和全自助仓。AGV 可以根据订单需要及仓库信息，自动驶向货架并将其抬起，配送到配货站。在节点运输方面，路径优化、无人驾驶货车、无人机等正在研发，部分已投入应用。

智慧物流能满足运输路线智能规划的需求。例如，精细化工、食品饮料等产品往往具有时效性，需要保证在保质期内送至用户指定位置。与此同时，居高不下的运输成本已成为各企业痛点。智慧物流考虑将车辆启用成本、单公里成本、油价、阶梯费等综合运输成本进行优化，提供最优路径。人工智能还能为企业提供持续的云技术支持，确保运输路线的实时最优调整。

在终端配送方面，无人机、无人车目前尚处于测试阶段。无人车可以自动行驶到用户定位的位置，并发短信通知用户取货，但无人车目前在复杂环境中的稳定性较差。尽管如此，依然有很多企业在积极进行测试，如京东、邮政的无人车配送。无人机本身续航能力有限，适合在物流的终端进行投送，国外有一些正处在测试阶段的案例，如亚马逊的无人机方案。

应用实例

京东物流隶属于京东集团，将物流、商流、资金流和信息流有机结合，通过布局全国的自建仓配物流网络，为商家提供一体化的物流解决方案，实现库存共享及订单集成处理，可提供仓配一体、快递、冷链、大件、物流云等多种服务。在京东物流全国首个电商无人分拣仓库"亚洲一号"（见图 8-2）里，众多 AGV 同时调度，可完美完成运行作业。

该项目不仅是国内首个基于自然无轨导航技术，在复杂多变、大规模调度生产环境中实现应用的案例，同时也是国内首个成功实现全过程无人化的案例。昆山无人分拣中心作为京东物流众多无人化战略项目中的一个，聚焦整个转运环节的无人化，定位于通过机器替代人工，实现货物的快速、高效中转，同时解放人力，大幅降低现场运营异常，提高客户满意度。该中心主要分为自动卸车区、到件缓存区、空笼存放区、倾倒区（将笼箱内货物倾倒放入输送线）、单件分离区、分拣区、空笼等候作业区、AGV 充电区、RFID 识别区、AGV 自发货区（装车区）等多个功能分区。

图 8-2　京东"亚洲一号"无人分拣仓库

图片来源：https://zhuanlan.zhihu.com/p/33830809.

8.2　人工智能 + 家居生活

智能家居生活提供了更安全、更舒适、更高质量的居住环境。智能家居通过对通信技术、智能控制技术、自动化控制技术进行综合运用，将包括智能家电、家具、安防控制设备等在内的硬件，与包括控制系统、云计算平台在内的软件，共同组成了一个家居生态圈，通常可以起到提高生活效率、质量，降低能源消耗等作用。智能家居可实现的功能有用户远程控制设备、设备互联互通、远程监控，以及通过收集、分析用户数据等行为，对家居环境进行美化、优化，使之成为更加便捷、节能、高效的生活环境。

8.2.1　智能安防

传统的家居安防仅限于防火、防盗，并且往往和其他家居功能割裂开来，未来的智能家居将向多功能、一体化、全屋系统方向发展。目前，智能安防通常被合并为家居物联网体系中的重要一环，能够让使用者在一个操作平台上一次性解决多种问题，把烟雾和燃气传感器、智能监控摄像头、网络报警灯系统集成在一起。例如，通过人脸识别可判断对方是可疑人物还是信任对象。近期发布的各式居家机器人，也能够实时监控家中的环境，并且可基于语音交互技术，实时反馈家中安全问题，也可解决更多、更复杂的操作，例如网购、打电话、操控其他设备等。

8.2.2　智能家电

智能家电系统能够串联所有基于人工智能的家电产品，用户可通过智能音箱进行语音控制，实现听音乐、获取信息、辅助生活管理等，还可通过音箱语音控制家中其他智能家电或者智能受控设备。除了让音箱成为家庭中控，电视等家电设备也可拥有独立语音系统，实现音量调整、频道更换、快进后退、资源搜索等功能。计算机视觉技术可以实现对电视视频内容的识别，用户可及时了解其感兴趣的演员的信息。监控系统中的监控摄像机也可搭载视觉算法，实现智能追踪、移动物体识别、人体走动、音响关联关系等，有效保障家庭财产安全。机器人技术的逐步发展还让儿童机器人、陪伴机器人产品有了真正的生命力，百科知识、多语音能力让孩子在互动娱乐中轻松学习，寓学于乐。除此之外，还有承担家务的工作机器人等。

应用实例

小米智能家居是围绕小米手机、小米电视、小米路由器三大核心产品，由小米生态链企业的智能硬件产品组成的一套完整的闭环系统。该系统现在包括智能家居网络中心小米路由器、家庭安防中心小米智能摄像机、影视娱乐中心小米盒子等产品，可轻松实现智能设备互联，提供智能家居真实落地、简单操作、无限互联的应用体验。

8.2.3　智能社区与智慧物业

智能社区是对当前所谓的无线城市中的 e 化社区等注重宽带基础设施建设的区域概念的整合。智能社区未来在应用场景上，将实现物联化、互联化、智能化模式下的社区服务管理，将通过物联网和传感网，实现智能楼宇、智能家居、路网监控、智能医院、食品药品管理、票证管理、家庭护理、个人健康与数字生活等诸多领域的创新应用，把传统社区概念中的居民聚集区升级为具有智慧功能的"信息综合体"。

智慧物业集成物业管理的相关系统，如停车场管理、闭路监控管理、门禁系统、智能消费、电梯管理、保安巡逻、远程抄表、自动喷淋等，可实现社区各独立应用子系统的融合，进行集中运营管理。

智能社区还可以利用社区封闭、信任度高等优势，集成一定的电子商务服务、快递物流功能。智能社区也可以利用物联网技术，通过各类传感器，使老人的日常生活处于远程监控状态，发展社区级的智能养老。

8.3　人工智能 + 医疗

随着深度学习、图像识别等 AI 能力的提升，加上医疗大数据的不断累积，AI 在医疗领域开始显现威力。大量资本投入智能医疗行业，人工智能医疗应用落地项目越来越多。在"人工智能 + 医疗"应用场景中，较为热门的是疾病风险预测和医学影像，同时还有医疗问诊、手术辅助、健康管理、医药研发等。

8.3.1　智能疾病风险预测与健康管理

随着医疗大数据的不断云端化和机器学习能力的提升，人工智能在疾病风险预测及健康管理应用领域正在发挥越来越大的作用。在以前，病患可能等到症状非常明显、强烈才会前往医院进行就医诊断，很多重大疾病的最佳治疗时间都因此错过了。而有些病患在术后或治疗期内不方便前往医院进行复诊，无法得知自己病情的最新发展，也就无法及时调整自己的药物用量和获得最佳治愈方案。

可穿戴设备的普及和人工智能发展为高效远程医疗提供了可能性。疾病风险预测、健康管理将从被动的疾病治疗发展为自主监测健康管理。可穿戴设备可以从体温、血压、心跳、血氧、运动状况等方面捕获人们的各项生理指标，依据疾病数据库，采用深度学习算法，对个人信息进行分析，并预测出疾病可能性。同时还能依据预测结果，智能推送预防疾病方案，做好健康管理。这对慢性糖尿病的健康管理、心脑血管疾病复发预防等领域有很好的帮助。另外，医院也能够实现所有医疗数据、影像资料的云端化，积累更多可供分析的大数据，为日后更精准的人工智能判断、诊疗搭建基础。

应用实例

图 8-3 是一种可自动评价帕金森病情的可穿戴设备。它可根据某种机器学习算法来预测帕金森病综合评定量表（UPDRS）评分，并提醒患者寻医问诊。该评分与神经科医师在实际临床实践中的评分是相似的。该设备采用加速度计和陀螺仪组成的腕表式可穿戴装置来测量患者的震颤信号，其精确性和有效性均得到验证。

图 8-3　一种可自动评价帕金森病情的可穿戴设备

图片来源：http://glneurotech.com/kinesia/select-pdwearable/.

8.3.2 智能医学影像

目前较为火热的医疗影像智能分析主要运用人工智能图像识别技术帮助医生确定疾病和分析病情，辅助医生做出合理诊断。医学影像的商业落地起步于 2019 年，预计到 2022 年，其市场规模将达到 9.7 亿元。人工智能有效地降低了误判、漏判的概率，能给予患者最大的帮助。目前，AI 医学影像产品有肺结节等胸部 AI、心血管疾病 AI、大血管疾病 AI、DR 影像智能报告 AI、骨关节疾病 AI、乳腺影像 AI、神经系统影像 AI、骨龄判读 AI、小儿疾病 AI、盆腔影像 AI、脑部影像 AI、眼底影像 AI、皮肤 AI、病理 AI、超声 AI 等 10 余种，其中肺结节等胸部 AI 产品最多、认知度最高。AI 医学影像产品的主要价值包括：

1）诊断赋能：提高疾病表征的检出率，减少漏诊，帮助癌症等重大疾病患者实现早诊早治，提升病人存活率，降低家庭及社会诊疗成本。

2）治疗方案赋能：AI 对影像进行分割，精准确认病灶位置、形态，可辅助评估患者术前术后风险。不过其相关技术和产品尚不成熟。

3）阅片赋能：提升阅片效率，节约医师时间。

从 AI 产品的价值定位分析，其在很长时期内都以医院客户通过 IT 采购或科研合作形式付费为主，而 AI 产品的落地还面临准入门槛高、周期长、产品功能仍需完善等问题。

应用实例

腾讯的 AI 辅诊开放平台叫"觅影"，旨在依托该平台在医疗领域积累的医学知识图谱、诊断模型、病情理解、名医专家库等 AI 辅诊基础能力，深度切入医院的疾病预测、辅助决策、数据分析等应用场景，提供一站式的开放技术。AI 影像是其重要的医学应用。腾讯觅影现已在全国 100 多家三甲医院落地，覆盖食管癌、肺癌、糖尿病视网膜病变、乳腺癌、结直肠癌和宫颈癌 6 种疾病的早期筛查，已筛查出高风险病变 3.7 万例。以食管癌为例，一段时间以来，由于缺乏足够认知和有效筛查手段，中国的食管癌检出率一直低于 10%，而腾讯觅影对早期食道癌发现准确率高达 90%，截至 2018 年 9 月，觅影已筛查出 400 多例早期食道癌病例。此外，肺癌智能筛查系统基于腾讯深度学习技术，对数十万张肺部 CT 影像数据进行学习分析，通过对可疑结节精准定位，并进行全方位良恶性判别，为医生发现肺癌提供了全方位的辅助，从而提高了医生诊断的效率和准确率（见图 8-4）。

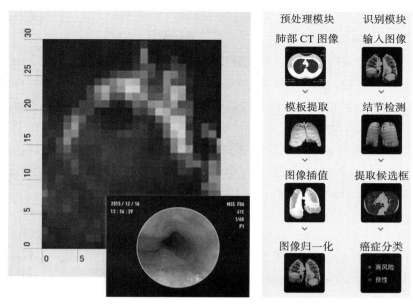

图 8-4　腾讯"觅影"AI 影像在医学中的应用

图片来源：https://miying.qq.com.

8.3.3　智能手术辅助

利用人工智能方法辅助和替代人类进行外科诊疗行为往往具有两个本质性特征：一是诊疗行为标准化，二是诊疗设计个体化。机器人手术系统的出现，特别是主从式机器人手术系统的出现，把远程操作变成可能，实现了离台手术。离台手术有很多的优势，包括可以减少感染、抖动，以及外科医生的疲劳等。最重要的一点是，离台手术第一次在外科医生手指活动和手术机械活动之间提供了人工智能等技术干预平台。比较出名的主从式机器人包括早期的 Zeus 系统和达·芬奇手术系统，达·芬奇手术系统是目前临床使用最广的系统。机器人手术与人工智能充分进行结合，其主要发展趋势包括以下几方面：一是轻量化，二是专门化，三是无线化，四是导航、标定和配准，五是智能化。

8.3.4　智能医药研发

越来越多的新型疾病，包括各种慢性病、突发的群体疾病等，让当今社会不得不投入更多的人力、物力和财力进行药品开发，但药物研发难度大且耗时，药企急需更快速有效的研发方式。新药研发通常需要 10 ～ 15 年的临床试验，还要进行成分比例和品种调整，其成功率不足 15%。这是一个繁复冗长、资本密集且风险极高的过程。而人工智能够模拟出各种不同的新陈代谢率、身体素质等环境，还能够通过疗效和副作用主动筛选匹配药物，检测出药物进入人体后的吸收、分布、代谢情况，也可以帮助研发人员确定药量、浓度、功效之间的关系等，让研发人员能够较为直观、快速地对新药进行观测，加快新药研发步伐。

具体而言，在靶点筛选方面，现代新药研究与开发的关键首先是寻找、确定和制备药物筛选靶——分子药靶。利用机器学习算法，能够复合设计、评估编码深层次的知识，从而可以全面应用于传统的单目标药物发现项目。AI 依据文献、医学数据、功能实验数据等，输出候选靶点及生物标志物。过去只能通过人工将已上市药物与人体的上万靶点进行交叉研究匹配，而利用 AI 辅助药物处理可极大提升"老药新用"的效率。在患者识别与招募方面，AI 对疾病数据的高效处理可使药企准确找到目标患者，缩短志愿者招募周期，降低由于无法在预定时间内招募合适患者而带来的时间成本损失。

应用实例

硅谷的 AI 公司 Atomwise 开发了 AIMS（Artificial Intelligence Molecular Screen）项目，计划通过分析每一种病毒中的数百万种化合物，加快药物研发速度。同时，该公司开发了基于卷积神经网络的 AtomNet 系统，该系统大量学习了化学知识及研究资料，能匹配在过去的实验中曾发生的事情。研究者发现 AtomNet 已经学会识别重要的化学基团，如氢键、芳香度和单键碳。该系统现已可以分析化合物的构造关系，识别医药化学中的基础模块，并用于新药发现和评估新药风险（见图 8-5）。

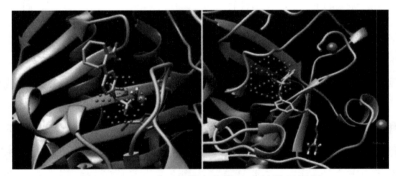

图 8-5 AtomNet 在化合物筛选中的学习识别

图片来源：https://www.atomwise.com/our-technology/.

8.4 人工智能 + 汽车

人工智能 + 汽车最典型的代表无疑就是自动驾驶和无人驾驶。自动驾驶有美国国家公路交通安全管理局（NHTSA）和美国汽车工程师学会（SAE）两种分级体系（见表 8-1）。分级越高的汽车，自动化程度越高，人为操作要求越低。两种体系下的等级依次从人工驾驶发展为完全自动驾驶。普遍认为，SAE 体系中 L4 和 L5 等级的汽车可称为无人驾驶汽车。

表 8-1 NHTSA 和 SAE 的自动驾驶分级

自动驾驶分级		名称	定义	驾驶操作	周边监控	接管	应用场景
NHTSA	SAE						
L0	L0	人工驾驶	由人类驾驶者全权驾驶汽车	人类驾驶员	人类驾驶员	人类驾驶员	无
L1	L1	辅助驾驶	车辆对方向盘和加减速中的一项操作提供驾驶，人类驾驶员负责其余的驾驶动作	人类驾驶员和车辆	人类驾驶员	人类驾驶员	限定场景
L2	L2	部分自动驾驶	车辆对方向盘和加减速中的多项操作提供驾驶，人类驾驶员负责其余的驾驶动作	车辆	人类驾驶员	人类驾驶员	
L3	L3	条件自动驾驶	由车辆完成绝大部分驾驶操作，人类驾驶员应保持注意力集中以备不时之需	车辆	车辆	人类驾驶员	
L4	L4	高度自动驾驶	由车辆完成所有驾驶操作，人类驾驶员无须保持注意力，但限定道路和环境条件	车辆	车辆	车辆	
	L5	完全自动驾驶	由车辆完成所有驾驶操作，人类驾驶员无须保持注意力	车辆	车辆	车辆	所有场景

无人驾驶汽车依靠 4 类技术体系：感知系统、控制系统、汽车通信、计算平台。

- 感知系统

    无人驾驶汽车的感知系统主要由摄像头和雷达两大类探测设备组成。由于各种感知方式在不同环境、不同距离作用上各有所长，因此采用多传感器融合的方式有利于保证全方位信息收集。其中，单目摄像头主要基于机器学习原理，使用大量数据训练进行环境识别，其在恶劣天气条件下表现不佳，但技术相对成熟，且价格低廉。双目摄像头基于视差原理，可在数据量不足情况下完成障碍物识别并提供距离，是目前主要的研究方向。其使用的毫米波雷达穿透能力强，具有全天时的特点，而激光雷达则可以实现百米范围内的探测，精度高达厘米级。目前激光雷达的生产厂商主要集中在国外。

- 控制系统

    无人驾驶汽车的行驶需要车辆控制学、汽车动力学、汽车工程学等诸多领域的技术协同配合，也需要汽车控制配件（刹车、转向、灯光、油门等）的支持。无人驾驶控制相关的技术和部件产品主要掌控在大型顶级公司手中，不管是在产品性能还是在价格上，顶级公司都有着绝对优势。

- 汽车通信

汽车通信是指通过车载通信设备完成人与车、车与车、车与环境的信息交互。例如车联网，包括车辆间、车辆对外界信息交换等，已经成为当今最有潜力的发展领域之一，但是仍需要相关机构设立统一的行业标准，实现信息互通。

- 计算平台

计算平台是无人驾驶的核心计算处理部分。无人驾驶系统的计算量、数据流非常大，需要较快的反应速度，因此必须匹配合适效能的计算资源来保证计算工作。无人驾驶计算平台市场目前主要在国际巨头间存在竞争。

目前，无人驾驶汽车产业链涉及企业众多，海内外巨头投资力度加大，初创公司也如雨后春笋。互联网企业凭借在人工智能和网络技术方面的优势，在无人驾驶市场表现亮眼，例如谷歌的无人驾驶汽车已经安全测试了上百万英里[⊖]，百度则是国内无人驾驶汽车领域最领先的企业之一。传统车企巨头，如 Tesla、Volvo、GM、BMW 等也纷纷计划于 2020 ~ 2025 年完成无人驾驶汽车的量产。根据商用模式划分，无人驾驶汽车包括无人驾驶乘用车、无人驾驶卡车和无人驾驶配送车。

8.4.1 无人驾驶乘用车

目前，公共道路上的自动驾驶测试大都是 L3 级别，即需要有一个驾驶员处理紧急情况。谷歌、百度等巨头正在研发测试更高级的商业化自动驾驶。

无人驾驶乘用车在硬件与软件方面对人工智能技术进行支持，使其完成驾驶任务。在硬件方面，无人驾驶乘用车上有各种敏锐的传感器、雷达、摄像头等，比人眼感知的范围更广，所以可以比人类更早做决策、更快做出反应。比如特斯拉研发的可完全支持自动驾驶的升级硬件（被称为 HW2），能够让汽车"看到"人类无法看到的世界（更远、更广、更清晰），可以同时看到多个不同的角度，超越人类能够感知到的范围。在行驶过程中，车内安装的全球定位仪将随时获取汽车的准确方位。隐藏在前灯和尾灯附近的激光摄像机随时探测汽车周围 180 米内的道路状况，并通过全球定位仪路面导航系统构建三维道路模型。此外，它还能识别各种交通标志，保证汽车在遵守交通规则的前提下安全行驶。安装在汽车后备箱内的计算机将汇总、分析两组数据，并根据结果向汽车传达相应的行驶命令。激光扫描器能够探测路标并提醒是否有车离开车道。在激光扫描器的帮助下，汽车便可以实现自动驾驶：如果前方突然出现汽车，它会自动刹车；如果路面畅通无阻，它会选择加速；如果有行人进入车道，它也能紧急刹车。此外，它也会自行绕过停靠的其他车辆。在软件组件方面，它装备了无人驾驶操作系统（包括感知、规划、控制以及汽车互联、数据平台接口等），还需要包括高精度地图在内的大量数据。

⊖ 1 英里 =1 609.344 米。

应用实例

　　谷歌母公司 Alphabet 旗下的无人车公司 Waymo 研发了一款无人驾驶乘用车，其正式上路的车款是与克莱斯勒合作改进的 Pacifica 混合动力商务车，首个试点城市是亚利桑那州郊区的 Chandler 市。在公共道路行驶时，车内将完全没有驾驶员，乘客一律坐在后座并系上安全带。前排座椅的背部有一块显示屏，可以简要标出车辆行驶的路面情况，以及与行人、建筑物和其他车辆的相对关系等。连接车顶的是一个小箱体，外置四个按钮，分别是开车、路边停车、锁车 / 解锁、即时呼叫客服，用户中途可以随时下车。

8.4.2　无人驾驶卡车

　　公路运输在物流系统中占有非常重要的地位，卡车驾驶的劳动强度大，对无人驾驶技术有切实的需求。此外，无人驾驶卡车主要行驶于高速公路，路况相对单一，对于自动驾驶和 AI 技术的要求也较低。目前，已出现的无人驾驶卡车商业试应用主要集中在物流园区、港口等封闭和可控场景，以及一些仓对仓的运输场景。

　　众多传统车企、互联网科技企业已在进行相关技术研发及商业化探索。沃尔沃公司于 2016 年推出沃尔沃 FMX 无人驾驶卡车，并在煤矿井下进行了测试。谷歌 Waymo 在 2017 年 6 月宣布其已在研发无人驾驶卡车，并且无人驾驶卡车可以插入现有物流系统中来分配负荷，连接托运人、工厂、配送中心、港口等。特斯拉于 2017 年 11 月发布具备自主驾驶功能的电动半挂式卡车 Tesla Semi。Uber 已使用无人驾驶卡车在亚利桑那州全境送货。图森未来已与陕汽、英伟达、AWS、彼得皮尔特等建立供应链合作关系，并在美国加州和中国河北省进行高速公路真实环境路测，其拥有的 5 辆完全无人驾驶重卡也在中国某港口进行了物流运输测试。2018 年 4 月，中国重汽豪沃 T5G 纯电动无人驾驶卡车在天津港成功试运营，实现了从岸边到堆场的全程自动驾驶运输，而苏宁、京东等国内电商企业也相继推出了其 L4 级别的完全无人重卡研发计划。

应用实例

　　2017 年 8 月，特斯拉为卡车申请自动驾驶路测。特斯拉负责人在写给内华达州机动车管理局官员的一封信中指出：路测的首要目标，是在内华达和加利福尼亚州连续对原型卡车进行测试，使它们在无人干预的状态下以编队或自动驾驶方式行驶。

　　2017 年 11 月 17 日，特斯拉在美国正式发布了具备自主驾驶功能的电动半挂式卡车 Tesla Semi（见图 8-6）。2018 年 3 月，Semi 第一次投入试用，而第一个试用 Semi 卡车的客户正是特斯拉自己。拖车内装载了特斯拉生产的电池组，准备从内华达州 Gigafactory 组装线开往加州 Fremont 工厂，车程为 260 ~ 270 英里（418 ~ 434 公里），大约要四个半小时。该款半挂式卡车配备有自动驾驶系统 Autopilot，能实现自动巡航等部分高级辅助驾驶功能，并且可以在检测道路出现紧急情况时自主刹车，甚至可以自动为驾驶员拨打急救电话。

图 8-6　具备自主驾驶功能的电动半挂式卡车 Tesla Semi

图片来源：https://wikimili.com/en/Tesla_Semi.

8.4.3　无人驾驶配送车

无人驾驶配送车往往采取封闭式箱体设计，车身即箱体，可用于放置货物、材料、产品等。车厢内温度、湿度传感器可收集车厢数据，基于深度学习技术，调节合适的温度与湿度。在驾驶方面，自带的激光雷达和深度摄像头通过图像分析，可以进行自动路径规划、躲避障碍物，甚至乘坐电梯。无人驾驶配送车通过 4G/5G 数据传输与控制中心连接，可以接受云端发号施令，遇到紧急情况还可向控制中心发送 GPS 定位并发出警报。其涉及多传感器融合、高精度地图、路径规划、自动驾驶等诸多前沿技术，需要高效的云端智能调度系统进行支持。

目前，无人工业配送方案在国内外得到广泛应用，例如国内的京东、菜鸟、顺丰等物流巨头都在布局。2018 年，在各种无人技术爆发后，无人配送更是成为一个行业热点。京东的战略是"三无"：无人机、无人车和无人仓，其无人机配送已在西安和宿迁实现常态化运营。无人车配送也正在高校和园区试点，例如在阿里巴巴西溪园区，菜鸟自己研发的末端配送机器人"小 G"已经运营了一年多。顺丰则将重点放在了无人机上，成立了无人机机队。"饿了么"此前也在无人机和无人车配送领域进行了尝试。在国际上，美国亚马逊公司也研发了无人配送车与无人配送飞机，完成了自动路程规划、道路识别、货物投递等任务。

应用实例

在美团无人驾驶配送车 Valeo Edeliver4U（见图 8-7）的设计方案中，该车原型长 2.8 米，宽 1.2 米，高 1.7 米，每次旅行可提供 17 顿外带餐，设计速度为 25 千米 / 时，最大为 50 千米 / 时，续航能力约 100 千米。Edeliver4U 还采用了 4 个 Valeo Scala 激光雷达（唯一成功应用于量产车的激光雷达）、1 个前置摄像头、2 个鱼眼镜头、6 个超声波传感器，并有相关软件和人工智能技术支持。智能调度中心将参与配送过程的人与无人设备整合，通过多维度数据综合运算，在最短的时间内给出最优配送方案，让人与无人设备协同作业，让配送更智能更高效。

图 8-7 美团无人驾驶配送车 Valeo Edeliver4U

图片来源：http://www.cheyun.com/content/32345.

● **思考题** ●━○━●━○━●

1. 自动驾驶汽车中用到的人工智能技术有哪些？
2. 人工智能＋医疗领域面临的挑战有哪些？
3. 请在泛娱乐行业找出人工智能应用的实例。
4. 请在电子商务行业找出人工智能应用的实例。

第 9 章 ●─○─●─○─●

人工智能的产业应用（二）

9.1 人工智能 + 金融

智能金融是以人工智能为代表的新技术与金融服务深度融合的产物，它依托于无处不在的数据信息和不断增强的计算模型，提前洞察并实时满足客户各类金融需求，真正做到以客户为中心，重塑金融价值链和金融生态。智能金融拓展了金融服务的广度和深度，践行了"普惠金融"的梦想。现阶段，智能金融呈现出 4 大特征，并真正实现了"随人、随时、随地、随需"。

1）自我学习的智能技术：人工智能将实现"感知—认知—自主决策—自我学习"的闭环，介入式芯片等新智能硬件将出现。

2）数据闭环的生态合作：企业的战略重点将从业务闭环转向数据闭环。正如宝洁与沃尔玛的合作模式：双方通过系统对接实现物流信息和销售信息的及时共享，最终通过数据和信息提升效率和利润。它不局限于当前的用户需求，会进行供需的修正和预测，提升可持续满足用户需求的能力。

3）技术驱动的商业创新：在金融领域，比起移动互联网时代的"渠道"迁移，人工智能时代更重视技术对风险定价等因素产生的影响，力图重构风险评估和管理模式，打造更为实时、主动、全面的风险管理体系。

4）单客专享的产品服务：基于海量的客户信息数据、精细的产品模型和实时反馈的决策引擎，每一个客户的个性数据都将被全面捕获，并一一反映到产品设计和定价中，从而不断拓宽服务边界。

总体而言，智能金融创新方向从金融服务的互联网化逐步深入到金融服务的技术重构、流程变革、服务升级、模式创新等，几乎渗透到了传统金融业务的方方面面。本节着重介绍代表性的应用领域：智能风险控制、智能投资顾问、智能投资研究、智能信贷评估、智能保险理赔等。

9.1.1 智能风险控制

风险控制是金融行业的基本工作之一，良好的风险控制对于任何金融机构来说都是一种保障。由于金融行业数字化建设较早，已经积累了大量数字化的交易、客户数据，且金融业有积极接受新兴技术的传统和市场认知环境，故而比较适宜进行 AI 算法模型的训练和应用。

目前，传统银行业务在处理数据方面比较依赖专家经验，系统应用的算法对人工数据标注有较高要求，在高并发事件中难以保障用户体验和准确性，对一些标签外、隐晦的欺诈行为没有拦截能力。同时，金融市场参与者众多，金融业务面临众多风险挑战：第一，群体欺诈行为多，且大多是有组织有规模的进攻。第二，数据使用困难，金融大数据积累多但非结构化。第三，高价值数据少，目前金融风控采取的数据多为日常交易数据，央行征信数据使用依然没有普及。第四，风险高，客群下沉，欺诈成本低。第五，数据量大，无法通过人工进行大规模审核，且成本高。

智能风险控制又称智能风控，主要依托高维度的大数据和人工智能技术，对风险进行有效的识别、预警、防范。智能风控整个流程主要分为数据收集、营销获客、客户建模、用户画像刻画、风险定价、贷后监控、逾期催收等。数据是智能风控的基础，金融大数据主要来源为网络行为数据、授权数据、交易时产生的数据、第三方数据等。例如用户的登录行为（时间、地点、IP 归属地、登录类型、登录结果等）、用户图关系（用户社交关系、资金关系）、弱相关数据（刻画消费习惯）等。利用这些可以实现实时性更高、个性化更强且覆盖人群更广的风控。其中，弱相关数据是对强相关数据的有效补充，能更加全面地刻画金融交易，识别不明显的欺诈模式。AI 技术在个人金融风控领域的应用可以用以下这个例子来说明。

1）营销获客：利用机器学习分析用户行为数据，实现定点、定时、连续的个性化营销、咨询与获客。

2）贷款申请：运用人脸识别本人身份。

3）贷款审核：通过微表情识别、语音识别把控个人生理特征、情绪特征，通过知识图谱、机器学习分析客户社交关系与行为。

4）贷后监控：通过弱相关数据判断社交情况，并实时把控风险行为。

5）逾期催收：可通过语音交互完成智能催收业务。

总体而言，以大数据为基础，应用机器学习算法，可以根据因果数据自行训练出适合的模型，在海量实时交易过程中做到高覆盖率、低拦截率、高准确率的风险把控。艾瑞咨询调查显示，在银行实际应用中，AI 风控系统可以仅拦截 80 ~ 120 笔就达到整体 80% 的欺诈拦截准确率，而传统方法则需要拦截上千笔交易才能达到同样的准确率。基于 AI 技术的应用能在大幅降低成本情况下提高银行风控业务执行效率。

应用实例

百度已推出了一整套反欺诈产品服务体系——"磐石反欺诈工程平台"。互联网金融机构和传统银行可根据自身的反欺诈策略和需求灵活选择相应的产品或服务，包括以生物识别提供用户身份认证，多头防控识别用户多头信贷行为，关联网络识别黑中介、团伙诈骗，等等。在实际应用中，如果一位学生向某教育信贷机构申请分期贷款，通过对用户资质进行审核，若发现该用户与诸多风险名单、恶意逾期用户、骗贷团伙关联密切，就会表现出集中的异常节点（见图 9-1），系统会自动预警，拦截欺诈团伙。节点选择只显示逾期用户，同一机构的逾期用户会形成关联关系，系统通过团簇的大小直接判断机构的状况，这样便可辅助风控人员主动、及时地调整机构管理的风控策略。

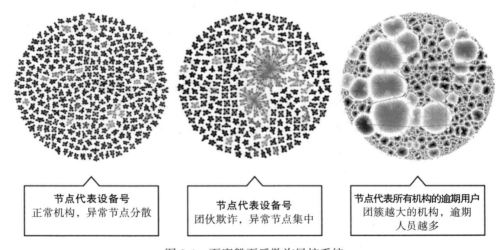

图 9-1 百度磐石反欺诈风控系统

图片来源：https://mp.weixin.qq.com/s/PKm4PIO37e27EccOK3y6Wg.

9.1.2 智能投资顾问

智能投资顾问（智能投顾）最早在 2008 年前后兴起，又称机器人投顾。依据现代资产组合理论，智能投顾可以结合个人投资者的风险偏好和理财目标，利用算法和友好的互联网界面，为客户提供财富管理和在线投资建议服务等。与传统投顾相比，智能投顾具有门槛低、费用低、投资广、透明度高、操作简单、能个性化定制等优势。根据美国金融业监管局 2016 年提出的标准，理想的智能投顾服务包括客户分析、大类资产配置、投资组合选择、交易执行、组合再选择、税负管理和组合分析等功能。具体而言，智能投顾通过大类配置、智能推荐、智能定投服务，实现现金端与资产端的智能匹配及自动交易执行，在当前金融产品和交易策略日新月异的金融市场为中低净值用户提供高效、低费、专业、理性的资产管理解决方案。智能投顾能结合投资者的年龄、风险偏好、家庭状况以及投资时间长短等因素确认其投资目标，通过分析各类金融资产的收益特征、风险特征、周期性特征等，生成各类型的投资策略。还可以利用机器学习等技术将投资策略与用户的投资目标匹配，为用户提供最优资产配置方案。在组合再投资过程中，投顾智能算法实现实时分析和调整投资策略，自动完成因子分析、回归、模拟等任务，实现投资的组合分析。随着金融市场的逐步成熟，产品、资产信息将愈发透明，利用智能匹配资产组合，可使客户有条件知晓具体、真实的产品及资产配置情况，进而使客户的理财预期与偏好趋于理性，从"主动、投机、短期"的投资理念，逐渐转变成"委托、理性、长期"的投资理念。

与传统投顾相比，智能投顾有诸多优点（见图 9-2）。但是我们也要认识到，由于在社交能力、情感交流、自然语言交互等方面处于劣势，智能投顾并不能完全取代人工服务。真正理想的做法是"人机协作"模式：客户不仅能够使用数字化工具帮助其做出投资决策，也可以定期或按需获取财富顾问的投资建议。该模式可以增加服务的客户数量，提高投资顾问的服务效率。

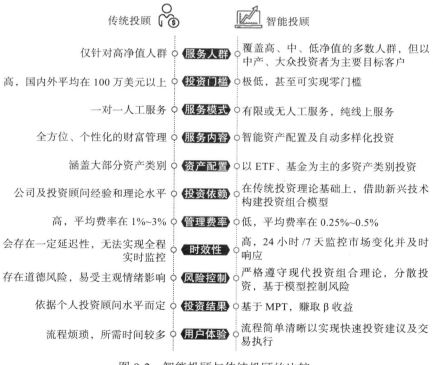

图 9-2 智能投顾与传统投顾的比较

图片来源：https://www.accenture.com/cn-zh/insight-intelligent-investment-consulting.

应用实例

摩羯智投是招商银行发布的一款智能投资顾问系统。它运用了机器学习算法，并融入招商银行十多年财富管理实践及基金研究经验，在此基础上构建了以公募基金为基础的、全球资产配置的"智能基金组合配置服务"。在客户进行投资期限和风险收益选择后，摩羯智投会根据客户自主选择的"目标—收益"要求构建基金组合，由客户进行决策，"一键购买"并享受后续服务。摩羯智投并非一个单一的产品，而是一套资产配置服务流程，它包含了目标风险确定、组合构建、一键购买、风险预警、调仓提示、一键优化、售后服务报告等，涉及基金投资的售前、售中、售后全流程服务环节。

9.1.3　智能投资研究

金融业对数据具有极强的依赖性，节省处理和收集数据的时间是金融业对人工智能提出的需求。智能投资研究（智能投研）基于知识图谱和机器学习等技术，收集并整理信息形成文档，供分析师、投资者等使用。机器智能效率较高，但创新性不足，而人机结合能大大提高决策的效率和质量。智能投研主要分为三步：第一步是获取实时、动态、多维度的数据。第二步是完成数据到信息的转化，实现结构化和自然语言理解。第三步是知识化，通过海量数据，发现因素之间的关系以及数据现象背后的本质，进而做出预测。

以知识图谱为代表的认知智能技术是投研智能化的阶梯。知识图谱综合运用语义理解、知识挖掘、知识整合与补全等技术，从大数据中提炼出高精度、低维度的知识，并组织成图谱，再基于知识图谱进行理解、推理和计算，形成企业信用产品，来分析企业主体信用、舆情风险、债项风险、房地产资产情况等。尤其是搜索因子、时空因子、估值因子等特色数据，通过聚合处理和分析，可以有效支持投资主体信用评级和投资项目风险分析。

9.1.4　智能信贷评估

对于个人信贷，由于消费升级、信贷渗透率提升，消费金融需求已不再局限于房贷、车贷等大额消费，而逐步深入家电、食品、旅游、教育等商品消费及服务场景中，信贷模式呈现多样化。线上循环贷、网贷和小额短期信用贷成为近两年市场的爆发点。消费贷款市场的爆发也催生了一些弱化贷款用途、忽略用款场景的无抵押信用贷款，因为其可能造成过度借贷、重复授信、畸高利率、侵犯个人隐私等问题，所以存在着较大的金融风险和社会风险隐患。在未来，个人信贷业务与实际消费场景将会更加紧密地结合，这势必要求在场景对接、审批决策和运营流转上有更加强大的数据和技术支撑。

对于企业信贷而言，小微企业信贷尤其受惠于 AI 和大数据的发展。一直以来，由于小微企业具有规模小、经营风险大、缺乏担保物等问题，常常很难达到传统信贷机构的放贷标准。在授权合规的前提下，通过整合传统的银行数据、企业行为数据和场景数据，其至整合社保、水电等更多维度数据，可以改善客户与金融机构之间的信息不对称情况，改变传统的信用评级方法，有效解决小微企业融资难的问题。

在个人信贷场景中，人工智能技术分别在获取客户画像、验证客户反欺诈、信用评估方面起到了新的作用。

1. 获取客户画像

人工智能基于社交关系、身份信息、网络行为、金融属性等数据，可构建内涵丰富的用户画像，进而捕捉用户相应的信贷需求。例如，可穿戴设备数据将直接传给保险公司，联网家居和汽车数据将通过亚马逊、苹果、谷歌与各类消费者设备制造商予以共享，帮助企业发现潜在消费者。在此过程中，还可将卷积神经网络等深度学习技术用于图像、声音和非结构化文本的识别与处理。

2. 验证客户反欺诈

通过运用智能技术，可以建立多样化的反欺诈手段，如：通过 ID Mapping 技术实现人—账号—设备的关联，识别设备异常、高危账号；通过人脸、声纹等生物特征验证身份；通过关联网络构建欺诈关联图谱等。以上手段可实时监测网络黑产、黑中介等，对于降低信贷风险有着重要意义。

3. 信用评估

大数据实现了用户信息厚度的积累，社交、电商、搜索、LBS 等不同领域的用户互联网行为数据，以及央行征信数据、公安数据、法院数据、航旅信息等合作平台数据共同构成了信用评估的数据基础。此外，应用集成学习、深度学习、半监督学习等人工智能技术，可构建多变量的信用评估模型，取代依赖少数规则的传统信用评估方式，大幅提升了信用评估的精准度。在智能技术的支持下，信用评估将逐渐普及并向各类生活场景渗透。

在企业信贷中，基于大数据、物联网的企业信用体系能够有效刻画企业信用现状。例如，在评估体系方面，与传统信用体系评价相比，智能信贷能够在丰富大数据的基础上建立小微企业征信评估体系，利用小微企业的工商信息、合规情况、关系族谱和舆情分析等数据对小微企业提供全方位的企业画像，进一步改善小微企业的信用评级状况。在保障数据真实性方面，物联网可以获取企业的动产与不动产数据，补充企业经营状况信息。以应收账款融资业务模式为例，物联网传感设备可以对企业生产、经营、交易情况进行追踪、监控和管理，能准确、清晰地获取生产、库存及销售数据，确保项目及时还款。

应用实例

百度的大数据风控系统"般若"可应用行为大数据准确评估用户的信用。它通过集成学习梯度增强决策树算法，聚合大数据高维特征，将 3 000 条以上的基础行为特征聚合成 200 多棵树，比使用传统方法提升了 10% 的风险区分度。"般若"通过深度学习、特征嵌入与挖掘，能解决大数据特征稀疏的问题，发现搜索词之间的潜在语义关系。它使用半监督学习的图计算与标签传播算法，用关系网丰富信贷数据中部分小样本的特征，有效评估了用户的信用分。

9.1.5 智能保险理赔

2015 年以后，人工智能技术在保险业的应用不断深化，逐渐涉足核心的产品设计和精算定价领域，真正开启保险业的全面变革。人工智能技术在营销获客、产品创新与定价、风险监控、自动定损等多个方面提供了新的智能化应用。

1. 营销获客

人工智能技术能够助力营销获取新客户。保险产品标准化程度低且相对复杂，导致保险产品线上化进程较缓，线上渗透率仅 5%。如今，保险企业开始尝试改变被动等待用户上门的情况，积极运用智能技术，加强营销获客环节的主动性。通过大数据所建立的用户画像，保险公司可以识别不同人生阶段用户的不同保险需求，对不同人生阶段的用户进行精准营销。更重要的是，保险相对"信贷"和"理财"，具有更加隐性且低频的特点。因此，把握时机进行事件营销尤为关键。此外，大多数保险产品设计复杂，条款繁多且难以理解。分词处理等智能技术可以实现结构化保险产品及条款内容，帮助用户真正读懂并且得到有价值的信息，进一步减少了用户线上自主购买保险的障碍。

2. 产品创新与定价

物联网、穿戴式设备、5G 等技术的应用和逐渐普及拓展了保险公司的数据广度和厚度，使更多基于用户数据的保险产品创新成为可能。例如，保险企业联合智能技术公司，以智能血糖仪设备获取的血糖数据为基础，推出糖尿病并发症保险。随着车联网技术的普及，以车载自动诊断系统（OBD）数据采集硬件所获取的车主驾驶行为数据为基础，市面上已推出了车辆驾驶行为保险（UBI）。在产品本身的升级换代上，基于风险的个性化定价和动态定价也成为智能科技带来的新特点。通过大量复杂数据的加工与处理，保险公司能够精确识别客户风险，改变传统的同一保险统一定价模式，实现基于风险的个性和动态定价。保险公司可根据用户每次测量的血糖值动态调整保额。UBI 车险则基于用户驾驶行为数据，包括行驶里程、累计驾驶年份、损耗率、速度等，区别不同风险级别的驾驶人，实现车险的个性化定价。

3. 风险监控

利用 AI 在数据建模等方面的技术，可以为保险公司在承保业务上达到精确识别客户风险、更合理地定价、更高效地服务消费者的效果。以车险行业为例，根据公开数据，2016 年全国有 1.5 亿私家车主，涉及 54% 的家庭，然而行业亏损比例却达到 75%。这些车险公司面临困境的重要原因之一，就是缺乏承保时对风险进行精准判断的能力。金融机构可借助机器学习技术，根据职业特性风险度、身份特质风险度、信用历史、消费习惯、驾驶习惯、稳定水平等细分标签，将车主索赔风险量化为不同等级，进而确定车险相应的保费。也可以综合考虑承保人各方面的行为数据，对欺诈活动进行预测与防控。

4. 自动定损

自动定损可以降低人力成本。智能核保基于大规模数据训练，以图像识别技术作为驱动，可以进行智能分类和自动化评估，最终输出定损报告。一键式的自动化操作流程也节约了用户的时间和沟通成本。以蚂蚁金服的"定损宝"为代表：它将深度学习图像技术首次应用于车险定损场景，用人工智能模拟车险定损环节中的人工作业流程，帮助保险公司实现简单、高效的自动定损。

应用实例

蚂蚁金服的"定损宝"可凭借强大的深度学习图像识别技术，运用数字处理、物体监测和识别、场景理解和智能决策等技术，通过部署在云端的算法识别事故照片（见图9-3）。与保险公司连接后，它可以在几秒钟之内给出准确的定损结果，包括受损部件、维修方案及维修价格。它能够同时处理万级的案件量，不受时间和空间的限制，能够有效帮助保险公司降低理赔运营成本，从而将更多的资源投入用户服务中。

图 9-3　蚂蚁金服"定损宝"自动定损

图片来源：https://www.leiphone.com/news/201805/XFm0xE0IpV6CpbHZ.html?uniqueCode=70UCChARZZZePRYE.

9.2　人工智能 + 公共管理

9.2.1　智能政务

当下在电子政务领域存在以下难题：公务人员数量有限，但政务类别繁多且数量庞大；群众办事咨询量大且差异化；网站信息资讯更新速度慢；各部门信息流通不畅；城区人口密集、人流复杂等。面对这些挑战，人工智能可以发挥重大作用，具体做法如下：首先，鼓励各部门整合信息和资源，简化资料调动程序，建立政务云平台，为数据调度、信息分析、智能化做好数据准备。其次，将自然语言处理、计算机视觉等技术逐步应用到各个服务环节，提高效率。最后，通过机器学习帮助政府做出更优化的决策。

应用实例

百度智能政务融合语音技术、人脸识别、文字识别等多项 AI 技术，应用到智慧城市、政府办公、信息管理和公共服务等场景中，助力政务决策、业务流程优化，提升利企便民服务体验。通过集成百度 UNIT 技术，政府网站等信息渠道可提供 24 小时智能问答服务，企业、民众能随时随地查询政策法规等信息，提升了获取政府信息的便利性。政府网站、App 基于语音、UNIT 等技术实现的智能问答/咨询功能，方便用户通过语音、文字方式输入咨询问题，快速获得相关解答。政务自助终端通过接入语音、文字识别、人脸识别等技术，实现办理证照申请等各类政务、便民服务，同时还可进行资料采集、身份认证等操作，大幅提高了政务办事效率和便民性。

9.2.2　智能安防

智能安防是人工智能技术商业落地最快、市场容量最大的主赛道之一。从长期来看，我国城镇化率不断提升，大型城市（常住人口在 100 万以上）人口占比增长明显，城市轨道交通、铁路、民航等客运量大幅提高，未来这一趋势将继续存在。传统安防依靠人力查阅监控的方式难以满足业务需求，社会治理对新技术手段的需求更迫切，这些都是推动 AI+ 安防行业长期成长的因素。尤其是，我国大型城市人口占比增速是城镇化速度的 3 倍，这预示着未来大型城市综合管理场景需求将先行爆发，对系统性能的要求将呈指数式增长。百万级库容、数据融合挖掘（如时空数据、侦控数据、社会数据、互联网数据等）、算法对摄像头间并行轨迹分析的二次校准能力将成为优势竞争力。各厂商应在人像大数据等技术中持续投入，完善项目落地的准确性，提升安防智能化程度。

在所有安防技术中，视频监控占据绝大部分（市场份额近 90%），成为智能安防的主赛道。上千万的摄像头和庞大的监控网络，会瞬间产生海量监控视频数据。人工智能算法可自动抓取视频中的目标图片，并提取其语义化的属性数据以及可用来比对检索的特征数据，实现秒级检索，并刻画目标的轨迹，进行行为分析。计算机视觉、语音识别、机器学习等多项智能技术可对人脸、指纹、虹膜、声纹、步态等多种生物特征进行身份识别。在公安部门的实际业务中，人工智能技术还可以对公安大数据进行智能分析，在构建"人、事、地、物、组织"的事实网络基础上，实时监测、预警、判断，切实提升公安的认知、预测和决策能力。

此外，安防智能机器人被广泛应用于城市巡检与监控过程。安防智能机器人根据使用场景可分为应用于机房、电商仓库、核电站等封闭场景的巡检机器人和应用于电路、轨道、园区、公共场所等开放场景的巡逻机器人。巡检、巡逻与监控是安防行业中密不可分的领域，安防智能机器人的出现是主动安防的进一步深化。安防智能机器人的核心技术包括本体的低速无人驾驶技术（由底盘技术、传感器组合和自主导航 SLAM 技术组成）、以计算机视觉为主的 AI 技术，以及网络传输、云平台管控等相关技术。在落地应用中，安防智能机器人有两大关注点：一是要保证 SLAM 技术在动态导航中的稳定性和准确性。二是要保证在光照强弱不一、恶劣天气情况，以及多移动目标等复杂场景下 AI 技术的可用性。安防智能机器人利用的 AI 基础能力主要包括人脸识别、人体检测、车辆检测及识别、烟火检测、异常行为分析，以及人证核验、语音交互和语义分析等。

应用实例

由我国公安部门组建的"天网系统"是世界上规模最大的视频监控系统。"天网系统"是利用设置在大街小巷的大量摄像头组成的监控网络，是公安机关打击街面犯罪的法宝，是城市治安的坚强后盾。正所谓"天网恢恢，疏而不漏"，现在各大城市几乎都在运行此套系统。按照监控探头的位置和用处，该系统划分了党政机关、学校、社会单位、小区出入口、河道、区级道路、镇级道路等群组，能直接调出某个特定群组的所有摄像头，在大屏幕上集中展现。利用人脸识别、图像识别、视频分析等技术手段，"天网系统"帮助公安机关极大地提高了工作效率。

9.2.3　智能交通

智能交通包括交通管控、交通运输、出行服务、自动驾驶等。如今，中国巨大的汽车保有量带来的事故频发、交通拥堵等问题日益凸显，仅靠增加基础设施建设和应用传统管理方法已无法良好应对，因此，通过 AI、物联网大数据等新一代技术驱动的智能交通解决方案被寄予厚望。当前，以阿里云、百度、滴滴为代表的科技型企业与地方政府合作，建立了城市大脑和交通大脑，在信号灯调控、车流调控、峰值预警等应用中已初显成效，其可实现的功能有：实时分析城市交通流量，调整红绿灯间隔，缩短车辆等待时间，提升城市道路的通行效率；实时掌握着城市道路上通行车辆的轨迹信息、停车场的车辆信息、小区的停车信息，提前预测交通流量变化和停车位数量变化，合理调配资源、疏导交通；实现机场、火车站、汽车站、商圈的多维度交通联动调度，提升整个城市的运行效率，为居民的畅通出行提供保障。

虽然各地智能化交通升级转型的方式与案例各不相同，但它们都离不开人工智能算法对交通出行大数据的分析与预判。未来，在智能化交通解决方案中，由人类参与的部分将越来越少，甚至有望达到自动化运作的水平。

应用实例

　　基于对拥堵趋势、拥堵模式长短时预测的分析，IBM 公司构建了交通预测模型（Traffic Predictive Models）。这套模型可实现检测、拥堵趋势预测、拥堵模式发现等功能。在该模型所运用的智能交通指标体系里，系统能够识别拥堵事件并进行刻画，分析常见的拥堵模式及其原因，并进行预测报警。基于此，系统的认知助手会根据数据样本自动选择最佳算法，进而可以实现自动检测交通异常并报警，指导大众出行，帮助交管配置优化出警资源。该模型还能总结交通拥堵模式及规律，以辅助交通规划决策，提升整个城市交通综合服务水平，还可 24 小时实时监控城市路网交通运行状态，检测出异常拥堵并预测出持续时间，根据智能建模与算法，预报未来半小时内可能出现的异常拥堵。

9.2.4　智能能源

　　在自然资源日益紧张的情况下，国家除了大力开发新能源，还需着重提升现有能源使用效率，优化能源使用管理。在传统能源管理中，"水、电、气、热"各个部门互不联通，居民多年累计的使用数据并没有得到很好的利用。因此，需要构建综合的能源调度中心，使能源使用达到"快、准、优"的效果，而"供求模式"正可以通过深度学习、运筹学等技术进行预测和优化，降低"过量、短缺、故障"等情况带来的大规模能源失衡的问题。

　　经 AI 赋能的能源调度管理系统，通过自动计算能源在线有效载荷，计算可以调度的负载，在连接能源数据云的基础上合理分配与调度资源。同时，能源调度管理系统能够合理评估能源系统的运行状况，自检能源设备、能耗指标，计算建筑、区域乃至城市的健康运行指数。在预警处理方面，该系统还可以生成异常情况自动化控制预案，确保智慧能源管理系统自动控制风险，实现智慧管理。同时，能源方针控制管理模型能够对能源大数据运行规律进行研究，计算末端负载随温度负荷变化规律，实现能源预测控制，仿真能源生产、调度与供求。AI 能源调度管理系统结构如图 9-4 所示。

应用实例

　　2017 年 3 月，被谷歌收购的人工智能公司 DeepMind 与英国国家电网联合宣布，它们计划将 DeepMind 的人工智能技术应用到英国的电力系统中，解决如何利用人工智能平衡电力供应的问题。DeepMind 的算法可以更准确地预测电力需求，有助于解决电力系统的供需矛盾。机器学习技术的预测功能在减少电力系统中外部环境的影响上有很大潜力。DeepMind 的人工智能软件控制着谷歌数据中心内部大约 120 个设备参数变量，包括风扇、空调系统、窗户等。DeepMind 的智能算法能够更有效地预测谷歌数据中心的冷却系统和控制设备的负载，从而将用于冷却的电量减少 40%。分析师预计，未来几年 DeepMind 可能会为谷歌节省数亿美元。

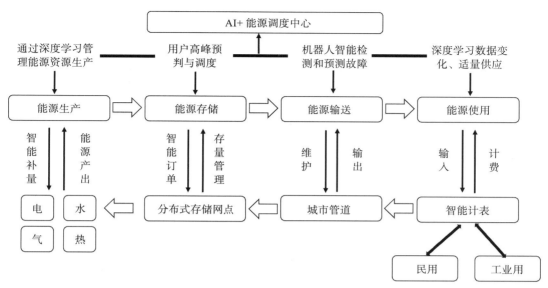

图 9-4　AI 能源调度管理系统结构

图片来源：商汤科技，艾瑞咨询 . 2017 年中国人工智能城市展望研究报告 [R]. 2018.

9.2.5　智慧城市

智慧城市是一种新理念和新模式。它基于各种数字化技术，全面感知、分析、整合和处理城市生态系统中的各类信息，实现各系统间的互联互通，及时对城市运营管理中的各类需求做出智能化响应和决策支持，优化城市资源调度，提升城市运行效率，提高市民生活质量。各国现代化城市发展大都会经历信息化、数字化和智慧化 3 个阶段。智慧城市的兴起和发展也并非一蹴而就，而是建立在完备的网络通信基础设施、海量的数据资源、多领域业务流程整合等信息化和数字化建设的基础上。智慧城市建设是现代化城市发展进程的必然阶段。

欧洲、美洲和亚洲的部分国家智能化城市建设起步早，且已见成效，许多建设措施和顶层设计都可以对我国智能化城市建设起到良好的借鉴作用，具体可总结为以下几点：首先，智慧城市是一个复杂的系统工程，涉及城市管理、运行的方方面面。智慧城市的建设往往是自上而下的，由政府制定顶层设计，主导市场各方参与建设。其次，物联网作为智能化城市的基础架构部分，是构建"物—网—人"三者联通的关键，而 5G 的发展则为数据传输、存储、边缘计算等技术需求提供了可能性。最后，面对智慧城市这样的复杂巨系统所产生的海量的、多源异构的、实时的大数据，必须充分利用人工智能技术才能为城市管理优化提供解决方案。

9.3 人工智能 + 教育

从教育本身的发展来看，教育正从以教师为核心的模式走向以学生为核心的模式，这一转变印证了一个事实：大数据和人工智能技术正在让教育走向真正的个性化、规模化和效率化。人工智能 + 教育是人工智能技术对教育产业的赋能，通过人工智能技术在教育领域的运用，来实现其辅助和优化的作用。在未来，人工智能教育应用的发展将由数据驱动、应用深化、融合创新、优化服务等方式来持续推动。

人工智能 + 教育应用包含最核心学习环节的教学认知思考、次核心环节的教学辅助、次外围学习环节的学习测评、最外围学习环节的学习管理。越是外围学习环节，越先被智能化，而内核的学习环节智能化程度较低。在未来，随着认知智能技术的进一步发展，人工智能有望逐渐渗透到核心环节中去，从根本上改进人类的学习模式。

9.3.1 智能学习管理

人工智能在学习管理中发展较为成熟，相关产品服务包括拍照搜题、分层排课与自适应学习、伴读机器人等具体业务。这些业务主要以计算机视觉、语音交互等技术为核心，帮助学生完成学习管理。

1. 拍照搜题

拍照搜题是基于 AI 的图像文字识别技术，可实现图片与文字的识别转换，识别图形符号和复杂公式等内容，快捷、高效地匹配题库。该技术具备快速精准搜题、高效切题组卷、建立校本题库、智能标注考点、观看习题讲解、系统诊断错题、1v1 在线辅导、产品定制等功能，适用于 K12、教辅、语言培训、职业技能、IT 培训、学历教育、管理培训等教育行业的所有分类。拍照搜题功能从技术的实现角度上来看，主要有以下两种应用形式。

第一种形式是以图搜图，即让平台中的题库同样按照图片的格式存储，当平台处理一个用户拍摄上传的解题需求时，算法通过计算用户题目图片的特征，进行搜索排序，从题库中找到最具相似特征的图片，该图片即为用户所搜索的题目。这种方案本质上是基于计算机视觉特征识别的匹配检索技术。

另一种更为先进的应用形式是基于深度学习的 OCR 光学识别。这种形式支持手写公式识别，可以完成加减乘除的基本运算，解一元一次方程、一元二次方程和二元一次方程组。

2. 分层排课与自适应学习

人工智能系统根据学生现有的知识、能力水平和潜力倾向，把学生科学地分成组内水平相近的几组群体并区别对待。同时，人工智能系统在线收集、统计学生选科数据，为学生的课程安排进行恰当的匹配排课。学生在这种分层策略与针对性排课下能得到最好的发展和最大限度的提高。基于智能搜索技术，系统能够依据学生学习进度与效果进行评估，针对所有课程进行对应匹配搜索。同时，还能以课程资源、教师资源、课时安排为约束进行策略输出，并在学习过程中，实时依据学生学习测评结果，调整课程安排。

3. 伴读机器人

伴读机器人是以语音识别、语音交互等技术为基础，拥有代替家长与孩子交流、诵读书目、讲故事等功能的机器人。伴读机器人的核心价值在于它能理解用户需求，帮用户方便准确地找到相关学习内容。用户与伴读机器人直接语音交互，系统通过语音识别理解用户意图，通过机器学习掌握用户偏好，搜索数据库，将答案反馈给用户。有些伴读机器人会增加视觉识别技术，来分辨小孩是否离开、所处环境是否有危险等。这种语音互动的学习方式能够帮助用户提高学习效率、提升学习兴趣。

应用实例

阿凡题是专注 K12 领域的拍照答题类 App。用户拍下题目并上传，几秒钟之内服务器就能从题库中搜到解题步骤和答案，国内同类产品还有作业帮、学习宝、小猿搜题等。新发布的阿凡题 -X 将自己定义为一款"拍照计算器 App"。它通过引入人工智能技术，使得"拍照搜题"产品摆脱了同类产品传统上对题库的依赖，从"拍照搜题"的 1.0 时代，进入了"拍照解题"的 2.0 时代。阿凡题 -X 的技术原理是基于深度学习的 OCR 光学识别。它希望通过将人工智能引入答题产品，突破题库的限制，更好地满足用户需求。

9.3.2　智能学习评测

学习测评是学习活动中的次外围的学习环节，基于学习测评的效果反馈能够令教师掌握学生的学习进度与效果，实时调节教学安排。基于人工智能的学习测评主要体现在口语测评、组卷阅卷等具体活动中，多采用语音识别、图像识别、自然语言处理等技术，目前应用最多的是口语测评。口语测评是语言学习中的重要部分，英语口语测评、汉语言发音测评等功能得益于语音识别技术的发展，可以更加高效、自动化地进行。口语测评系统主要替代了教师对学生的口语陪练、口语等级考试测评及评分统计等相关工作，能通过语音识别，提升学生口语自适应学习过程。目前，其功能覆盖音标发音、语音语调、短文朗读、看图说话、口头作文等。在测评中，系统通过语音识别与自然语言处理，获取用户语音，同时匹配语音大数据，通过语音计算模型得出发音得分，为口语测评提供语音、语调、情绪表达等多种统计指标。

应用实例

流利说成立于 2012 年，创始人王翌为千人计划专家、普林斯顿大学计算机博士、Google 前产品经理。流利说 2013 年获得来自挚信资本的天使轮融资和来自 IDG、GGV 的数百万美元 A 轮融资，2015 年又获得来自 IDG 等多家风投企业的数千万美元 B 轮融资，2017 年再获 1 亿美元 C 轮融资。"英语流利说"是流利说的主打产品（另有"雅思流利说"）。在英语课堂正式开始前，用户需要首先进行定级测试，定级后系统会推送相应水平的课程。课程的学习材料形式通常为音频，有时会辅以图片，中间还会穿插听写、排序、语音跟读等练习环节。在其他多数在线教育企业和教育科技企业仍遵循着教育行业传统模式，即"课程 + 老师"的模式时，流利说旗下"懂你英语"的标准版已经用机器替代了老师。

9.3.3 智能教学辅助

教学辅助是学习过程的次核心环节，人工智能能够为学生与教师提供学习与教学的一系列辅助，如智能批改、作业布置、虚拟场景展现等。

1. 智能批改

在智能批改中，作文批改、作业批改是较为热门的应用场景。智能批改完整的流程是由教师线上布置作业，到人工智能自动批改，并生成学情报告和错题集，再到对教师、家长和学生进行反馈，并根据学生的学习情况进行习题推荐。智能批改需要利用智能图像识别技术对手写文字进行识别，通过深度学习分析词与段落的表达含义，对逻辑应用进行模型分析。相对于人工批改，智能批改可以及时标注错误部分和错误原因，批改速度更快，批改结果更细致、客观，为教师节省了时间，也为学生个性化学习提供了基础。

2. 作业布置

作业布置主要体现了人工智能的自适应特性。人工智能系统根据学生以往学习情况、测试成绩、错题情况、学习进度、作业完成度等具体多维数据，智能识别当前学识阶段，通过深度学习来匹配下一轮作业内容，然后根据此次作业批改的结果对下一轮作业布置进行预测与实施。学生能通过智能作业布置实现个性化的学习过程，有针对性地针对薄弱环节进行巩固、提高。

3. 个性化教案、备课

人工智能可基于学生学习情况，通过计算机视觉、自然语言处理、数据挖掘等技术，为老师生成个性化教案，包括实体数字化录入、授课计划、作业布置等，节省老师用于备课的时间与精力，同时也为教育资源匮乏地区的教师备课提供方向与优化建议。

4. AI 课堂

2011 年起，"智慧课堂"产品开始在市场上涌现，这类产品强调的是基础数据整合，旨在利用大数据分析学生错题情况，具有基础的语音朗读和评测能力。2016 年后，具有 AI 语音、视觉等模式识别能力的产品开始进入课堂，AI 课堂质量监测开始引发关注。这类产品可以通过表情识别、人脸框检测、语音识别、姿态识别等分析学生听课专注度。未来，为了进一步顺应课堂教学改革的需求，发扬"互动课堂、翻转课堂"等教学模式的优势，AI 课堂将继续进阶，下一阶段 AI 辅助实现的策略化点播和发散性学习将是重点突破功能，在更远的未来则可能帮助教师实现真正的千人千面教学。图 9-5 展示了 AI 课堂的演变进程。

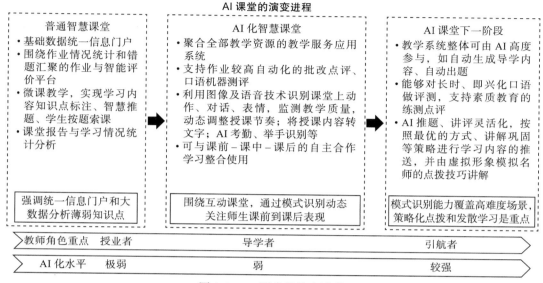

图 9-5　AI 课堂的演变进程

图片来源：艾瑞咨询报告。

应用实例

　　"批改网"是一个以自然语言处理技术和语料库技术为基础的在线自动评测系统。它可以分析学生英语作文和标准语料库之间的距离，进而对学生的作文进行即时评分，并提供改善性建议和内容分析结果。这个系统不但可以提供作文的整体评语，还可以"按句点评"，并在有语法、用词、表达不规范的地方给予反馈提示，给学生修改的建议。

9.3.4　智能教育认知与思考

　　传统老师是以经验驱动教学的，他们通常会遵循一定的节奏，并依赖于教学经验的积累。不同老师对学生学习情况的判断是不一样的，这会导致他们所规划的学习路径不同，两个老师即使经验值相等，也会在脾气秉性、教学风格、薪酬期待上有所差异，从而影响教学效果。人工智能自适应学习系统旨在聚集并量化优秀教师的宝贵经验，以数据和技术来驱动教学，最大化地减小老师水平的差异，提高整体教学效率和效果。人工智能可以通过一系列的测评、规划、挖掘、推送等自适应活动完成智能的认知与思考过程，具体体现为以下 3 点：

1. 规划学习路径与推送学习内容

人工智能通过自适应测评初步了解学生情况，通过智能规划学习路径来进行针对学生的课程备课，然后匹配算法，完成学生进度与学习内容的计划安排，还能进行学习内容的智能推送，如以录播视频、直播、图文材料等形式。

2. 侦测能力缺陷与学习进度

人工智能可基于学生学习过程与学习结果进行测试，还可经过学习环节与练习环节自动挖掘问题，发现学习漏洞，并通过最后的自适应评测评估教学效果，为下一轮学习智能规划与推送做准备。整个认知思考过程应用了自适应测评、数据挖掘等技术。

3. 智能组卷

人工智能基于学生学习情况，针对当前学习进度匹配题库，在对题库已有数据进行分析组合后，能生成满足个人不同需求的练习试卷。它还可以通过机器学习算法，以用户个人历史使用数据、学生过往错题为参照，在进行智能分析的基础上，生成具有较强针对性的试卷。

9.4 人工智能 + 农业

智慧农业是数字中国建设的重要内容。加快发展智慧农业，推进农业、农村全方位、全过程的数字化、网络化、智能化改造，将有利于促进生产要素优化配置，有利于推动农业农村发展变革，有利于实现我国乡村振兴战略和农业农村现代化发展。目前，人工智能与农业的融合主要集中于"智能化种植"和"智能化养殖"两个领域。

9.4.1 智能化种植业

在种植业，人们可以通过人工智能、物联网、大数据等技术来提高一系列种植活动的精度和效率。例如，利用图像识别、自动驾驶、深度学习等技术，可实现农作物的播种、施肥、灌溉、除草等农业活动的自动化和智能化。

1. 数据采集及病虫害预测

摄像头、风速传感器、温度湿度传感器、光和辐射等设备实时采集到的信息，以及农作物的产量、质量等信息，都属于积累种植业大数据。借助大数据和深度学习算法，可以训练出能够帮助农业生产管理决策的 AI 系统。比如自动判断农作物的健康状况、病虫害的发生情况等。例如，为了监测西红柿生长过程，可以在温室中安装摄影机，通过算法辨别西红柿的病虫害情况、生长状态，并实时通报，这比每周一次的人工巡查效率要高。

2. 种植、喷药、施肥

将传感器、GPS 和机器视觉技术与农机结合，可增强农机自动化水平，使农机在播种、喷药、收割等环节实现自动导航和精准定位。例如，在无人机喷洒农肥、巡视田地方面，无人直升机喷药 10 分钟能覆盖 15 亩地，一天最多可喷 225 亩，是人力的 3 ~ 4 倍，且节省耗药量。

3. 农事规划、产量估算

深度学习技术可通过遥感影像实现作物适宜种植区规划、作物长势监测、生长周期及产量估算等多种功能。例如利用卫星图片进行分析，关联区域降水、温度等天气数据，预算作物产量等。

4. 采摘、除草、嫁接

智能机器人依靠图像识别技术，能区分作物与杂草、成熟作物与未成熟作物，还能依据自动驾驶技术，通过路线规划，完成作物的除草、采摘等具体活动。例如，摘草莓机器人可使用机器视觉算法判断草莓成熟度、自主导航、检测和定位成熟草莓，用 3D 打印的软触手摘果，速度比人工采摘提高一倍，还能保证不损坏果子，以及 24 小时运作。

5. 土壤灌溉

人工神经网络具备机器学习能力，能够根据检测得到的气候指数和当地的水文气象观测数据，选择最佳灌溉规划策略，并通过对土壤湿度的实时监控，利用周期灌溉、自动灌溉等多种方式，提高灌溉精准度和水资源利用率。这样既能节省用水，又能保证农作物良好的生长环境。

应用实例

Blue River 是一家位于美国加州的农业机器人公司。Blue River 的农业智能机器人可以智能除草、灌溉、施肥和喷药（见图 9-6），还可以利用电脑图像识别技术来获取农作物的生长状况，通过机器学习分析和判断出哪些是杂草、哪里需要清除、哪里需要灌溉、哪里需要施肥、哪里需要打药，并且能够立即执行。智能机器人精准的施肥和打药功能可以大大减少农药和化肥的使用，比传统种植方式减少了 90% 的农药化肥使用。

图 9-6　Blue River 农业机器人的种植与除草

图片来源：http://www.bluerivertechnology.com/.

9.4.2 智能化畜牧业

目前，精细化养殖的应用类型主要是通过图像识别、深度学习等技术，分析牲畜的健康状况，进行有效的疾病预测、科学投喂，提高畜禽存活率，以及产奶、产蛋、产肉效率。

1. 牲畜识别与数据采集

畜禽健康状况是畜牧业关注的焦点问题，以 AI 感知技术为切入点，对畜禽体征及行为进行监测、分析和预测成为农场实现精准养殖的可行选择。智能化的项圈、耳标、脚环等形式多样的动物可穿戴设备可实时采集畜禽体温、心率等体征数据和活动场地、运动量等行为数据，并将数据实时上传到畜禽大数据监管云平台，实现畜禽数据全天候、全流程的记录和跟踪。

2. 疾病预测和智能喂养

有了大量原始数据积累，人们可以利用深度学习方法，挖掘深层次的健康信息和行为模式，将其转换为反映禽畜健康状态、繁殖预测、喂养需求相关的信息，实现对动物饲养、疫病防控、产品安全等全环节的精准质量管理。人工智能依据收集来的牲畜数据进行深度学习训练，依据大数据样本预测牲畜的疾病情况、发情状况，以及进食、运动、睡眠、位置的相关数据，及时预警疾病并匹配治疗方案。人工智能依据环境数据、牲畜成长数据、历史喂养信息等，合理规划喂养投料计划，为牲畜管理者提供了科学的养殖方案。

应用实例

蒙牛集团的数字化养牛是智能化畜牧业的典型代表。在养殖方面，其全套的数字化监测涵盖从牛犊出生到成长中的治疗和记录再到最后产奶的全过程。在牧场中，蒙牛还采用计步器、AI 视觉识别等智能设备和技术开展日常监控，所获得的数据会实时传递到阿里云的蒙牛私有云数据平台，实时计算，形成蒙牛的牧场数字化数据基础，反过来指导牧场优化。目前蒙牛牧场的数据包括牛只数据、牛群数据、视觉数据、兽医数据、饲喂数据、传感器数据、繁育数据、奶厅数据、环保数据、犊牛数据、采购数据、政策数据、奶量数据、天气数据、趋势数据、检测数据、日志数据、监控数据，等等。通过智能算法对这些数据加以分析利用，便可实现更精准的奶牛养殖与销售预测、更高效的智能订单回复机制和智能排产计划体系，并实现更全面的营销资源布局、工厂生产资源布局、配送资源布局。

● **思考题** ●━○━●━○━●

1. 请列举人工智能 + 金融领域用到的人工智能技术。
2. 人工智能 + 教育领域面临的挑战有哪些？
3. 请在线下零售行业中找出人工智能应用的实例。
4. 请在体育产业中找出人工智能应用的实例。

第 10 章

协作智能时代

AI 的快速发展与广泛应用在收获积极反馈的同时，也引发了组织人员面临劳动力替代的危机。花旗集团研究预计，AI 将威胁美国 47% 的劳动力岗位和经合组织（OECD）国家 57% 的劳动力岗位，对印度与中国的劳动力岗位影响更是分别达到 69% 和 77%。牛津大学未来人文研究中心进一步给出了一份时间表，表中罗列了 24 项未来可能被 AI 替代的人类工作及替代时间。他们预测，翻译、速记、电话银行运营商等工作约在 2024 年就会被 AI 替代，而卡车司机、流行音乐制作等工作则在 2027 年左右被 AI 取代。AI 已经成为组织中除雇主与雇员之外不容忽视的第三角色。而在《人类简史》一书中，作者赫拉利更是提出了一个震撼性的观点：未来世界，大部分人类可能是多余的，人工智能将使 99% 的人类沦为"无用阶级"。

随着 AI 的渗透和应用，"取代人类"还是"助力人类"的讨论愈发深化与广泛。AI 会对人类的工作形式、组织运营产生什么变革性影响？在未来，工作和组织的形态将会如何？AI 广泛应用下的组织工作环境中"人机"的基本关系是什么？AI 能否真正替代组织中人的作用？未来的人类工作者如何适应与 AI 的合作（或者竞争）？这些都成为迫切需要我们思考的问题。

10.1 人工智能适合做什么

尽管近年来人工智能取得的进步与成绩十分耀眼，但它们仍无法适用于所有的任务。当前人工智能的成功浪潮在很大程度上取决于被称为监督学习的范式，即深度神经网络。人工智能仅在非常适合这种范式的领域显得强大。当然，人工智能技术还在继续进步，

DNN 之外的其他范式或许会更适合其他类型的任务。2017 年年底，著名的《Science》杂志刊登了一篇题为《机器学习能做什么？对人类未来工作的影响》的文章，文中分析了哪些工作适合机器学习（人工智能）来做，并给出了以下 8 个关键的评判标准。

1. 有明确定义的输入和输出

其中包括分类（例如区分不同品种狗的图像或根据癌症的可能性标注医疗记录）和预测（例如分析贷款申请以预测未来违约的可能性）。不过，虽然人工智能系统可以根据统计上的相关性来预测与输入（X）有最大关联的输出（Y），但可能无法学习如何判断因果关系。简言之，目前的人工智能更善于在大数据中找到相关性，但是无法判断因果性。人工智能和机器学习有很多不同的风格，但近年来的大多数成功案例都集中在一个类别：监督学习系统，在这个类别中，机器会得到许多关于某个特定问题的正确答案的例子。这个过程几乎总是涉及从一组输入 X 映射到一组输出 Y。例如，输入可能是各种动物的图片，正确的输出可能是这些动物的标签：狗、猫、马。输入也可以是录音的波形，输出可以是"是""不是""你好""再见"（参考第 2 章"有监督学习"）。成功的系统通常使用一组包含数千甚至数百万个示例的训练数据，每个示例都有正确的答案。然后可以让系统自由地查看新的示例。如果训练顺利，系统将以较高的准确率预测答案。

机器学习的成对输入、输出及应用示例见表 10-1。

表 10-1 机器学习的成对输入、输出及应用

输入 X	输出 Y	应用
录音	文字记录	语音识别
历史市场数据	未来市场数据	交易机器人
照片	标题	图像标记
药物化学性质	治疗的功效	医药研发
商店交易细节	这笔交易存在欺骗行为吗？	欺诈检测
食谱成分	顾客评价	食物推荐
历史购买记录	未来的购买行为	客户保留
车辆位置及速度	交通流	交通信号灯
面孔	姓名	面部识别

2. 存在或者能够创建规模巨大的、带有成对输入输出信息的数据集

众所周知，这一代人工智能是基于机器学习的，而机器学习需要数据集作为训练样本。可用的训练样本越多，机器学习就越准确。深度神经网络的显著特征之一就是训练集越大，效果越好。因此在训练数据中捕获所有相关输入特征尤为重要。尽管 DNN 原则上可以表示任意函数，但是计算机很容易模仿和延续训练数据中存在的偏差，其解决方法是通过聘用专人来标记部分数据或通过模拟相关问题设置来创建全新的数据集。目前人工智能之所以在医学影像诊断领域发展较快，关键原因就是这一领域数字化程度高，已经积累了规模巨大的、带有成对输入输出信息的数据集可用于机器学习。

3. 该任务能提供明确反馈并具有明确目标

当我们能够清晰地描述目标时，哪怕不能确定实现目标的最佳过程，人工智能也应当能很好运作。这就像早期的自动化方法，获取个体输入输出决策的能力虽然允许学习模仿这些个体，但可能无法得到最佳的系统性能，因为人类本身也无法做出完美的决策。因此，能提供明确反馈并具有明确目标是人工智能良好执行该任务的前提。

4. 不需要基于丰富背景知识的逻辑或推理链

人工智能系统在学习数据中的关联性方面非常强大，但是当任务需要依赖计算机没有的常识、背景知识或需要进行复杂推理时，人工智能系统的学习效率就会变低。机器学习之所以在电子游戏中表现出色，是因为这些游戏需要快速反应，能提供即时反馈，但当游戏中的最佳选择取决于记忆以前事件的时间和未知背景知识时，机器学习的效率就会降低。围棋和象棋这样的游戏是个例外，这些非物理类的游戏可以以非常精确的速度进行快速模拟，因此可以自动收集数百万个完全自我标记的训练样本。但是，在现实世界中，我们通常无法做到完美地模拟。简言之，由于没有常识和背景知识，人工智能系统在很多场景中无法得以应用。

5. 无须详细解释如何做出决策

大型神经网络通过微妙地调整多达数亿个数字权重来学习如何做出决策。解释这种决策对人类来说很困难，因为深度神经网络与人类的思维系统不同。如第 1 章所述，这被称为人工智能的黑盒子，或者被叫作人工智能的"逻辑不可解释性"。这是目前基于深度学习的人工智能系统所面临的普遍问题。例如，虽然人工智能可以诊断特定类型的癌症或肺炎，甚至比专家医生更准确，但与人类医生相比，它们解释为什么以及如何做出诊断的能力较差。对于许多感知智能任务，人类也很难解释，例如如何从所听到的声音中识别出单词。

6. 具有容错性，不需要最佳的解决方案

几乎所有的机器算法都是从统计和概率上推导出解决方案。或者说，AI 处理的是统计事实而非语义事实，因此很难将其训练到 100% 的准确度。即使是最好的语音、物体识别和临床诊断系统也会犯错（和人一样）。因此，对学习系统误差的容错性是制约此类系统应用的重要标准。

7. 学习的现象或功能不会随着时间推移而快速变化

一般来说，只有当需要处理的数据和训练的数据分布是类似的结构，机器学习算法才能很好地工作。如果这些分布随着时间而改变，则通常需要重新训练。众所周知，获取高质量的训练数据集和进行模型训练是非常费时费力的，这通常使得部署人工智能变得困难重重。

8. 对灵巧性和身体技能没有要求

在处理非结构化环境和任务中的物理操作时，机器人与人类相比仍然笨拙。 这不仅

仅是机器学习的缺点，而是机器人技术自身的局限性。人类在自主运动技能上的优势也许是人类对于人工智能的终极优势之一。在所有只需要动脑的游戏中，AI 都打败了人类，围棋是人类最后的尊严，也丢掉了；可是，在所有需要身体运动能力的游戏中，AI（机器人）与人类都相去甚远。我们很难想象一支机器人足球队能战胜人类。一个有趣的例子是NASA 的好奇号火星探测器（Curiosity Mars Rover）二百天里所完成的探测任务，如果我们把人类专业研究者送上火星，只需要半天时间就可以完成。良好自主运动能力，很可能是人类针对人工智能的终极优势之一。这种现状可以用计算机领域的"莫拉维克悖论"来解释。

小知识：莫拉维克悖论

莫拉维克悖论（Moravec's Paradox）是由人工智能和机器人学者所发现的一个和常识相左的现象。和传统假设不同，人类所独有的高阶智慧能力只需要非常少的计算能力，例如推理能力、下棋的能力、挑选股票的能力。但是模仿人类无意识的技能和直觉却需要极大的运算能力，例如人类的自主运动能力。这个理念是由汉斯·莫拉维克等人于20世纪80年代所阐释。如莫拉维克所写："要让电脑如成人般地下棋是相对容易的，但是要让电脑有如一岁小孩般的感知和行动能力却是相当困难甚至是不可能的。"

语言学家和认知科学家史迪芬·平克（Steven Pinker）认为这是人工智能学者的最重要发现，他在《语言本能》这本书里写道：35 年人工智能研究的最重要发现之一就是"困难的问题是易解的，简单的问题是难解的"。四岁小孩具有的本能（辨识人脸、举起铅笔、在房间内走动、回答问题等）事实上是工程领域内目前为止最难解的问题。当新一代的智慧装置出现，股票分析师、石化工程师和假释委员会都要小心他们的位置被取代；但是园丁、接待员、运动员、厨师至少十年内都不用担心被人工智能所取代。

对莫拉维克悖论的解释有很多种，本教材编著者尤其采信其中一种基于进化论的解释。所有的人类技能都是通过生物进化方式实现的，使用的是自然选择过程中的设计机制。在进化过程中，自然选择倾向于对设计进行改进和优化。技能越古老，被自然选择改进优化的时间就越长（例如人类的运动能力），背后的算法逻辑就越完备，机器也就越难模仿。而人类的很多所谓高级能力（例如推理、抽象能力），只是最近几千年才发展起来的，因此我们不应该期望它特别有效，同时机器也比较容易模仿。

10.2   人工智能不适合做什么

10.2.1   反向波兰尼悖论

在过去 50 年的大部分时间里，信息技术及其应用的进步都体现在对现有知识和程序进行编码并将其封装在机器中。事实上，术语"编码"指的是将开发人员头脑中的知识转换成机器能够理解和执行的形式的艰苦过程。这种方法有一个致命的缺点：人类拥有的大部分知识是隐性的，意味着我们并不能完全解释它们。换句话说，即便人类很擅长做某件事，也无法将具体的做法曲尽其妙。我们几乎不可能写下能让另一个人学会骑自行车或辨认朋友面孔的计算机指令。

牛津大学哲学家迈克尔·波兰尼（Michael Polanyi）在 1964 年对这一现象进行了系统描述。他认为"我们知道的，比我们能说的要多"，这被称为波兰尼悖论（Polanyi's Paradox）。波兰尼悖论在很长一段时间里，根本性地限制了我们赋予机器智能的能力。简言之，人类无法开发出比人类更有本事的机器。正因为如此，新一代人工智能才走上了另外一条路，也就是机器学习。人类制造的机器正在从例子中自我学习，并使用结构化的反馈来解决它们自己的问题，比如波兰尼经典的人脸识别问题。

机器学习系统通常具有较低的"可解释性"，这意味着人类很难弄清系统是如何做出决定的。深度神经网络可能有数亿个连接，每一个连接都对最终的决策有一小部分贡献。因此，这些系统的预测往往抗拒那些简单、清晰的解释。与人类不同的是，机器现在还不是讲故事的高手（在未来的短期内也不会是）。它们经常不能给出一个理由来解释为什么接受或拒绝一个特定申请人对某份工作的申请，或者为什么某一种特定的药物会被推荐。略显讽刺的是，人类已经开始想方设法克服波兰尼悖论，却面临着一种相反的版本：机器知道的比它们能告诉我们的更多。或者说，波兰尼悖论变成了"人类和机器都不能完全理解对方"！这给人工智能应用带来了诸多风险，包括以下两点。

1. 机器可能有隐藏的偏见

偏见并不来自设计者的任何意图，而是来自训练数据。例如，如果一个系统通过使用"人力招聘人员过去所做的决策"这一数据集来学习哪些求职者应该得到面试机会，那么它可能会无意中学会延续他们的种族、性别、民族或其他偏见。而且这些偏见可能不会作为一个明确的规则出现，却会嵌入需要考虑的数千个因素之间的微妙互动中。

2. 错误诊断和纠正困难

当机器学习系统出错时（这几乎是不可避免的），诊断和纠正出错的地方可能会很困难。解决问题的基础结构可能复杂得让人难以想象，而且如果系统训练的条件发生变化的话，其给出的解决方案往往不是最优的。

10.2.2 AI 的稳健性问题

首先，人工智能往往依赖大量的高质量训练数据和计算资源来充分学习模型的参数，但是在训练数据量有限的情况下，深度神经网络的性能往往存在很大局限，一些规模巨大的深度神经网络也容易出现过拟合，使得在新数据上的测试性能远低于之前测试数据上的性能。简言之，很多人工智能系统性能不够稳定。

其次，在特定数据集上测试性能良好的深度神经网络，很容易被添加带有少量随机噪声的"对抗"样本，使系统很容易出现高可信度的错误判断。在如图10-1所示的例子中，系统已经被训练成可以识别图10-1a中的树懒。如果从图10-1b中精心挑选一些噪声像素加入图10-1c中（噪声像素不超过0.78%），系统会以99%的置信度把图10-1c识别为赛车。在其他领域，虽然人工智能在人脸识别方面进展迅速，但基于对隐私保护的考虑，很多研究团队都开发出了效果良好的"反人脸识别算法"，以干扰人脸识别系统的准确度。简言之，就是人工智能系统很容易被欺骗，而这样的小把戏无法欺骗人类，人类智能的稳健性要高于人工智能。

a) b) c)

图 10-1 人工智能稳健性示例

图片来源：https://m.sohu.com/a/270814292_114819/?pvid=000115_3w_a.

与建立在显式逻辑规则之上的传统系统不同，神经网络系统处理的是统计事实，而不是语义事实。这使得人们很难完全确定该系统是否在所有情况下都能正常工作——尤其是在训练数据中没有显示的情况下。缺乏可验证性和较低的稳健性可能是人工智能在任务关键型应用中的一个大问题，比如控制一个核电站或将人工智能用于武器系统中。

小案例：AlphaGo 的"臭棋"

让我们回顾发生在 AlphaGo 与韩国棋王李世石之间的著名人机大战的第四局，在李世石下出了被围棋界誉为"神之一手"的第78手之后，AlphaGo 突然方寸大乱，臭棋连连，后来这局棋以 AlphaGo 失败告终，这也是 AlphaGo 唯一的败局。谷歌 DeepMind 团队事后查看比赛日志，发现在第78手到第86手间，AlphaGo 一直以为自己下得很好，直到第87手才发现前面是误判、下错了。那在这差不多10手棋里，从职业棋手角度看 AlphaGo 是什么状态呢？用中国国家围棋队刘菁八段的话说，"就跟不会下棋一样了"。为什么 AlphaGo 会犯下这么低级的错误呢？如果是我们人类犯错的话，水平可能会从九段降到八段，而如果是机器犯错的话，其水平可能从九段直接降到业余。从这个实例可以看出，基于深度学习的人工智能缺乏足够的稳健性。

10.3 人工智能与人类智能的比较

10.3.1 单维智能 vs. 多元智能

以目前人工智能的发展水平来看，绝大多数人工智能系统都是单维的，因此也被称为狭义人工智能或者弱人工智能。弱人工智能都是为完成具体任务而设计，人们很难把多种智能封装到一个系统中。如果一个工作包含多种任务，那就很难用人工智能来完成（至少一种弱人工智能系统是不够的）。相比之下，人类智能是非常典型的多维智能。如果我们把人类看成一个智能体，那么这个智能体中一定封装了各种各样的智能。

在这方面，最著名的理论是 20 世纪 80 年代由美国著名发展心理学家、哈佛大学教授霍华德·加德纳（Howard Gardner）博士提出的"人类多元智能理论"。几十年来，该理论已经广泛应用于欧美和亚洲许多国家的儿童教育上，并且获得了极大的成功。霍华德教授指出，人类的智能是多元化而非单一的，主要是由语言智能、数学逻辑智能、空间智能、身体运动智能、音乐智能、人际智能、自我认知智能、自然认知智能 8 项组成，每个人都拥有不同的智能优势组合。

1. 语言智能（Linguistic Intelligence）

该智能是指有效地运用口头语言或文字表达自己的思想，并理解他人，灵活掌握语音、语义、语法，将语言思维、语言表达和欣赏语言深层内涵的能力结合在一起并运用自如的能力。语言智能非常强的人适合的职业是政治家、主持人、律师、演说家、编辑、作家、记者、教师等。

2. 数学—逻辑智能（Logical-Mathematical Intelligence）

该智能是指有效地计算、测量、推理、归纳、分类，并进行复杂数学运算的能力。这项智能主要涉及对逻辑和抽象概念的理解。数学—逻辑智能强的人适合的职业是科学家、会计师、统计学家、工程师、电脑软件研发人员等。

3. 空间智能（Spatial Intelligence）

该智能是指准确感知视觉空间及周围一切事物，并且能把所感觉到的形象以图画的形式表现出来的能力。这项智能强的人对色彩、线条、形状、形式、空间关系很敏感。他们适合的职业是室内设计师、建筑师、摄影师、画家、飞行员等。

4. 身体运动智能（Bodily-Kinesthetic Intelligence）

该智能是指善于运用整个身体来表达思想和情感，以及灵巧地运用双手制作或操作物体的能力。这项智能包括特殊的身体技巧，如平衡、协调、敏捷、力量、弹性和速度以及由触觉所引起的能力。身体运动智能好的人适合的职业是运动员、演员、舞蹈家、外科医生、宝石匠、机械师等。

5. 音乐智能（Musical Intelligence）

该智能是指能够敏锐地感知音调、旋律、节奏、音色等的能力。这项智能强的人对节奏、音调、旋律或音色的敏感性强，具有音乐天赋，以及较高的表演、创作及思考音乐的能力。他们适合的职业是歌唱家、作曲家、指挥家、音乐评论家、调琴师等。

6. 人际智能（Interpersonal Intelligence）

该智能是指能很好地理解别人并与人交往的能力。这项智能强的人善于察觉他人的情绪、情感，体会他人的感觉感受，辨别不同人际关系的暗示以及对这些暗示做出适当反应。他们适合的职业是政治家、外交家、领导者、心理咨询师、公关人员、推销员等。

7. 自我认知智能（Intrapersonal Intelligence）

该智能是指能很好地自我认识和具有自知之明并据此做出适当行为的能力。这项智能强的人能够认识自己的长处和短处，意识到自己的内在爱好、情绪、意向、脾气和自尊，喜欢独立思考。他们适合的职业是哲学家、政治家、思想家、心理学家等。

8. 自然认知智能（Naturalist Intelligence）

该智能是指善于观察自然界中的各种事物，对物体进行辨析和分类的能力。这项智能强的人有着强烈的好奇心和求知欲，以及敏锐的观察能力，能了解各种事物的细微差别。他们适合的职业是天文学家、生物学家、地质学家、考古学家、环境设计师等。

后来，霍华德博士又加上了第9项智能：存在智能（Existential Intelligence），用来表示人们表现出的对生命、死亡和终极现实等提出问题，并思考这些问题的倾向性。具备此类智能的人可以成为宗教领袖、哲学家等。存在智能也被称为灵性智能。

10.3.2 人类的"算法优势"

除了前面提到的多元智能与单维智能的对比，人类智能与人工智能还有很多其他方面的显著区别。例如，人类智能具有巨大的算法优势。

在摩尔定律作用下，人工智能算力富余，因此充满了暴力计算型AI（深度学习需要巨大算力进行训练）。而人类大脑是自然进化的，进化过程较慢（甚至有学者认为人类的"脑力"在退化），算力也有限。这种生理上的限制逼着人类大脑进化出更加强大、高效的学习算法。具体来说，人类的学习算法是从少数例子中学习，具备强大的泛化迁移能力，能通过少量试错构建复杂的解决方案。人类往往是直接向自然界学习，学习方法和信息输入来源多样，并且可以进行长链条逻辑推论，形成所谓的"洞察"。而大多数人工智能的表现则取决于人类为其所建立工作环境的结构化程度（棋类游戏就是高度结构化的工作环境）。因此人类智能的稳健性明显高于人工智能。

简单地说，人类的算法是"上帝创造的"（几百万年的自然进化），而人工智能的算法是人类创造的。人类智能与人工智能的对比如表 10-2 所示。

表 10-2　人类智能与人工智能的对比

人类智能	人工智能（机器智能）
多元智能	单维智能
处理能力弱、进化缓慢（生理局限）	处理能力强、进化迅速（摩尔定律）
算法强大（经两百万年的进化）	算法极弱（笨拙地模仿人类）
人类学习方法丰富、自然	目前只能向数字化的数据学习
从少数案例中学习	大数据依赖
极强的泛化和迁移能力	极弱的泛化和迁移能力
可解释性强	可解释性差
自主运动能力强	自主运动能力极弱
能适应非结构化工作环境	很难适应非结构化工作环境
稳健性强	稳健性弱
人类智能的优势：创造力、直觉、常识、伦理、领导力、社交能力、运动能力……	人工智能的优势：效率、速度、范围、量化能力……

我们可以这样评价现阶段的人工智能系统：有智能但没智慧、有智商但没情商（AI 缺乏常识、伦理、跨文化理解力、人际洞察力等）、会计算但不会算计（计算能力强、认知智能弱）、有专才无通才（单维智能），是"计算的巨人、行动的矮子"（运动能力差）。因此，人工智能依旧存在明显的局限性。关于人工智能与人类的关系，我们做了如下总结：

- 人工智能能够完成某些任务，但通常无法完成整个工作。
- 人工智能是帮助人类的，不是取代人类的。
- 结构化强的工作环境更适合人工智能，而在需要随机应变的工作环境中，人类有更大优势。
- 人工智能并非"消灭"人类劳动，而是试图实现劳动分工的"转移"和"升级"。
- 人工智能非常擅长快速处理大数据，而人类大脑只能处理较小的数据集，例如汽油价格、篮球联赛积分、信用卡账单等。

总之，人类已经开始了"协作智能"和"人机共生"（Man-Computer Symbiosis）的新时代！在未来，一个人在就业市场中的价值，很大程度上取决于他利用人工智能的水平。

小问题：我们比一万年前的祖先更聪明吗？

《枪炮、病菌与钢铁》的作者贾雷德·戴蒙德认为，一万年前的祖先比现代人类更聪明，具体原因有两个。

首先，近一千年来，西方人一直生活在有中央政府和警察的、人口愈发稠密的法治社会里。在近现代社会里，传染病（如天花）是导致人群死亡的主因，而谋杀则比较少见，至于战争则更为罕见。相比之下，原始人所生活的社会由于人口稀少，流行疾病无法形成。相反，造成原始人高死亡率的原因是饥饿、谋杀、频繁的部落战争、各种意外事故以及洪水猛兽。因此，在原始社会中，聪明人比不那么聪明的人更有可能生存下去。而在现代社会中，随着生产力的提高，生存对于智力的要求越来越温和。简言之，在促进智力基因的自然选择方面，原始社会可能要无情得多、有效得多。在传统的欧洲社会中，流行性疾病造成的死亡率的差异与智力几乎没有任何关系，而是与遗传抵抗力、免疫力有关。因此可以说，现代人类虽然是抵抗力（免疫力）更强的人类，但是在智力上很可能逊于我们的祖先。

其次，现代社会的儿童花费大量的时间，被动地接受互联网、电视、电影等所提供的娱乐。相比之下，原始社会儿童几乎把他们醒着的时间全部用来从事为了生存所必须进行的活动，如和其他人一起打猎、识别动植物、了解天气等。几乎所有的对儿童发展的研究全都强调童年刺激和活动在促进智力发展中的作用，同时着重指出了与童年刺激减少相联系的不可逆转的智力障碍。

总之，在遗传（自然选择）和童年成长两个方面，我们都有理由相信祖先比我们更聪明。现代人类的优势是拥有了更多的知识和更好的遗传抵抗体。

10.4 协作智能时代

显然，人工智能正在改变商业，尽管机器学习系统几乎永远不会取代整个工作、流程或商业模式。大多数情况下，它们仅作为人类活动的补充，其存在的意义是使人类工作变得更有价值。

虽然人工智能将从根本上改变很多工作方式和工作岗位，但这项技术更大的意义在于补充和增强人类的能力，而非取代人类。同理，人工智能的进化也离不开人类的帮助，我们可以称之为协作智能或者人机共生。为了充分利用这种协作，管理者必须了解人类如何才能最有效地增强机器，机器如何才能最有效地帮助人类，以及如何重新设计业务流程以支持协作关系。

10.4.1 人类协助机器

人类需要做到3点：培训机器执行某些任务；解释这些任务的结果，特别是当结果违反直觉或有争议时；对机器进行维护（例如防止机器人伤害人类）。

1. 培训

人类必须教会机器学习算法，即保证其按照被设计好的规则执行工作任务。此外，人类必须训练人工智能系统更好地与人类互动。虽然目前大多数行业的组织都处于培训师不足的状态，但一些领先的科技公司和研究集团已经拥有成熟的 AI 培训人员和专业技能。

以微软的人工智能助手"小娜"（Cortana）为例，这个机器人需要经过大量的训练才能培养出优秀的品质：自信、有爱心、乐于助人、不专横。包括诗人、小说家和剧作家在内的团队花了无数时间来培养这些品质。同样，苹果的 Siri 和亚马逊的 Alexa 也需要人类训练者来塑造它们的个性，以确保它们准确地反映出各自公司的品牌。

如今的人工智能正在接受更多的训练，以显示更复杂和微妙的人类特征，比如同情心。作为麻省理工学院媒体实验室（MIT Media Lab）的一个分支，初创企业 Koko 开发了一种技术，可以帮助人工智能助理表现出同情。例如，如果用户的一天过得很糟糕，Koko 系统不会给出"很抱歉听到这个消息"之类的固定回复。相反，它可能会询问更多信息，然后提供建议，帮助人们从不同的角度看待自己的问题。

2. 解释

随着人工智能越来越多地通过不透明的过程，即所谓的黑箱得出结论，它们需要该领域的人类专家向非专业用户解释自己的行为。这些"解释者"在以证据为基础的行业（如法律和医学）中尤其重要。在这些行业中，从业者需要了解人工智能如何权衡在一项判决或医疗建议等方面的输入。解释者在帮助保险公司和执法部门理解自动驾驶汽车为何会发生事故或未能避免事故方面同样重要。解释者在受监管的行业中变得不可或缺——事实上，在任何面向消费者的行业中，机器的输出都可能被质疑为不公平、非法或完全错误。例如，欧盟新出台的《通用数据保护条例》(GDPR) 允许消费者就任何基于算法的决策（比如确定信用卡或抵押贷款的利率）获得解释。这是人工智能将有助于增加就业的一个领域：专家估计，企业将不得不创造约 7.5 万个新工作岗位，以满足 GDPR 的要求。

3. 维护

除了拥有能够解释人工智能结果的人员，企业还需要"维护者"——不断工作以确保人工智能系统正常、安全、负责任地运行的员工。例如，企业里通常有一群被称为安全工程师的专家专注于预测并试图预防人工智能的危害。与人类一起工作的工业机器人的开发人员非常注重确保它们能认出附近的人类，并且不会危及人类。当人工智能造成伤害时，如自动驾驶汽车发生致命事故时，这些专家还可能审查解释者的分析。

其他支持团体也会确保人工智能系统遵守伦理规范。例如数据合规官员，他们试图确保提供给人工智能系统的数据符合 GDPR 和其他消费者保护法规。与许多科技公司一样，苹果利用人工智能收集用户在使用公司设备和软件时的个人信息。其目的是改善用户体验，但无限制的数据收集可能会损害隐私、激怒客户，并违反法律。该公司的"差异化隐私团队"致力于确保在人工智能试图从统计意义上尽可能多地了解一群用户的同时，保护个人用户的隐私。

10.4.2　机器帮助人类

智能机器正以 3 种方式帮助人类扩展能力：增强我们的认知能力；与客户和员工交互，让人类有空去完成更高层次的任务；拓展人类的体能。

1. 增强

人工智能可以通过在正确的时间提供正确的信息来提高我们的分析和决策能力，同时提高创造力。例如，著名的 AutoCAD 的开发商欧特克（Autodesk）公司利用"捕梦者"（Dreamcatcher）人工智能增强优秀设计师的想象力。设计师为"捕梦者"提供了理想产品的标准，例如一把可以支撑 300 磅[⊖]的椅子，应离地面 18 英寸[⊜]，材料成本低于 75 美元等。设计师还可以提供他认为有吸引力的其他标准，"捕梦者"随后会推出数千种符合这些标准的设计，这往往会激发设计师产生一些最初可能没有考虑到的创意。然后设计师可以引导软件，告诉它自己喜欢或不喜欢哪些椅子，从而引发新一轮的设计。（有关"捕梦者"系统的详细介绍，详见第 8 章。）

在整个迭代过程中，"捕梦者"会执行无数次的计算，以确保每个建议的设计都满足指定的标准。这让设计师可以专注于发挥人类独特的优势：专业判断和审美感受。

2. 交互

人机协作使公司能够以新颖、更有效的方式与员工和客户进行交互。例如，像百度"小度"这样的人工智能体可以促进人与人之间的交流或代表人类进行交流，还可以抄录会议内容，并向无法参加会议的人分发语音版本。这样的应用程序本质上是可扩展的——一个聊天机器人可以同时为大量的人提供常规的客户服务，无论他们在哪里。

SEB 是瑞典的主要银行之一，该银行如今正在使用一个名为 Aida 的虚拟助手与数百万客户进行交互。Aida 能够处理自然语言的对话，能够访问大量的数据存储，还能够回答许多常见的问题，比如如何开户或进行跨境支付。它还可以通过继续询问来电者后续的问题来解决他们的问题，能够分析打电话的人的语气（如沮丧和感激），然后利用这些信息提供更好的服务。当系统无法解决某个问题时（有 30% 的可能性会发生这种情况），它会将打电话的人移交给人类客服，然后监控该对话，以了解以后如何解决类似的问题。有了 Aida 的帮助，人类可以集中精力处理更复杂的问题，特别是面对那些可能需要额外帮助的不高兴的来电者。

3. 拓展

许多人工智能应用，如百度的"小度"，主要以数字虚拟形式存在。但在其他应用中，人工智能也可以体现在一个实体机器人上。它可以增强人类的工作能力。有了精密的传感器、马达和执行机构，人工智能机器现在可以识别人和物体，并在工厂、仓库和实验室安

⊖　1 磅 =0.453 6 千克。

⊜　1 英寸 =0.025 4 米。

全地与人类一起工作。例如，在制造业，机器正从危险和"愚蠢"的工业设备进化为智能、环境敏感（情景感知）、善于合作的"机器人"。例如，合作智能机器人手臂可以执行需要重物搬运的重复性动作，而人则可以执行需要灵巧性和人类判断力的互补任务，比如装配齿轮马达。现代汽车也正在用外骨骼（Exoskeletons）拓展合作机器人的概念。这些可穿戴的机器人设备能够实时定位，将使工业工人以超人的耐力和力量完成他们的工作（见图 10-2）。

图 10-2　现代汽车使用的人类外骨骼系统

图片来源：https://m.sohu.com/a/75439159_119665/?pvid=000115_3w_a.

10.4.3　协作智能重塑业务流程

现有的业界实践告诉我们，人类和人工智能正在协作改进业务流程的五个要素：灵活性、速度、规模、决策和个性化（见表 10-3）。在重新考虑业务流程时，应当确定哪些是需要转换的核心要素，以及如何利用协作智能来处理。

表 10-3　业务流程的要素及相关事例

要素	业务流程	公司或组织	协作方式
灵活性	汽车制造业	奔驰公司	装配机器人与人类一起安全工作，实时定制汽车
	产品设计	欧特克 Autodesk（AutoCAD 开发商）	当设计师要改变参数，如材料、成本和性能要求时，软件会提出新的产品设计概念的建议
	软件开发	Gigster（软件开发公司）	人工智能帮助分析任何类型的软件项目，无视大小或复杂性，使人类能够快速估计工作量，组织专家，并实时调整工作流程
速度	欺诈检测	汇丰银行	人工智能会对信用卡和借记卡交易进行筛选，以批准合法交易，同时标记可疑交易，供人类进行评估
	癌症治疗	罗氏	人工智能聚合了来自不同 IT 系统的患者数据，加快了专家之间的协作
	公共安全	新加坡政府	公共活动期间的视频分析可以预测人群行为，帮助响应者快速处理安全事件

（续）

要素	业务流程	公司或组织	协作方式
规模	招聘	联合利华	自动化的求职者筛选过程扩大了招聘经理评估合格求职者的范围
	客户服务	维珍铁路（英国铁路公司）	Bot 模式可响应基本的客户请求，将可处理的请求数量增加一倍，让人工来处理更复杂的问题
	赌场管理	GGH Morowitz（博彩公司）	计算机视觉系统帮助人类持续监控赌场里的每张赌桌
决策	设备维护	通用电气	"数字孪生"和 Predix 诊断应用程序为技术人员提供了量身定制的机器维护建议
	金融服务	摩根士丹利	机器人顾问为客户提供一系列基于实时市场信息的投资选择
	疾病预测	西奈山伊坎医学院	深层病患系统帮助医生预测病人患特定疾病的风险，从而进行预防干预
个性化	客户体验	嘉年华公司（游轮服务公司）	可穿戴的人工智能设备简化了游轮活动的物流流程，能够预测客人的偏好，为员工的针对性服务提供支持
	卫生保健	辉瑞制药	帕金森患者的可穿戴传感器可以全天候跟踪症状，允许定制治疗
	零售方式	Stitch Fix（服装零售公司）	人工智能分析客户数据，为人类造型师提供建议，帮助他们为客户提供个性化的服装和造型建议

10.4.4　需要新的角色和人才

人工智能技术带来了大规模的失业焦虑。我们回溯人类历史，会发现此类焦虑已经不止一次地出现。19 世纪初期，机器生产逐渐代替手工劳动，大批手工业从业者纷纷失业或面临工资下跌。当时欧洲出现了著名的"卢德运动"（见图 10-3）：工人把机器视为贫困的根源，用捣毁机器作为反对企业主、争取改善劳动条件的手段。现如今，我们意识到以科技驱动的工业革命（机械自动化）并没有夺走人类的工作机会。相反，现代人类的工作时间远远长于农耕时代的人类，因为科技进步在替代部分工作岗位的同时，也创造了新的工作环境与工作角色，引导组织形态与管理模式进行结构化变革。

小知识：卢德运动

卢德运动是指 19 世纪初期，英国工人以破坏机器为手段，反对工厂主剥削并抵制新技术的自发工人运动，其主要领导人为莱斯特郡一个名叫卢德的工人。他第一个捣毁织袜机，卢德运动（Luddite Movement）也因此而得名。卢德运动持续十年，是人类历史上第一次大规模以"捣毁机器、抵制新技术"为根本诉求的运动，展示了当时的工人在面对新技术"非对称优势"时的焦虑与恐慌。

卢德运动有着极严厉的组织纪律，透露内部机密的人会受到严重的处罚。1811 年年初，卢德运动开始形成高潮，其中心是诺丁汉郡。1811 年，诺丁汉郡的袜商不顾行业规矩，生产一种劣质长筒袜，压低袜子价格，严重冲击了织袜工人的正常收入。一些织工秘密组织起来，以"卢德将军"的名义捣毁商人的织袜机。1812 年，英国国会通过《保障治安法案》，动用军警对付工人。1813 年，政府颁布《捣毁机器惩治法》，规定可用死刑惩治破坏机器的工人，并于当年在约克郡绞死和流放破坏机器者多人。1814 年企业主又成立了侦缉机器破坏者协会，残忍地迫害工人，但这场运动仍继续蔓延，直至 1816 年仍时有发生。

图 10-3　卢德运动

图片来源：https://mr.baidu.com/r/bkPjj0BeBq?f=cp&u=31448222db2640fa.

　　人工智能技术还带来了技术发展与社会进步的"边界"重塑。美国劳工部研究指出，65% 的小学儿童将会在长大后从事与现在完全不相关的工作岗位，而部署人工智能（机器人）的公司也会在未来创造更多新的工作条件，引导组织人才结构、技术水平、价值创造方式、工作环境等的变革。人工智能将会改变组织的工作方式，而以人机协作为主导的共生模式将是未来组织的重要形态。

　　重新设计业务流程涉及的不仅仅是人工智能技术的实现，它还需要对培养具有我们所说的"融合技能"的员工做出重大承诺——这些技能使他们能够在人机界面上有效地工作。人们必须学会将任务委派给新技术，就像医生相信计算机能够帮助解读核磁共振成像一样。员工还应该知道如何将他们独特的人类技能与智能机器的技能结合起来，从而获得比单独使用这两种技能都更好的效果。工人必须能够教授智能体新的技能，并接受培训，以便在人工智能增强的过程中很好地工作。例如，他们必须知道如何最好地向人工智能体提出问题，以获得所需的信息，而且必须有像苹果差异化隐私团队这样的员工，确保他们公司的人工智能系统能得到负责任的使用，而不是用于非法或不道德的行为。

　　在未来，公司的员工角色将围绕"协作智能"或者"人机共生"重新设计，公司将越来越多地围绕不同类型的技能而不是死板的职位名称来组织。AT&T 已经开始转型，从固定电话服务转向移动网络，并开始为新的岗位重新培训 10 万名员工。作为这一努力的一部分，该公司彻底改革了其组织架构：大约 2 000 个职位被精简为包含不同技能的更精细的类别。其中一些技能更适合人类工作者（例如，精通数据科学和数据整理），而另一些技能对人类的依赖性则不那么大（例如，能够使用简单的机器学习工具进行交叉销售服务）。

在长期的人机共生演进关系中，机器将趋于承担常规性、重复性的工作，聚焦"信息和数据"的处理与智能优化，而人的作用将会被逐步引导至创造性、复杂决策性的工作种类中，发挥理解、整合与创造"知识"的作用，最终实现人机共生条件下组织效率的提升与人机协作的价值共创。企业组织在这其中大有可为：通过培育"科技向善"的共生信仰，开展"组织+AI"的责任式创新，推动"智能+"的全员学习与人资管理，企业能够真正实现人机共生下的价值共创，收获 AI 赋能组织所带来的正向价值。

● 扩展讨论：具备常识有多难 ●—○—●—○—●

2016 年 4 月，英国萨里郡（Surrey）的一群孩子自发组成了人肉箭头，在地面向一架警用直升机指出了犯罪嫌疑人的逃跑方向（见图 10-4）。没有人教孩子们这样做。这些孩子（在几秒钟内）做出的判断和行为基于一系列"常识"：附近发生了犯罪行为，我们需要抓住嫌疑人；警察负责抓捕罪犯；如果你看到了嫌疑人逃跑的方向，并且帮助警方，是在做好事；犯罪嫌疑人逃脱警方的追捕，后果很严重；直升机里的警察无法听到你的声音，但是如果大家站到一起，他们就可以看到你；箭头是指示方向的通用符号；直升机飞得比人跑得更快，等等。常识就是普通人就拥有的庞大知识库，这个知识库的复杂程度超乎我们的想象。

图 10-4　一群英国孩子组成人肉箭头引导警方直升机

图片来源：http://news.xinhuanet.com/world/2016-04/03/c_128860454.htm.

当计算机功能变得足够强大，许多人工智能科学家开始雄心勃勃地复制人类"常识"。其中，最著名的项目莫过于道格·莱纳特（Douglas Lenat）的 Cyc 项目（1984），该项目目前仍在进行。1999 年，麻省理工学院的马文·明斯基的学生凯琳·哈瓦西启动了开放思维常识项目（Open Mind Common Sense），招募了数千名志愿者以提供常识。2007 年，柏林自由大学启动 DBpedia 项目，从维基百科的文章中采集知识。这些项目的目标都是创建普通人拥有的庞大知识库：植物、动物、历史、名人、物体和思想等。其最复杂的部分在于理解不同知识点之间千变万化的关系。人类往往很直观地理解一些事实：你应该怕老虎，而不是猫，尽管二者相似；只有在下雨天或在沙滩上，伞才有用武之地；衣服是用来穿的，食物是用来吃的。最近，专注于深度学习领域的企业也意识到，没有常识，人工智能系统将寸步难行。能识别汽车是汽车、大树是大树是远远不够的，明白汽车会动而树不会动，汽车可能发生事故而有些树能结出果实同样重要。深度学习在感知智能层面表现优异，但在认知智能领域却步履维艰。现在，业界希望把基于深度学习的自然语言处理与知识图谱等技术结合起来，发展机器常识。谷歌在 2012 年对外公开了其知识图谱计划，当时的知识图谱已经包含了约 5.7 亿种事物（实体），以及它们之间的 181 亿个联系。但是，这里面有大量的歧义、冲突需要解决，不同的知识来源也需要融合（关于知识图谱的内容，请参见第 2 章）。而且，即便是规模如此大的知识图谱，依然面临"知识完备性"（Intellectual Integrity）难题。客观世界拥有不计其数的实体，人的主观世界还包含很多无法形式化的概念（例如大量的隐性知识），这些实体和概念之间又具有更多数量的复杂关系，绝大多数关系恐怕还是非线性的。这些事实导致几乎所有知识图谱都会面临知识不完全的困境。

由此，我们可以想象，即使是为计算机建立普通人级别的"常识"，也是非常困难的。在实际的领域应用场景中，知识不完全也是困扰大多数包含语义搜索、智能问答、知识辅助等功能的决策分析系统的首要难题。

● 思考题 ●——○——●——○——●

1. 在霍华德的"多元人类智能"体系中，人工智能较容易模仿甚至超越的智能有哪些？较难模仿的智能有哪些？为什么？

2. 与人类相比，机器人在运动方面有哪些优势？为什么？

3. 在即将到来的协作智能时代，你认为优秀人才应该具备哪些特征？根据上述案例，你认为没有常识的 AI 能与人类竞争吗？

4. 回顾第 1 章中"人工智能的特点"，从企业角度分析，该如何发挥人类智能和机器智能的各自优势？

第 11 章 ●──○──●──○──●

企业智能化转型

目前，社会上已掀起智能化浪潮，企业拥抱智能化所带来机遇的同时，也将面对诸多挑战。或许有些企业已经先行一步，在智能化的各个领域进行了艰苦而勇敢的尝试。但对于绝大多数企业来说，它们即将面临的仍是一片陌生且充满未知的领域。远方没有明确的终点，脚下没有可见的路径，企业只能从过往的实践出发，从前人留下的经验中，窥得前进的微光。本章主要讨论智能化转型的层次、动力、挑战、策略与方法。

11.1 智能化转型概述

11.1.1 智能化转型的五个层次

人工智能与物联网、5G 等技术的深度融合，会带动整个经济运行体系的深远变化。中国工程院院士潘云鹤以工业经济为例，将智能化转型分为五个层次。

1. 第一层：企业运营管理智能化

工厂智能化主要体现在两个方面：首先是生产过程智能化，包括各流程的智能化改造，如部件的分拣、装配、焊接、搬运、质检、设备运维、工艺优化等，以及各种各样的机器人对各个环节进行的智能改造。这些都是生产过程的智能化，实际上，工业 4.0 瞄准的也是这个方面的问题。其次是生产管理的智能化，包括生产的排程、协同制造、柔性制造、员工管理、能源管理、安全管理、工厂优化等。

2. 第二层：企业经营管理智能化

在工业企业智能化方面，目前讨论最多的是生产过程智能化和生产管理的智能化。在这个过程中，还涉及企业经营管理的智能化，包括对用工需求的预测和分析，如生产成本管理、财务管理、资产管理、情报管理、决策管理等，会牵扯大量有关决策的问题，以及大量对市场、技术方向把握和预测的问题。这些领域与工业互联网技术相融合，形成了工业大数据。人工智能技术在这方面有着巨大的潜力。

3. 第三层：产品（服务）创新智能化

这一层次包括智能产品的创新，如 AR/VR+ 产品的个性化定制等。实际上，已经有越来越多的企业开始把人工智能技术封装到产品和服务中，进行产品（服务）创新。例如，2018 年，杭州一家企业设计了一款盲人眼镜，这款眼镜有两个摄像头和一个计算机。盲人使用这个眼镜不但可以知道其前方有没有障碍、台阶等，而且可以阅读报纸、图书（通过计算机视觉、自然语言处理）。在过去，盲人看书要用盲书，而这款产品可以用摄像头识别盲人手指指的那一行字，并通过计算机朗读出来。该产品获得 2018 "市长杯"创意中国（杭州）国际工业设计大赛金奖。

4. 第四层：供应链（行业）智能化

这一层次包括供应链的风险管理、物流管理、零部件管理、供应链金融管理、供应链优化等。华为的供应链管理系统通过汇集学术论文、在线百科、开源知识库、气象信息、媒体信息、产品知识、物流知识、采购知识、制造知识、交通信息、贸易信息等信息资源，构建了华为供应链知识图谱，实现了供应链产品的最优化。人工智能技术带来的变革导致传统产业链上下游关系发生了根本性的改变。人工智能的参与导致上游产品提供者类型增加，同时用户也可能因为产品属性的变化而发生改变，由个人消费者转变为企业消费者，或者二者兼而有之。

5. 第五层：战略管理智能化

这一层次包括市场趋势分析、政策分析、优势分析、竞争与合作分析、产业画像、招商辅助决策，以及引才辅助决策，还包括区域经济分析、经济景气预警、经济协调辅助决策。随着人类社会数字化程度的加深，这些问题大都要基于多源异构的大数据进行决策，需要依赖人工智能技术对复杂数据关系的解析能力。

11.1.2 智能化转型内部动力

具体而言，人工智能将以其独特的能力、新的模式为企业创造价值，为企业带来方方面面的变化，推动企业自发迈向智能化新阶段。目前，人工智能研究已给企业带来了许多实实在在的利益，包括以下几点。

1. 取代线性简单工作

人工智能之所以能够代替人类从事机械的、简单的、重复的和毫无创意需求的劳动，是因为与人类相比，机器本身具有更高的速度、准确度，并且不易疲劳（特别是不会因为疲劳而降低速度和准确度）。

2. 创造数字经济时代新物种

人工智能具备在数字经济时代创造"（产品、服务或企业类型方面的）新物种"的能力。人工智能结合了云计算、物联网、VR/AR 等技术，可打破各种有形或无形的束缚，解放和重构生产要素，催生各种新物种（新产品、新服务、新流程、新模式），推动"数字寒武纪"的到来（参见第 1 章论述）。

3. 突破人类能力极限

人类拥有很强的逻辑思维能力、复杂事物处理能力和情感分析能力，但是，人类在全局认知、高并发性、深度逻辑和复杂（准确）记忆方面与算法相比仍处在下风。人工智能能够突破人类在这些领域的能力极限，提供全新的生产力。并且，在一些高度危险、高度复杂的生产环境中，人工智能也将担负起突破人类能力极限的重任。

4. 利用已有数据来激活业务和商业流程

过去 20 年中，许多中国企业进行了信息化和电子化改造，沉淀了大量的高价值数据。这些数据由于远远超过人类的计算承载力，其价值得不到有效开发，而人工智能可以"激活"数据能力，从数据中找到新的业务价值点、业务流程和客户需求，帮助企业做出比现在更好的业务服务和业务流程。

5. 精准匹配并找到被忽视的潜在逻辑与联系

人工智能可以在由海量数据形成的复杂拓扑网络中，以难以置信的速度放大关键的数据节点，并识别数据间的最优量化关系。这种认知反应方式突破了"老专家"传统的思维定式，将隐性和碎片化的问题变得显性化，并由此生成新的知识。与此同时，数字世界的试错成本远低于物理世界。人工智能能够帮助企业精准匹配用户需求和业务需求，并且找到由于受人力、人脑等外部因素限制而无法被发现的潜在逻辑与内在联系。

6. 提供全新的人机或服务交互模式

目前人工智能在机器视觉（图像和视频识别）、自然语言理解和语音识别等领域已经具有非常强的能力，并随着深度学习技术的发展在持续提升，这意味着机器可以拥有近似于人类的"视觉、听觉和语言 / 语义理解能力"。人工智能将是革新人机交互的新起点：令交互效率大幅度提升、令用户使用的学习成本大大降低、令用户依赖程度大大提升。

7. 辅助人类进行智能决策

人工智能能够为企业提供与传统的决策支持系统、知识辅助决策系统或专家系统不同且更具价值的智能决策，帮助企业构建决策支持系统，为决策者提供可以分析问题、建立模型、模拟决策过程和方案的环境，并调用各种信息资源和分析工具，帮助决策者提高决策水平和质量。

11.1.3　智能化转型外部动力

智能化转型的外部动力可体现在 3 个方面。

1. 数字化可带动智能化，AI 或将成为通用目的技术

随着互联网、移动智能终端、物联网、5G、可穿戴设备等的流行，感知设备已遍布城市，遍布全球的网络正史无前例地连接着个体和群体，反映、聚集着他们的发现、需求、创意、知识和能力。世界已从二元空间，即物理—人类空间，演变为三元空间：赛博—物理—人类空间，人类已经进入了数字化时代。数字化的基本表征之一就是数据化，即人类正在被大数据所包围。很多业界专家都认为人工智能将成为像电力、信息技术一样的通用目的技术，个人、企业、行业、国家都难逃人工智能技术的深刻影响。因此，对企业来说，智能化转型不是一种选择，而是必须面对的事。

2. 市场需求扩大，消费习惯形成

世界市场上的消费者正在向"数字原生"（Digital Natives）一代聚拢，即变得更具个性化、更自我。在他们的成长过程中，互联网和数码设备扮演了至关重要的角色。他们的消费方式更加追求实时化、在线化、数字化，他们的消费行为和消费需求也正在数字经济下展现着全新的形态。

如今，各企业纷纷应对市场的变化，不断地推动人工智能产品并登陆市场，人工智能产品的推广和普及又反过来进一步推动用户对人工智能需求的扩张。智能化产品推出和消费习惯形成相互正反馈，彼此促进，为企业智能化转型开创了良好的市场氛围。例如，在智能家居方面，智能音箱在 2017 年展开了"百箱大战"。在智能交通方面，谷歌、Uber、特斯拉、百度都已经开始部署商业化的自动驾驶产品和服务。受 2020 年年初的新冠疫情影响，在线教育市场发展迅猛、迅速细分，人工智能技术在其中发挥了重要作用。在一定程度上，人工智能迎合了"数字原生"一代个性化的消费需求，也进一步拓宽了消费者的视野，增加了消费者可选择的服务类型，为企业开发人工智能产品、实现智能转型提供了必要的动力。

3. 作为战略性技术，具有普遍政策支持

作为新生事物，人工智能在法律监管、政策指导方面缺乏先例。而一个良好有序的政策环境可以保证企业在智能化转型过程中实现平稳、高效过渡。自 2013 年开始，许多国家在经济振兴、科技创新、机器人、互联网等方面的政策中引入有关人工智能的内容。例如，美国 2016 年 5 月成立"人工智能和机器学习委员会"，负责协调全美各界在人工智能领域的行动，探讨制定人工智能相关政策和法律，并于 2016 年连续发布《为人工智能的未来做好准备》和《国家人工智能研究和发展战略规划》两份报告，将人工智能上升到国

家战略层面。欧洲也将人工智能确定为优先发展项目：2016 年 6 月，欧盟委员会提出人工智能立法动议；2018 年，欧盟委员会及其成员国发布主题为"人工智能欧洲造"的《人工智能协调计划》。日本依托其在智能机器人研究领域的全球领先地位，积极推动人工智能发展，在 2016 年提出的"社会 5.0"战略中将人工智能作为实现超智能社会的核心，并设立"人工智能战略会议"进行国家层面的综合管理。

中国国务院于 2017 年 7 月 8 日印发并实施《新一代人工智能发展规划》，强调抢抓人工智能发展的重大战略机遇，构筑我国人工智能发展的先发优势，加快建设创新型国家和世界科技强国。2019 年 3 月 19 日，习近平同志主持召开中央全面深化改革委员会第七次会议并发表重要讲话，会议审议通过了《关于促进人工智能和实体经济深度融合的指导意见》等 8 份重要文件，指出要促进人工智能和实体经济深度融合，要把握新一代人工智能发展的特点，坚持以市场需求为导向、以产业应用为目标，深化改革创新，优化制度环境，激发企业创新活力和内生动力，结合不同行业、不同区域特点，探索创新成果应用转化的路径和方法，构建数据驱动、人机协同、跨界融合、共创分享的智能经济形态。

以技术和数据为代表的基础设施日趋完善，以"数字原生一代"为首的智能化市场需求日益扩大，以政府为主导的政策体系基本成型，这一切都为企业发展人工智能，高效完成智能化转型提供了良好的契机，各企业应该把握机遇，采取开放的态度，投身于智能化的改革洪流。

11.2 企业智能化转型的挑战

11.2.1 转型实践举步维艰

为探寻企业智能化转型的发展状态，德勤于 2018 年年底通过调研对企业智能化部署情况进行了评估。调研结果显示：大量企业已经启动了智能化转型，有近 30% 走在智能化前列的企业已经开展了丰富的实践且有所回报，有 3% 的企业采取了相对保守的跟随策略，而其余企业尚处于起步阶段。在企业智能化转型的实践中主要存在以下 3 个问题。

1. 效果不佳，盈利困难

智能化的概念虽然深入人心，但真正找到良性路径的企业仍是凤毛麟角。大部分企业受制于各种因素，尚未进入智能化转型的正确轨道。为了解企业部署技术的情况以及相关收益，德勤在 2018 年第三季度对来自不同行业的美国公司的 1 100 名高管进行了调研，调查结果显示：在推进智能化能力建设的企业中，有 40% 的企业处于良性的建设阶段。其中，仅有 13% 的企业处于领先地位，在建设规模和成效上取得了可观成就。其余的跟随者在建设规模和收益方面虽有成果，但与领先的企业有着明显的差距。受制于自身与外部的困境，有 60% 的企业尚未进入智能化建设的良性路径，这 60% 的企业中包括损耗者、停滞者与落后者。对于占比为 22% 的落后者，其智能化建设相对缓慢，成效甚微。而停滞者由于在某几个项目取得成效后，无法将建设成果扩大，其智能化仅停留在企业的某些部门或业务环节。最后，对于 26% 的损耗者，由于缺乏正确的建设方法与路径，智能化建设反而成为一个吞噬企业资源与机会的陷阱，无法为企业带来应有的价值与贡献。

2. 信心不足，投资降温

人工智能在为企业带来实际经济利益方面不尽如人意，使得市场对人工智能技术信心下降，导致了市场投资的降温。与过去那些在 PowerPoint 演示文件中加入"人工智能"这个神奇词汇的初创企业融资不同，人工智能投资正逐步降温。尽管大量量身定制的系统能够在围棋、象棋或知识问答游戏等挑战中胜出，但是要从人体显示出的复杂且矛盾的症状中诊断疾病并给出合理治疗方案，AI 的表现还差强人意（详见第 6 章对 IBM "沃森医生"的案例讨论）。

3. 对未来的忧虑有增无减

即便是那些处于良性建设路径上的企业，对于智能化建设也依然存在着忧虑。调查发现，绝大多数企业认为自身发展现状与理想的智能化之间还存在差距，这反映了企业在智能化建设上的忧虑。除了技术差距之外，企业还有如下担忧：数据基础问题、智能化技术 / 认知技术的安全问题、不合规风险、道德困境、人才与文化问题。此外，越是在智能化转型起步阶段的企业，对未来的评估往往越乐观，这是由于企业对于智能化转型认识尚不明晰导致的。

11.2.2　智能化转型的八重困境

智能化转型的八重困境具体如下。

1. 数据

数据是智能化最重要的组成部分，智能技术的能力上限由输入数据的广度、深度和质量来决定。现有机构拥有大量数据库和系统，但往往难以在智能化应用中有效部署，造成这一现象的原因包括但不限于以下几点。

一是数据质量问题：如今机构往往已经拥有大量的数据，但其中大部分没有在整个组织中实现统一的格式化，并且可能包含错误。

二是碎片化和数据孤岛问题：企业数据被存储在不同系统中，建设智能化能力需要以不同方式提取并整理数据。数据孤岛、数据隐私、数据安全、小数据集和数据缺失等问题变得日益凸显。

三是数据广度与深度问题：智能化应用的最大价值需要以非传统数据的输入进行激活。

四是数据架构问题：大部分企业的基础数据架构仍然停留在面向传统商业智能的阶

段，在管理与技术上都无法满足智能化时代下海量数据的实时获取与应用的需求。

2. 技术基础

传统的技术基础设施是部署智能化能力的又一道屏障，智能技术必须与核心系统基础设施紧密集成才能提升价值，但目前企业内部一般存在以下问题。

一是传统的系统与技术缺口：需要进行大规模的调整才能部署智能化应用（例如配置程序接口，并匹配实时数据流）。

二是缺乏灵活的、基于云的架构：为了最大限度地利用智能化技术，机构需要有效地存储数据，灵活化处理过程并轻松实现更新。因此，以基于敏捷和基于云的微服务结构为核心的基础架构就显得十分必要。

三是智能化技术能力构建：相较于传统 IT 技术，智能化技术具有三大特征：领域新，企业需要构建一套新的技术体系以支撑智能化应用实施；变化快，技术快速迭代，新技术不断从学术领域向工程领域转化；范围广，智能化应用涉及各类算法、工程化技术、硬件加速技术的整合，其领域非常广泛，导致企业在智能化技术能力的构建过程中，往往缺乏方向与战略，因而举步维艰。

3. 业务流程

传统业务是围绕人建立的，但人工智能驱动的流程与前者难以匹配，例如金融服务中的现有流程需要以人与人之间的信息流动作为基础。随着人工智能的发展，新的流程需要考虑新的步骤和结构，以支持机器和人类之间的交互。

4. 核心竞争力

智能化将改变每一个过去企业成功的基本要素，构建高效运营并实现成功的决定因素将是技术。资产规模虽然仍很重要，但已经不足以成为一个建立成功企业的必要因素。在数据规模方面的竞争中取胜对于维持成本优势将更为重要。同时，收入不是来自标准化的产品服务，而是来自高度定制化的产品和通过人工智能所实现的个性化互动，独特的产品供给也不再是异化因素。在数字化的世界中，部分服务提供者将因其能够创建高度契合的匹配链接能力而脱颖而出。

5. 市场与监管

现有的监管制度难以跟上新兴技术的步伐，这给智能化的部署造成了障碍，导致向监管机构解释其解决方案符合监管要求将非常困难。同时，机构在采用智能化技术时也可能违规。例如，2018 年 10 月，美国加州立法禁止机器人伪装成人类。该法案规定：任何人使用机器人在加利福尼亚州与另一个人在线通信或互动，意图误导对方的人工身份、故意欺骗对方的通信内容、怂恿对方在商业交易中购买或出售货物或服务，或影响选举中的投票，均属非法。这些机器人需要披露其性质，向用户表明他们正在与机器人，而不是真正的人类交谈，比如主动对用户说："我是机器人。"

6. 组织

传统企业组织架构的各个方面在智能化面前都显得过时。组织架构应向智能化转型，追求精简和灵活，并改变各个部门的价值定位以适应智能化所带来的变化。同时，在企业内部，各个部门在本部门利益的驱动下可能会阻碍变革。

7. 人才

人才是推进智能化建设的核心动力，无论在企业内部还是市场中，符合智能化要求的人才都相当匮乏。企业受限于过往的招聘框架与薪酬体系，往往会在人才竞争中错失补充关键人才的机会。

8. 文化

大部分企业并没有构建智能化转型企业文化的主观能动性和初步计划。例如，领导者能力与转型定力不足，各层级组织未形成统一认识，以数据、智能、敏捷为核心的工作文化无法建立，企业内部难以形成向智能化转型的合力，等等。

11.3　企业智能化转型策略与方法

11.3.1　企业智能化转型策略

企业在智能化转型道路上的核心议题是如何结合智能化能力加快企业创新的速度。因为不同企业的业务侧重点各有不同，不同业务场景下进行智能改造时所能获取到的资源也是不一致的，所以企业首先需要明确人工智能能够提升哪些业务价值。

"第四范式"咨询公司与德勤咨询公司联合，于 2018 年年底提出了一个企业智能化转型"1+N"新范式（见图 11-1）。该范式认为企业的任务并不都是同质化的，不同的业务对应不同的职能和价值。"1+N"的转型策略要求全面提升 AI 规模化落地效率。

1. "1"：极致业务效果

每个企业都有 1 个或多个核心业务，企业的核心业务一定是和企业的发展目标相关的，面对这些核心业务场景，我们需要将智能化做到"极致的效果"，因为这些领域每提升 1 个百分点的效果，对企业都至关重要。

极致的智能决策能力对智能化系统提出了更高的要求与挑战，其中涉及 3 个核心能力点。

一是高维，指的是通过高维算法与海量特征的结合，可以帮助企业达到最细粒度的业务洞察，进而产生对现有业务优化及重组的可能。以个性化推荐系统为例，假如企业需要研究一百万名用户与一百个产品之间的购买兴趣关联关系，这里面会涉及一亿种产品与用户的关联组合，采用传统的低维建模方式，只能得到"抓大放小"的业务结果。而采用高维算法与海量特征相结合的方式，可以对这一亿种组合逐一生成概率洞察，最终达到针对每位客户采取个性化精准推荐的目的。

二是实时，意味着从"事后分析"到"实时决策"的最大化业务效果。在企业的业务开展过程中，如果能够实时采集客户触达时的行为数据，并基于实时决策分析立即反馈给客户所需要的服务，企业将不仅能够带给客户极致体验，亦可以通过充分挖掘客户需求，帮助企业不断提升业务效果。

三是闭环，即自学习能力。任何系统都不可能完美，都可能会犯错。持续利用业务应用过程中的反馈数据进行系统自我更新与优化的能力，是未来智能化系统极其重要的核心能力。智能化能力的最大提升，往往来自上线以后逐年累月的自我迭代提升。

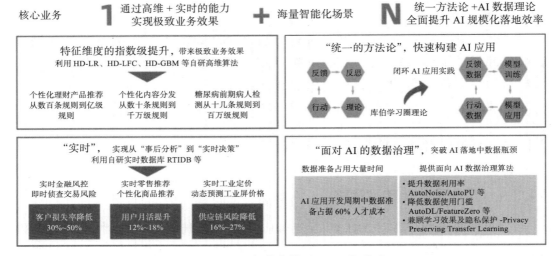

图 11-1　企业智能化转型"1+N"范式

图片来源：　第四范式、德勤咨询联合研究报告，数字化转型新篇章：通往智能化的"道、法、术"，2019。
https://www2.deloitte.com/cn/zh/pages/technology/articles/white-paper-the-road-to-intelligence-transformation.html.

2. "N"：规模化落地

"N"追求的是规模化落地。很多企业都面临着"全面智能化改造"的难题，在面对成百上千个场景时，如果每个都做到极致，其代价和效率是无法承受的。而在大部分企业中，业务价值链与可智能化的场景应用也非常分散。这种情况下，智能化的规模化落地，往往比单场景的极致效果对企业更有价值。

实现规模化落地和极致效果的路径不完全一样。首先，企业需要建立智能化应用构建的统一方法论作为企业转型的行动指导，以降低智能化应用构建的认知门槛，解放智能化转型的生产力。其次，要开展面向智能化应用的数据治理，保证线上线下数据一致性，利用回流数据自动标注等关键能力，满足数据的实时性、全量及闭环等需求。最后，要通过自动化建模技术，与智能化应用构建方法论上的紧密结合，打造规模化的生产流水线。在非核心场景中，通过机器置换人力的方式进行多场景的自动化模型构建，在保障快速规模化落地的同时，也可以通过数据的持续积累与供给，保证决策能力的持续优化演进，最终达到整体规模化效应提升的目标。

11.3.2　企业数字化转型需要的核心能力

企业在朝着智能化转型"1+N"愿景前行的过程中，常常会遇到一些问题与阻碍。例如，我国中小型企业的智能化转型之路面临着人才、技术、成本、模式等制约因素，客服行业会遇到思维僵化问题和数据风险，制造型企业往往会碰到资金缺乏、人才缺乏、技术创新缺乏等问题。不同行业、不同规模的企业都会遇到"八重困境"中的一重或多重难关。

"第四范式"与德勤咨询认为，企业可以通过构建 6 大方面的核心能力，快速实现智能化转型的终极目标。这 6 大核心能力包括智能化战略、智能化需求、智能化数据、智能化技术、智能化运营与智能化人才体系。

1. 智能化战略

智能化战略包含四重含义，具体如下。

一是新技术驱动。企业应具备能够主动识别对企业自身发展有利的新技术的能力，并进行提早布局，将前沿技术与企业自身业务深度融合，达到引领业务发展的目的。

二是创新机制。企业内应形成全员的创新意识，积极将创新融入日常工作。企业应为员工提供充分的创新资源支持，并且做到从量变到质变，即基于创新成果产生出新的商业模式。

三是变革驱动力。企业管理层应对智能化转型所需要完成的变革形成决议，全方位推动和深化变革，将智能化转型真正变成一把手工程，在组织、治理结构和制度流程等方面就变革目标达成一致。

四是商业模式。在企业基本完成商业模式的转型后，以智能化能力驱动的商业模式将成为其最主要的业务组成部分。企业自身的市场定位和形象也会因此完成相应的转变。

2. 智能化需求

企业应能够成体系化地对数据、技术进行匹配，识别与目标之间的差距，能够了解弥补差距所需要的工作，如数据探查、需求分类等。

3. 智能化数据

智能化数据包含四重含义，具体如下。

一是数据资产管理。企业应将包含非结构化数据在内的全部数据整合优化，达到服务智能化应用的标准，形成面向各业务领域的数据资产，建设基于实时数据流的数据资产服务目录，形成面向各业务领域的数据资产。

二是数据质量。企业应具备完备的数据质量管理制度、标准及管理政策，定期推进相关数据质量的诊断和治理。

三是数据服务。企业应形成完善的数据安全、脱敏、共享机制，具备体系化的数据共享接口，使数据使用流畅高效。

四是数据架构。大数据平台与数据库应符合智能化应用需求，具备对海量数据的储存、计算及处理能力。

4. 智能化技术

智能化技术包含四重含义，具体如下。

一是面向智能化的算力。由于智能化应用通常需要对海量数据进行计算处理，传统服务器性能已难以支撑呈指数级增长的计算需求。因此，企业迫切需要搭建面向智能化的高性能算力，为智能化应用提供充沛的算力保障。

二是智能化技术架构。企业各类 IT 系统和设施需要共同完成面向智能化的企业架构转型，引入智能应用编排 / 发现、创新实验系统、应用业务指标实施监控、数据存储及处理和应用系统、中间件、产品，为企业智能化应用提供架构基础能力，同时形成内部智能平台。

三是技术治理。企业应着力完成智能化应用的统一治理，包括服务资产、业务指标收集展示、业务创新实验等，使企业智能化能力资产化。

四是智能化算法。要搭建企业统一智能平台工程化系统和架构支撑，使得智能化算法生产可用。企业还应该在内部沉淀算法，并使用场景、数据、使用方法、性能、工程化架构等相关知识和信息，形成企业内部算法知识库。

5. 智能化运营

智能化运营包含四重含义，具体如下。

一是变革管理。企业应形成包含变革潜在问题识别、变革推动规划、变革追踪与优化等环节在内的变革管理。

二是高效流程。企业应在运营流程中广泛应用智能化技术，形成适配企业经营管理及业务技术发展现状的标准流程，输出流程图和对应流程的管理规范，明确权责，保证新技术的实验空间，还要在条件允许的情况下，让技术向外输出。

三是弹性组织。企业应成立技术实践探索与落地团队，保证团队试错空间，对组织的管理理念、工作方式、组织结构、人员配备、组织文化进行革新，实现对智能化转型各项工作的适配。确保所有员工完成智能化转型的方法论和执行路径同步，确保企业内的所有人对智能化转型有统一的认识。

四是先进的治理结构。企业应将经营管理与智能化转型工作的决策权分离，针对创新业务领域或创新技术应用，要有更灵活的决策机制支持。企业管理层、中层干部应充分理解智能化转型的目标和执行路径，引导和激发员工积极主动地参加智能化转型的工作，在取得初步进展后，将智能化转型决策权限下放。

6. 智能化人才体系

智能化人才体系包含两重含义，具体如下。

一是人才体系规划。企业应规划建设匹配公司发展战略的人才队伍，设计新型人才岗位的绩效考核。

二是人才体系构建能力。企业可以通过招聘、培训等措施，构建支撑智能化转型所需的人才技能及能力。

11.3.3　企业人工智能商业落地的其他建议

前面我们给出了企业实现智能化转型所需要的 6 大核心能力。在掌握这些能力的基础上，人工智能还必须落实到实体产业中才能有进一步的发展。企业在成功实现 AI 商业落地过程中，应注意以下 3 点问题。

1. 场景落地要做到由浅入深

人工智能本身是一个多学科交叉的研究领域，其在商业落地进程中也体现了这一特点。人工智能在进行场景落地时，要关注其核心、垂直领域的应用，而非通用领域的应用。换句话说，人工智能场景落地不能只停留在某个大的领域，而要注意应用上的垂直细分、由浅入深。

由浅入深的过程意味着人工智能应在特定应用领域做到差异化，而差异化往往就是科技竞争力的体现。在人工智能技术不断提高的同时，商业落地的进程不断融入深化细分场景的特定附加内容，是人工智能落地过程中的必经之路。对行业垂直深度的理解决定了人工智能能否成功商业落地。在进行人工智能产品的商业开发时，许多非互联网行业的大型企业毫不逊色于互联网巨头，主要就是因为这些企业对该行业的具体场景拥有十分深刻的认识。

2. 应关注面向消费者的产品销售

企业产品的销售既可以面向企业（To business，ToB），也可以面向消费者（To customer，ToC）。对于人工智能的商业落地来说，目前其许多应用都是面对大型企业。但要想实现真正成功的商业落地，应关注面向消费者的产品销售。只有人工智能真正融入人们的生活，成为人们日常生活中不可分割的一部分，人工智能的商业化目标才算完成。

许多人工智能企业正在积极展开向 ToC 形式的转变。ToC 运营形式要求企业在用户体验环节投入更多精力。在不断改进用户体验上，其整体思路是"大胆假设、小心求证、不断试错、快速迭代"。只有实现向 ToC 的转变，人工智能才能够真正走入寻常百姓家，为众多普通消费者带来智能化的生活。同样，只有企业的人工智能产品实现落地，企业才可谓从真正意义上迈向了智能化转型成功之路。

3. 要善用 AI 云服务

人工智能技术被有些专家认为是新一代的通用目的技术。如今，很多企业都不可避免地受到了人工智能技术的冲击，主动或者被动地开展数字化、智能化转型。人工智能技术甚至已经变成了一种基础设施，很多行业巨头正在通过网络提供各种各样的 AI 产品和服务。

在 AI 云服务（详见 11.4.1 节）出现以前，如果一家公司希望对其产品、服务、流程做智能化改造，就需要招募 AI 技术专家、积累数据、买服务器、训练或开发各类 AI 产品，还要设置专人维护。这种方式费工费时，不仅成本高，效率也低。因此越来越多的公司开始借助 AI 云服务实现自身的智能化。

11.4　云计算开创 AI "普惠" 时代

那些希望拥抱人工智能技术的企业往往会遇到一个障碍：在本企业内部独立开发人工智能产品成本高昂、技术门槛高。尤其是，一些中小企业受限于自身条件，没有能力开发自己的人工智能产品，这不利于 AI 在全社会层面的发展和推广。AI 云服务打破了技术边界，让即使是预算受限的企业也可以通过外包、租赁等方式方便地利用人工智能技术完成企业智能化转型。

11.4.1　AI 云服务的内涵

目前，几乎所有的顶级云计算厂商都在重新审视人工智能在计算上的价值，纷纷扭转重心，在 AI 云服务上排兵布阵，展开新一轮的角逐。各种 AI 云服务（又被称作 AI 即服务、AIaas）如雨后春笋般纷纷出现在市场中。

1. AI 云服务分类

在 AI 云服务的市场中，各大互联网巨头公司纷纷倾注心血，争先恐后地推出了名目繁多的 AI 云服务，从服务架构的角度，大致可分为以下三类。

（1）专项技术

专项技术云服务指的是将 AI 技术中的一项技术或相互协作的几项技术由供应商包装成独立的云服务产品，例如视觉识别类服务、自然语言处理服务、人机对话服务等。这些产品有良好的可迁移性，方便客户将其整合进自己的业务流程，实现商业目标。

（2）行业应用

针对不同行业的应用场景和需求特点，AI 云服务供应商可将不同的 AI 专项技术整合打包成行业解决方案，助力各行业快速接轨 AI，实现智能化。典型 AI 行业应用云服务包括智能制造、智能家居、智能金融、智能零售、智能交通、智能安防、智能医疗等。

（3）开发平台

无论是专项技术还是行业应用，都是封装好的 AI 产品或服务，都不一定能完全满足客户的所有要求。因此，各大供应商还提供了 AI 开发平台服务，以满足用户个性化的需求。这些开发平台为客户搭建好底层的逻辑，提供编程工具、AI 算法库、大规模机器学习所需要的云算力，甚至项目管理工具，方便客户根据自己的需求量身打造 AI 程序或系统。使用开发平台需要客户有一定的技术能力，能够独立完成 AI 程序的开发设计。

2. AI 云服务特点

（1）资源共享、弹性扩展

通过将物理资源与逻辑资源解耦，可实现 AI 能力、解决方案、计算、存储和网络的资源共享，即资源池化。云服务资源池远远大于单客户所需的资源，使其看上去近似无限大。在此基础上，资源可以快速部署和释放，自动化地扩大和缩减规模，实现弹性扩展。

（2）随时接入、服务可计量

AI 云服务供应商可通过网络提供许多可用功能，并通过各种统一的标准机制从不同终端接入。AI 云服务还可提供多种计费模式，例如按时间、按使用次数、按算力耗费等，以满足有着不同需求的客户。在有些时候，用户甚至可单方面部署资源，无须与云服务商人工交互。

（3）按需租用、性价比高

与传统的自建 AI 模式相比，云服务的性价比更高，无须企业自己准备一整套的 AI 技术，且 AI 云服务提供商往往提供"智力支持"，即派遣相关技术人员进行实地考察，为企业量身定制 AI 服务。企业的初步信息化为其积累了大量的原始数据，而对这些数据资源的利用则是重中之重。尽管大数据为人工智能准备好了资源，但是如果没有云计算这个工具，这份资源就如同废铜烂铁，占据企业存储空间却毫无价值。AI 云服务的出现使得大数据背后的信息挖掘处理成为现实，让人工智能真正利用大数据资源"普惠"所有企业。

11.4.2 国内主要 AI 云服务商

放眼望去，百度、阿里巴巴、腾讯、京东、华为占据了国内主要 AI 云服务商的第一梯队。百度智能云入局 AI 最早，也是国内唯一拥有完全自主机器学习框架的云服务商，能够提供各类自定义组件，满足不同用户进行数据预处理、特征工程和算法建模的需求。在长期的应用落地实践中，百度也积累并保持了其先发优势。目前，百度智能云的 AI 服务已经在互联网、金融、智慧城市、工业制造、物流交通等多个行业领域落地。

阿里、腾讯凭借强大的 AI 技术实力和在内部业务锤炼中积累的丰富经验，不断提升其 AI 云服务的技术水平。华为则凭借强大的底层硬件能力和 AI 开发服务平台，以及 API 能力的快速打造，构建了全栈 AI 云服务能力。金山云借助金山软件和小米生态，在文本、音视频和图片识别，以及知识图谱等方面积累了较强的技术能力和服务经验。表 11-1、表 11-2、表 11-3 以百度大脑为例，分别展示了其 AI 专项技术类别及功能模块、AI 行业解决方案及场景应用、AI 开发平台及相应的业务能力和特点。

表 11-1　百度 AI 专项技术类别及功能模块

AI 技术类别	功能模块
语音技术	语音识别、语音合成、语音唤醒、语音翻译、呼叫中心、智能硬件
图像技术	图像识别、图像审核、图像搜索、图像效果增强、车辆分析
文字识别	通用文字识别、卡证文字识别、票据文字识别、汽车场景文字识别等
人脸与人体识别	人脸识别、人像特效、SDK 产品、人体分析、行为分析、智能硬件
视频技术	视频内容分析、视频内容审核、视频封面选取、视频对比检索
自然语言处理	语言处理基础技术、文本审核、语言处理应用技术、机器翻译
知识图谱	知识理解、事件图谱、图片数据库
数据智能	大数据处理、大数据分析、统计与推荐、舆情分析、大数据风控、大数据营销、知识生产与理解

表 11-2　百度 AI 行业解决方案及场景应用

AI 行业解决方案	场景应用
智能工业	L4 级量产园区自动驾驶、工厂安全生产监控、智能边缘 BIE、工业智能质检、AR 汽车展示
智能零售	门店智能顾客管理、人脸会员识别、智能货柜、自助结算台、线下门店陈列洞察、百度智客、大数据泛零售行业方案、AR 商品包装展示
企业服务	人脸核身、人脸闸机、人脸考勤、呼叫中心语音解决方案、行业知识图谱解决方案、内容审核解决方案、智能客服解决方案、智能办公解决方案、服务机器人解决方案
智能政务	百度数智政务解决方案、平安城市视频分析方案、人脸核身
智能教育	人脸闸机、人脸考勤、人脸核身、课堂专注度分析、AR 教育行业解决方案
信息服务	语音搜索解决方案、虚拟真人助理、AR 娱乐互动解决方案
智能园区	人脸闸机、人脸会场签到、平安城市视频分析方案、服务机器人、机器人平台 ABC Robot、L4 级量产园区自动驾驶、AR 景区行业解决方案
智能硬件	机器人导航和视觉、语音搜索解决方案、AR 智能设备解决方案
智能医疗	医学文本结构化、智能分诊

表 11-3　百度 AI 开发平台及相应的业务能力和特点

AI 开发平台	业务能力和特点
飞桨 PaddlePaddle	• 易用、高效、灵活、可扩展的深度学习框架 • 同时支持动态图和静态图，兼顾灵活性和高性能 • 源于实际业务淬炼，提供应用效果领先的官方模型 • 源于产业实践，输出业界领先的超大规模并行深度学习平台能力
AI Studio	• 专注打造一站式开发平台 • 支持千万规模分类任务训练，部署能力全面提升
EasyDL	• 一站式定制高精度 AI 模型 • 图像内容识别、定制图片打标签、定制图片审核 • 视频图像监控、监控特定行为或状态 • 工业生产质检良次品判断、瑕疵检测 • 零售商品识别、货架陈列合规性识别、自助结算 • 专业领域研究，如医疗、农业中的细分类识别等
iOCR 自定义模板文字识别	• 基于业界领先的图像处理和文字识别技术 • 提供模板识别及图像分类器的自定义功能 • 整合多种预置能力，提供多场景的解决方案 • 高效、低成本地对固定版本的卡证票据进行自动分类及全场景结构化识别
视频监控开发平台	• 电子围栏 • 烟火检测 • 安全帽佩戴合规检测 • 陌生人检测 • 车辆违停 • 睡岗检测
内容审核平台	• 可进行图像审核、文本审核 • 维度丰富、准确率高、紧跟监管要求 • 自由定制、快速高效、易用性强
语音自训练平台	• 科学评估，提供多维报告 • 上传语料，深度训练模型 • 迭代优化，获取最佳模型 • 自动上线，模型专属使用
智能对话定制平台 UNIT	• 完整的智能对话工具链 • 支持自动构建对话系统 • 快速定制对话、持续提升对话效果 • 完善的服务生态
EasyEdge 端计算模型生成	• 手机端图像识别 • 设备端图像识别 • 快速生成模型、可针对芯片加速、支持离 / 在线混合

11.4.3　国外主要 AI 云服务商

国外重要的 AI 云服务商主要有：IBM Cloud——号称全面的人工智能软件包，亚马逊 AWS——为商业重新定位的消费者人工智能，Microsoft Azure——强调 AI 作用开发者。当然，还有其他一些颇具实力和特色的云服务商，例如：Oracle AI——其主要支柱是它支持挖掘和提取数据的数据源，Salesforce——该公司的 Einstein 人工智能平台与其他 Salesforce 云计算产品完全集成，可使用机器学习和预测分析构建应用程序，并利用其 Salesforce 数据进行训练。本书以亚马逊 AWS 为例进行介绍，其人工智能版图包含应用、平台、框架三大服务层面。

1. AI 应用层服务

- Amazon Rekognition 图像和视频分析：基于对深度学习的图像和视频的分析，它能实现对象与场景检测、人脸分析、面部比较、人脸识别、名人识别、图片调节等功能。
- Amazon Polly 语音识别：可使用深度学习将文本转换为逼真的语音。目前能转换 25 种语言，包括英语、丹麦语、巴西葡萄牙语、西班牙、法语、日语、韩语等，很遗憾的是，目前它还无法转换中文。
- Amazon Personalize 推荐：可轻松创建一个会话聊天代理，改善客户服务并提高联络中心效率。
- Amazon Lex 会话聊天助理：用于创建自动语音识别和自然语音理解功能的对话式聊天机器服务。可以提供高级的自动语音识别（ASR）深度学习功能，可以将语音转换为文本，还可以提供自然语言理解（NLU）功能，可以识别文本的含义。
- Amazon Comprehend 高级文本分析：可使用自然语言处理从非结构化文本中提取见解和关系。
- Amazon Textract 文档分析：能自动从数百万份文档中提取文本和数据，并在短短几个小时内完成分析。
- Amazon Translate 翻译：通过简单的 API 调用消除了将实时翻译和批量翻译功能构建到应用程序中的复杂性。这使用户能够更轻松地对应用程序和网站进行本地化，或在现有工作流中处理多语言数据。

2. AI 平台层服务

Amazon SageMaker 是一项完全托管的服务，可以帮助开发人员和数据科学家快速构建、训练和部署机器学习模型。SageMaker 完全消除了机器学习过程中每个步骤的繁重工作，让开发高质量模型变得更加轻松。

传统的机器学习开发是一个复杂、昂贵、需要不断迭代的过程，而且没有任何集成工具可用于整个机器学习工作流程，这让它显得难上加难。企业需要将工具和工作流程拼接在一起，这既耗时又容易出错。SageMaker 在单个工具集中提供了用于机器学习的所有组件，让这一难题迎刃而解：模型可以凭借更少的工作量和更低的成本更快地投入生产。SageMaker 包括数据标记、构建 ML 模型、模型训练与调优、部署和管理等多种功能。

3. AI 框架层服务

Amazon SageMaker 平台建立在各种深度学习框架之上。Amazon 在此平台上提供各种深度学习框架，例如 Apache MXNet——一个快速且可扩展的训练及推论架构，可用于机器学习。

MXNet 包含 Gluon 界面，让所有技能层级的开发人员都能在云、边缘装置和行动应用程序中进行深度学习。开发人员只需要敲击几行 Gluon 程式码，就能建立线性回归、卷积网络和递归 LSTM，用于物件侦测、语音辨识和提供个人化建议。SageMaker 是一个大规模建置、训练和部署机器学习模型的平台，开发人员可以借助该平台，在 AWS 上使用 MXNet。开发人员还可以使用 AWS 对 AMI 进行深度学习，并搭配 MxNet 及其他架构（包含 TensorFlow、PyTorch、Chainer、Keras、Caffe、Caffe2 和 Microsoft Cognitive Toolkit）来配置自定义环境和工作流程。

11.4.4　AI 的"电网 vs. 电池"之争

目前企业完成 AI 智能化转型有两种方式：一是租赁 AI 巨头们提供的标准化云 AI 服务；二是自行开发，打造专属于自己公司的 AI 产业。如果与另一种通用目的技术——电力相比，就好比企业是用"电网"还是用"电池"，即互联网行业巨头的"电网"式使用方式与创业公司的"电池"式 AI 使用方式。这场较量的结果将决定人工智能的商业格局——垄断、寡头或是数百个公司自由竞争。

"电网"式的目标就是将机器学习的力量转化成标准化服务，可以由任何公司购买，无论是达成学术目的还是个人使用都可以通过云计算开放平台实现共享，甚至可以免费使用。在这种模式中，云计算开放平台就是"电网"，其作用是根据用户提供的不同数据，实现复杂机器学习最佳化。"电网"式可以降低专业门槛，提升人工智能云平台的功能。连入"电网"能让有大数据的传统公司轻松使用到最棒的人工智能，而不用将优化人工智能作为核心工作。当然，应用机器学习绝非将电力输入房屋那么简单（恐怕也永远不会那么简单），但是这些云平台后面的公司，如谷歌、阿里巴巴、百度、亚马逊等希望扮演公共事业公司的角色，管控"电网"并收取费用。在未来，大力投资人工智能的传统公司为了让自身搭建和运行人工智能的成本更低，很可能会向云服务提供商砸下重金，购买"电网"服务。

相对较小的人工智能创业公司则选择了另一条路，即为各行各业打造具有高度针对性的人工智能"电池"。这些创业公司靠的是深度而非广度。它们不打算提供通用型的机器学习能力，而是为特定目的打造产品、打磨算法，如医疗诊断、抵押贷款和自动无人机等。它们把宝押在了传统商业日常运营中，准确地说，这些创业公司不是要让传统公司用"标准的"人工智能，而是为传统公司量身打造能即刻融入公司正常流程的人工智能。现在判断"电网"式和"电池"式孰优孰劣为时尚早。亚马逊、百度这些巨头在缓慢向世界伸出触角，中国和美国的一些创业公司也在激烈争夺新领域，提升自己面对行业巨头的竞争力。这场份额争夺战将最终决定新的经济格局：是行业巨头获得大部分利润，成为人工智能时代的超级公共事业公司，还是由更多新公司瓜分巨大的蛋糕？各企业要结合自身的发展阶段和综合能力选择自己的发展之路。

当然，还有一种可能，那就是"电网"和"电池"将长期共存，分别满足不同的细分市场需求。

● 案例讨论：从谷歌的"AI 先行"看科技企业的 AI 战略 ●━━○━━●━━○━━●

谷歌之所以为谷歌，最重要的一点是，无论是在哪一次重大的技术变革中，它几乎都能敏锐地捕捉到先机，早早建立起领先竞争对手一两年乃至三五年的巨大技术优势。同样地，这一次人工智能热潮到来之前，谷歌早早就做好了技术上的积累与铺垫。

谷歌面对 AI 变革的时代浪潮，采取积极应对的策略。早在 2005 年，谷歌研究部门的总监彼得·诺维格就在其中心园区的 43 号楼举办了一个每周一次的机器学习课程。那时，在谷歌内部的研究团队和工程团队里，依赖机器学习技术解决实际问题的场景还不算多，但彼得·诺维格的课程已经吸引了包括大牛杰夫·迪恩在内的许多工程师。每节课都座无虚席，课程还被录成视频，在谷歌全世界范围内的几十个办公室传播。

2006 年到 2010 年，随着深度学习在理论和实际应用上连续取得里程碑式的突破，谷歌研究员和工程师几乎在第一时间注意到了技术革命的曙光。杰夫·迪恩带领谷歌内部最为精干的技术团队，开始打造神秘的"谷歌大脑"——这是高科技公司内部第一次基于深度学习理论，建立如此大规模的分布式计算集群。谷歌大脑的意义绝不仅仅是打造了一个可以进行深度学习计算的高性能平台这么简单。随着谷歌大脑成为谷歌内部越来越多技术项目的基石，谷歌还提出了"AI 先行"（AI First）的战略口号。

从 2012 年到 2015 年，谷歌内部使用深度学习（绝大多数依赖于谷歌大脑）的项目数量从零迅猛增长到一千多个。随着谷歌 TensorFlow 深度学习框架的开源，在公司之外得益于谷歌大脑的项目更是数不胜数。到了 2016 年，"AI 先行"在谷歌已经不只是一句口号，而是随处可见的事实了。

2015 年，谷歌创始人拉里·佩奇和谢尔盖·布林宣布成立母公司 Alphabet，而谷歌则变成了 Alphabet 旗下的诸多子公司之一。拉里·佩奇和谢尔盖·布林之所以要重组公司，一个重要原因就是要以谷歌大脑为基础，建立一个面向人工智能时代的新技术平台。在这个平台上，基于深度学习的谷歌大脑是驱动引擎，几乎每一家 Alphabet 旗下的子公司都像是安装了这一引擎、在不同赛道上飞驰的赛车。这里面既有由人工智能驱动的生物医疗项目 Calico，也有智能家居项目 Nest；既有曾经风光无限的自动驾驶项目 Waymo，也有面向智慧城市的 Sidewalk Labs。当然，Alphabet 旗下最能带来现金收益的龙头老大，还要数早已将人工智能作为核心竞争力的搜索与移动互联网巨头——谷歌。

所有这些围绕人工智能技术建立的战略方向，让整个 Alphabet 集团变成了世界上最大的 AI 平台！谷歌的"AI 先行"战略为谷歌带来了展望未来的最好资本。

谷歌面对企业智能化革新的浪潮，积极应对，提前储备技术和智力人才。公司集中精力提升核心场景"谷歌大脑"，推动边缘场景落地，并上线 1 000 多个深度学习项目，紧密围绕"AI 先行"的智能化战略口号，不断挑战，不断前进，最终发展为 AI 巨头。谷歌在 AI 风潮下的应对值得各企业借鉴学习。

● **思考题** ●─○─●─○─●

1. 企业利用先进信息技术，已经从"信息化"迈向了"数字化 + 智能化"的阶段，请比较"信息化"与"数字化 + 智能化"的异同。

2. 企业中常见的管理信息系统，例如 ERP、SCM 和 Enterprise2.0 等系统，如何与 AI 技术有效融合？

3. 传统的企业信息化管理手段是否适用于企业智能化转型？需要做哪些调整？

4. 你身边有哪些产品的核心价值是由 AI 技术赋能的？如何赋能？

第 12 章

人工智能的社会治理

由于人工智能可以模拟人类智能，在未来甚至可能实现对人脑的替代和超越，因此，在每一波人工智能发展浪潮中，尤其是当技术被颠覆时，人们都非常关注人工智能的安全、伦理问题，以及由此引发的社会治理问题。从 1942 年阿西莫夫提出"机器人三大定律"，到 2017 年霍金、马斯克参与发布的"阿西洛马人工智能 23 原则"，如何促使人工智能更加安全和道德一直是人类关注、思考，并不断深化的命题。

12.1　人工智能伦理道德问题

近年来，随着人工智能相关技术的快速发展，大量的人工智能应用在教育、医疗、养老、交通、制造、物流等领域取得了显著的成绩。在享受人工智能技术发展带来的各种福祉的同时，围绕人工智能产生的伦理问题也越来越突出，成为全社会关注的焦点。如何规避人工智能带来的伦理问题，已经成为科学家无法回避的重要问题。

12.1.1　数据相关的伦理问题

近些年人工智能取得了突飞猛进的进展，这与大数据的长足发展关系密切。正是由于各类感应器和数据采集技术的发展，我们开始拥有以往难以想象的海量的、深度的、多维度的数据，而这些都是训练某一领域"智能"的前提。随着数据搜集、机器学习、人工智能等技术的应用，大数据整体成为一项重要的资源。但这也导致个人信息泄露的情况频繁发生，个人隐私保护、个人敏感信息识别的重要性日益凸显。

1. 隐私保护

目前学界主要将隐私分为信息隐私、空间隐私、自决隐私等领域。隐私权作为一种私人享有的权利，可以保证主体的个人秘密及信息不被他人知晓或干涉，使其私人领域不被干扰。早期，由于技术有限，数据获取成本高、回报低，导致大部分涉及个人隐私泄露的安全事件都是以"点对点"的形式发生，即以黑客为主的组织利用电脑木马等技术对个别用户进行侵害，从而在这些个别用户身上获利。随着互联网向物联网逐渐过渡和发展，"人人相连"的网络格局逐渐呈现出"人物相连"与"物物相连"的趋势。未来我们的周围可能全是信息收集器，人工智能完全可以在当事人不知情的情况下对其个人信息进行收集、处理、利用与披露，当事人的"自主决定权"在人工智能面前几乎是形同虚设。

个人隐私曝光、信息泄露会侵扰消费者的日常生活甚至导致其财产受损失。例如，日常生活中很多人会收到垃圾邮件、信息，而其中大部分的骚扰源是受害人从未留下过个人联系方式的平台，这给个人的工作生活带来了极大的负面影响。随着网络支付和电子银行服务的普及，个人信息泄露往往会导致银行账户被盗等风险。被泄露的隐私信息已经成为犯罪分子对被害者实施诈骗的有力武器。例如网约车乘客遇害等事件，表面上是刑事犯罪事件，但背后离不开个人隐私的曝光。网约车平台在保护个人隐私信息方面的不足，使部分用户成为犯罪分子的目标。此外，由于企业数据泄露导致股价下跌的报道屡见不鲜，这说明隐私保护不足不仅让消费者失去对企业的信任，普通投资者也会以实际行动表达他们对企业的不信任。

2. 个人敏感信息的识别和处理

随着各类智能设备（如智能手环、智能音箱）和智能系统（如生物特征识别系统、智能医疗系统）的应用普及，人工智能设备和系统对个人信息采集更加直接与全面。相较于互联网对用户上网习惯、消费记录等信息进行采集，人工智能应用可采集用户人脸、指纹、声纹、虹膜、心跳、基因等具有强个人属性的生物特征信息。这些信息具有唯一性和不变性，一旦被泄露或者滥用，将会对公民权益造成严重影响。此外，我们也要采用发展的眼光看待个人敏感信息，目前尚未被识别为个人敏感信息的信息在今后仍有成为敏感信息的可能。

12.1.2　算法相关的伦理问题

1. 算法安全

首先，算法存在泄露风险。算法需要模型参数，并且要在训练数据中运行该参数。如果算法的模型参数被泄露，第三方可在不支付获取数据所需成本的情况下为用户提供价格更低的产品，这将给算法的所有者造成商业损失。同时，训练数据在很多情况下包含用户的个人数据，丢失这样的数据会将用户置于危险之中。

其次，人工智能算法的训练数据不能完全覆盖应用场景中的所有情况，并且具有一定的错误率。在许多关键的场景中，如在医疗诊断、自动驾驶中，人工智能算法都与人身安全息息相关。这些领域的算法应用一旦出现漏洞，将直接侵害人身权益，其后果是难以挽回的（本书第 10 章"协作智能"对此有详细论述）。

2. 算法可解释性

算法可解释性的定义是"给人类做出解释的过程"，具体来说就是以人类能理解的描述给出解释，让人类能看懂。算法之所以难以解释，是因为深度学习"黑箱"现象的存在。

算法可解释性和透明性是一个重要的人工智能伦理命题，因为其牵涉人类的知情利益和主体地位。人类对算法的安全感、信赖感、认同度取决于算法的透明性和可理解性。算法的复杂性和专业性使得信息不对称更加严重，且这种不对称的加重不只发生在算法消费者与算法设计者、使用者之间，更发生在人类和机器之间，所以算法应用下的"人类知情利益保障"是一个比较棘手的问题。此外，由于人工智能算法具有两个复杂性特质：涌现性和自主性，使其比较难以理解和解释，这将会给社会带来伦理上的难题。如在智能信贷领域，智能算法可能会产生"降低弱势群体的信贷得分""拒绝向有色人种贷款"等歧视政策。由于这些决策对于用户而言意义重大，因此受算法决策影响的用户应该得到有关"解释"，包括算法的功能和通用的逻辑、算法的目的和意义、设想的后果、具体决定的逻辑和个人数据的权重等，否则将会产生严重的伦理问题。

3. 算法决策困境

算法决策困境主要表现为算法结果的不可预见性。随着计算能力的不断攀升，人工智能可以计算大量的可能性，其选择空间往往大于人类，它们能够轻易地去尝试人类以前从未考虑过的解决方案。换言之，尽管人们设计了某款人工智能产品，但受限于人类自身的认知能力，研发者无法预见其所研发的智能产品做出的决策以及产生的效果。

人工智能最大的威胁是当前人类尚难以理解其决策行为所存在的可能失控的风险，一旦失控，后果会十分严重。参照所有生命体中都有的衰老机制，人工智能也应该嵌入自我毁灭机制。谷歌旗下的 DeepMind 公司在 2016 年曾提出要给人工智能系统安装"切断开关"（Kill Switch）的想法，为的是阻止人工智能学会如何阻止人类对某项活动（如发射核武器）的干预，这种想法被称作"安全可中断性"。据介绍，安全可中断性可用于控制机器人不端甚至可能导致不可逆后果的行为，相当于在其内部强制加入某种自我终结机制。一旦常规监管手段失效，该机制便被触发，从而使机器人始终处于人们的监管范围之内。

小知识：自动驾驶的道德困境

算法的决策困境还包括著名的"自动驾驶道德困境"。假设自动驾驶汽车在行驶过程中，突然发现刹车失灵（机械故障无法完全避免），而前面路上有 3 位行人正在过马路。

这时自动驾驶 AI 有两种决策选择：一是"消费者优先"，即尽可能保护购买 AI 产品的人，于是车会继续行驶并撞上行人，但是驾驶员安全。二是"全人类优先"，即尽可能保护更多的人，于是 AI 系统会猛打方向盘，车会撞到路旁的大树上，路人安全，但驾驶员很可能受伤。那么自动驾驶 AI 的最优决策是什么？作为普通消费者（同时也可能是路人），我们能接受哪种决策方式？

自动驾驶道德困境还可以有很多版本。例如，汽车制造商为了卖出自己的产品，会选择"消费者优先"策略。但当 AI 为了保证驾驶者安全而决定损害路人利益的时候，到底是一个人的生命更重要还是三个人的生命更重要？生命的价值可以用数量度量吗？在耄耋老人和待哺的幼儿之间，AI 会选择优先保护谁？这些问题对人类驾驶者也一样是困境。但问题是，既然人类都无法解决，我们又怎能轻易把"生杀大权"交给 AI 呢？

12.1.3　应用相关的伦理问题

1. 算法歧视

人工智能的核心是大数据和算法，通过基于算法的大数据分析，发现隐藏于数据背后的结构或模式，可以实现数据驱动的人工智能决策。算法歧视是指在看似没有恶意的程序设计中，由于算法的设计者或开发人员对事物的认知存在某种偏见，或者算法执行时使用了带有偏见的数据集等原因，造成该算法产生带有歧视性的结果。按照产生的过程，算法歧视可以分为"人为造成的歧视""数据驱动造成的歧视"与"机器自我学习造成的歧视"3 种类别。

（1）人为造成的歧视

人为造成的歧视主要分为两种，一种是由算法设计者造成的算法歧视，另一种是由用户造成的算法歧视。算法设计者造成的算法歧视，是指算法设计者为了获得某些利益，或者为了表达自己的一些主观观点而设计存在歧视性的算法。算法设计者是否能不偏不倚地将既有社会、国家、行业的法律、法规或者道德规范编写进程序指令中，这本身就值得怀疑。这是因为算法的设计目的、数据运用、结果表征等都是开发者、设计者主观上的价值偏好选择。例如，算法设计者可能会利用地理位置、浏览记录、消费记录等信息，设计智能算法或机器学习模型，将同样的商品或服务对不同的用户或群体显示不同的价格，这就是所谓的价格歧视（亦称"差别定价"），也是典型的由设计者造成的算法歧视。由用户造成的算法歧视主要产生于需要从与用户互动的过程中进行学习的算法。正是由于用户自身与算法的交互方式不同，从而使算法的执行结果有可能产生偏见。这是因为在运行过程中，当设计算法向周围环境学习时，它不能决定要保留或者丢弃哪些数据以及判断数据对错，而只能使用由用户提供的数据。无论这些数据是好是坏，它都只能据此做出判断。

（2）数据驱动造成的歧视

数据驱动造成的歧视是指原始训练数据存在偏见，导致算法的结果带有歧视性。人工智能系统的核心是基于智能算法的决策过程，这一过程依赖大量的数据输入。对于复杂的机器学习算法来说，数据的多样性、分布性与最终算法结果的准确度密切相关。在运行过程中，决定使用某些数据而不使用另一些数据，将可能导致算法的输出结果带有不同的偏见或歧视性。例如，算法的设计师草率选择的数据会产生运行结果的偏差，使用过期、不正确的数据运行后也会产生偏差，等等。

（3）机器自我学习造成的歧视

机器自我学习造成的歧视是指机器在学习的过程中会自我学习到数据的多维不同特征或者趋向，从而导致算法结果带有歧视性。机器学习算法的核心是从初始提供的数据中学习特定模式，使其能在新的数据中识别类似的模式。但实际应用并非都能达到人们的预期，有时甚至会产生非常糟糕的结果。这是因为计算机的决策并非事先编写好的程序，从输入数据到做出决策的中间过程是难以解释的机器学习过程。在这一过程中，人工智能目前的学习算法存在着技术"黑箱"，导致我们无法控制和预测算法的结果，而在应用中产生某种不公平的倾向。

2. 算法滥用

算法滥用是指人们在利用算法进行分析、决策、协调、组织等一系列活动中，其使用目的、使用方式、使用范围等出现偏差并引发不良影响的情况。例如，人脸识别算法能够用于提高治安水平、加快发现犯罪嫌疑人的速度等方面，但若将其应用于发现潜在犯罪人，或者根据脸型判别某人是否存在犯罪潜质，就属于算法滥用。算法滥用风险产生的原因主要有 3 个方面，具体如下。

一是算法设计者为了自身的利益，利用算法对用户进行不良诱导，可能隐蔽地产生对人类不利的行为。例如，娱乐平台为了自身的商业利益，利用算法诱导用户进行娱乐或信息消费，导致用户沉迷。

二是过度依赖算法本身，由算法的缺陷所带来的算法滥用。在一些极端的场景中，盲目相信算法、过度依赖人工智能，也可能因为算法的缺陷而产生严重后果，例如由医疗误诊导致的医疗事故。

三是盲目扩大算法的应用范围而导致的算法滥用问题。任何人工智能算法都有其特定的应用场景和应用范围。超出原定场景和范围的使用有可能导致算法滥用。例如，在校园中应用人工智能技术，可以帮助学校和教师提高教学效率，但如果盲目扩大到对特定学生行为的全面监控，则属于算法滥用的范畴。

12.2　人工智能安全问题

12.2.1　经济安全风险

人工智能技术的发展正在深刻地改变着维系国民经济运行和社会生产经营活动的各项基本生产要素的意义。在人工智能技术的影响下，资本与技术在经济活动中的地位获得了全面提升，而劳动力要素的价值则受到了严重削弱。在传统的工业化时代，重要的人口红利很可能在新时代成为新型经济模式下的"不良资产"。因此，在尝试讨论人工智能技术所带来的安全风险时，最为基础的便是其对经济安全的影响。

1. 结构性失业风险

从历史上看，任何围绕着自动化生产的科技创新都会造成劳动力需求的明显下降，人工智能技术的进步也意味着普遍的失业风险。

据美国国家科学研究委员会预测，在未来 10 ~ 20 年的时间内，9% ~ 47% 的现有工作岗位将受到威胁，平均每 3 个月就会有约 6% 的就业岗位消失。与传统基于生产规模下行导致的周期性失业不同，由新的技术进步导致的失业现象从本质上说是一种结构性失业，即资本以全新的方式和手段替代了其对于劳动力的需要。结构性失业的人们在短期内很难重新获得工作，因为他们之前所能够适应的岗位已经彻底消失，而适应新的岗位则需要较长的时间周期。

可以预见的是，主要依赖重复性劳动的劳动密集型产业和依赖信息不对称而存在的部分服务行业的工作岗位将首先被人工智能取代。随着人工智能技术在各个垂直领域不断推进，受到威胁的工作岗位将越来越多，实际的失业规模将越来越大，失业的持续时间也将越来越长。这种趋势的演进对于社会稳定的影响将是巨大的。

2. 贫富分化与不平等

人工智能技术的进步所带来的另一大经济影响是进一步加剧了贫富分化与不平等现象。

一方面，作为资本挤压劳动力的重要进程，人工智能所带来的劳动生产率提升很难转化为工资收入的普遍增长。在就业人口被压缩的情况下，只有少数劳动人口能够参与分享自动化生产所创造的经济收益。新创造的社会财富将会以不成比例的方式向资本方倾斜。

另一方面，人工智能技术对于不同行业的参与和推进是不平衡的。部分拥有较好数据积累，且生产过程适宜人工智能技术介入的行业可能在相对较短的时间内获得较大发展。在这种情况下，少数行业会吸纳巨额资本与大量的人才，迅速改变国内产业结构。行业发展不平衡的鸿沟与部分行业中大量超额收益的存在将对国家经济发展产生复杂影响。

3. 循环增强的垄断优势

作为一项有效的创新加速器，不断发展成熟的人工智能技术可以为技术领先国家带来经济竞争中的战略优势。人工智能技术的进步需要大量的前期投入，特别是在数据搜集和计算机技术方面的技术积累，对于人工智能产业的发展至关重要。但各国在该领域的投入差距很大，不同国家在人工智能技术方面的发展严重不平衡。而人工智能技术自身潜在的创造力特性又能使率先使用该技术的国家有更大的概率出现新一轮技术创新。如果这种逻辑确实成立，那么少数大国（也可能是少数超级企业）就会利用人工智能技术实现有效的技术垄断，不仅能够使自己获得大量超额收益，使本已十分严重的全球财富分配两极分化的情况进一步加剧，而且将会随着时间的推移使差距进一步拉大。在这种状况下，处于弱势地位的大部分发展中国家应如何在不利的经济结构中维持自身的经济安全是一个极具挑战性的课题。

12.2.2 政治安全风险

人工智能技术对于经济领域的深度影响会自然传导到政治领域，而人工智能技术的特性也使其容易对现有的政治安全环境产生影响。一方面，它能够直接作用于国内政治议程，通过技术手段对内部政治生态产生短时段的直接干扰，而且会通过国内社会经济结构的调整，在长时段内影响原有政治体系的稳定。另一方面，人工智能技术的介入和参与还会进一步拉大国家间的战略设计与战略执行能力的差距，技术的潜力一旦得到完全释放，将使得国际竞争格局进一步失衡，处于弱势一方的发展中国家维护自身利益的空间将进一步缩减。因此，对于身处人工智能时代的国家主体而言，如何在变革的条件下有效维护本国的政治安全与秩序稳定，并且提高参与国际竞争的能力，将是所有国家都不得不面对的重要课题。

1. 数据与算法的垄断对于政治议程的影响

技术对于各国国内政治议程所产生的影响轨迹已经变得越来越清晰。"剑桥分析公司事件"的出现非常清晰地证明，只要拥有足够丰富的数据和准确的算法，技术企业就能够对竞争性选举产生影响。在人工智能技术的协助下，各种数据资源的积累使每个接受互联网服务的用户都会被系统自动画像与分析，从而获得定制化的服务。然而，渐趋透明的个人信息本身就意味着这些信息可以轻易服务于政治活动。正如英国第四频道针对剑桥分析公司事件所做的评论，"一只看不见的手搜集了你的个人信息，挖掘出你的希望和恐惧，以此谋取最大的政治利益"。于是，伴随着技术的不断成熟，当某种特定政治结果发生时，我们将难以确定这是民众正常的利益表达，还是被有目的地引导的结果。

在人工智能时代，数据和算法就是权力，这也意味着新的政治风险。这种技术干涉国内政治的风险在所有国家都普遍存在，但对于那些技术水平相对落后的发展中国家来说，这种挑战显然更加严酷。由于缺乏相应技术积累，发展中国家并没有充分有效的方式保护自己的数据安全，也没有足够的能力应对算法所带来的干涉。人工智能技术的进步将进一步凸显其在政治安全领域的脆弱性特征，传统的国家政治安全将面临严峻的考验。

2. 技术进步与资本权力的持续扩张

国家权力的分配方式从根本上说是由社会经济生产方式的特点所决定的，不同时代的生产力水平决定了特定时段最为合理的政治组织模式。威斯特伐利亚体系中的民族国家体制出现，从根本上说正是目前人类所创造的最适宜工业化大生产经济模式的权力分配方式。因此，当人工智能技术所推动的社会经济结构变革逐步深入时，新的社会权力分配结构也会伴随着技术变革而兴起，推动国家治理结构与权力分配模式做出相应的调整。

从当前的各种迹象来看，资本权力依托技术和数据垄断的地位持续扩张将成为新时代国家治理结构调整的重要特征。人工智能技术的研究工作门槛很高，依赖巨额且长期的资本投入。当前，人工智能研究中最具实际应用价值的科研成果多出自大型企业所支持的研究平台。超级互联网商业巨头实际上掌握了目前人工智能领域的大部分话语权。人工智能领域研究已经深深地打上了资本的烙印，大型企业对于数据资源以及人工智能技术的控制能力正在为它们带来垄断地位。这种力量将渗入当前深嵌于网络的社会生活的方方面面——利用算法的黑箱，为大众提供他们希望看到的内容，潜移默化地改变公共产品的提供方式。在人工智能时代，资本和技术力量的垄断地位有可能结合在一起，在一定程度上逐渐分享传统意义上由民族国家所掌控的金融、信息等重要的权力。资本的权力随着新技术在各个领域的推进而不断扩张，这将成为人工智能技术在进步过程中所带来的权力分配调整的重要特征。

对于民族国家来说，资本权力的扩张本身并非不可接受，大型企业通过长期投资和技术研发，能够更加经济、更加有效地在很多领域承担提供相应公共产品的职能。然而，民族国家能否为资本权力的扩张设定合理的边界则是事关传统治理模式能否继续存在的重要问题，这种不确定性将成为未来民族国家不得不面对的政治安全风险。

3. 技术进步对主权国家参与国际竞争的挑战

人工智能技术进步所带来的另一项重要政治安全风险是使得技术落后的国家在国际战略博弈中长期处于不利地位。

战略博弈是国际竞争活动中最为普遍的形式，参与者通过判断博弈对手的能力、意图、利益和决心，结合特定的外部环境分析，制定出最为有利的博弈策略并加以实施。由于国际关系领域的战略博弈涉及范围广、内容复杂，各项要素相互累加形成的系统效应（System Effects）实际上已经远远超出了人类思维所能够分析和掌控的范畴。在传统意义上，国家参与战略博弈的过程更多依赖政治家的直觉与判断，这种类似于"不完全信息博弈"的形态给人工智能技术的介入提供了条件。只要技术进步的大趋势不发生改变，人工智能所提供的战略决策辅助系统就将对博弈过程产生重大影响。

首先，人工智能系统能够提供更加精确的风险评估和预警，使战略决策从一种事实上的主观判断转变为精确化的拣选过程，提升战略决策的科学性。其次，深度学习算法能够以更快的速度提供更多不同于人类常规思维方式的战略选项，并且随着博弈过程的持续，进一步根据对方策略的基本倾向对本方策略加以完善，提升实现战略决策的有效性。最后，在战略博弈进程中，人工智能系统能够最大限度地排除人为因素的干扰，提高战略决策的可靠性。

以人工智能技术为基础的决策辅助系统将在国际战略博弈的进程中发挥重要作用，技术的完善将使得国际行为体之间战略博弈能力的差距进一步扩大。缺少人工智能技术辅助的行为体将在风险判断、策略选择、决策确定、执行效率以及决策可靠性等多个方面处于绝对劣势，整个战略博弈过程将会完全失衡。一旦这种情况出现，主权国家将不得不参与到技术竞争中来。而在资本和技术上都处于落后一方的国家将在国际竞争中处于不利地位，也将面对严重的政治安全风险。

12.2.3 社会安全风险

作为新一轮产业革命的先声，人工智能技术所展现出来的颠覆传统社会生产方式的巨大潜力，以及可能随之而来的普遍性失业浪潮将持续推动物质与制度层面的改变，也将持续地冲击人们的思想观念。伴随着剧烈的时代变革与动荡，人类将面临法律与秩序深度调整、新的思想理念不断碰撞等问题。

1. 人工智能技术带来的法律体系调整

人工智能技术在社会领域的渗透逐渐深入，给当前社会的法律法规和基本的公共管理秩序带来了新的危机。新的社会现象的广泛出现，超出了原有的法律法规在设计时的理念边界，法律和制度产品的供给出现了严重的赤字。能否合理调整社会法律制度，对于维护人工智能时代的社会稳定具有重要意义。针对人工智能技术可能产生的社会影响，各国国内法律体系至少要在以下几个方面进行深入思考。

（1）如何界定人工智能产品的民事主体资格

尽管目前的人工智能产品还具有明显的工具性特征，无法成为独立的民事主体，但法律界人士已经开始思考未来更高级的人工智能形式能否具有民事主体的资格。事实上，随着人工智能技术的完善，传统民法理论中的主体与客体的界限正在日益模糊，学术界正在逐步形成"工具"和"虚拟人"两种观点。所谓"工具"，即把人工智能视为人的创造物和权利客体。所谓"虚拟人"，是指法律给人工智能设定一部分"人"的属性，赋予其能够享有一些权利的法律主体资格。这场争论迄今为止尚未形成明确结论，但其最终的结论将会对人工智能时代的法律体系产生基础性的影响。

（2）如何处理人工智能设备自主行动产生损害的法律责任

当人工智能系统能够与机器工业制品紧密结合之后，往往就具有了根据算法目标形成的自主性行动能力。然而，在其执行任务的过程中，一旦出现对其他人及其所有物产生损害的情况，应如何认定侵权责任就成了一个非常具有挑战性的问题。表面上看，这种侵权责任的主体应该是人工智能设备的所有者，但技术本身的特殊性，使得侵权责任中的因果关系变得非常复杂。由于人工智能的具体行为受算法控制，发生侵权时，到底是由设备所有者还是软件研发者担责，很值得进一步商榷。

（3）如何规范自动驾驶的法律问题

智能驾驶是本轮人工智能技术的重点领域。借助人工智能系统，车辆可以通过导航系统、传感器系统、智能感知算法、车辆控制系统等智能技术实现无人操控的自动驾驶，从而在根本上改变人与车之间的关系。

无人驾驶的出现意味着交通领域的一个重要的结构变化，即驾驶人的消失。智能系统取代了驾驶人成为交通法规的规制对象。那么一旦出现无人驾驶汽车对他人权益造成损害，应如何认定责任，机动车所有者、汽车制造商与自动驾驶技术的开发者应如何进行责任分配。只有这些问题得以解决，才能搭建起自动驾驶行为的新型规范。

归结起来，人工智能技术对于社会活动所带来的改变正冲击着传统的法律体系。面对这些新问题和新挑战，研究者必须未雨绸缪，从基础理论入手，构建新时代的法律规范，从而为司法实践提供基础框架。而所有这些都关系到社会的安全与稳定。

2. 思想理念的竞争性发展态势

随着人工智能技术的发展和进步，特别是"机器替人"风险的逐渐显现，人类社会针对人工智能技术也将逐渐展示出不同的认知与思想理念。不同思想理念之间的差异与竞争反映了社会对于人工智能技术的基本认知分歧。同时，不同思想理念所引申的不同策略与逻辑也将成为未来影响人类社会发展轨迹的重要方向。

（1）保守主义

事实上，在每一次工业革命发生时，人类社会都会出现对于技术的风险不可控问题的担忧，人工智能技术的进步也概莫能外。在深度学习算法释放出人工智能技术的发展潜力之后，很多领域的人工智能应用系统都仅仅需要很短的学习时间，便能够超越人类多年所积累的知识与技术。人类突然意识到，自己曾经引以为傲的思维能力在纯粹的科学力量面前显得那样微不足道。更严重的是，深度学习算法的"黑箱"效应，使人类无法理解神经网络的思维逻辑。人类由于对未来世界无法预知和自身力量有限而产生的无力感所形成的双重担忧，导致人类对技术产生了恐惧。这种观念在各种文艺作品中都有充分的表达，而保守主义就是这种社会思想的集中反映。

在保守主义者看来，维持人工智能技术的可控性是技术发展不可逾越的界限。针对弱人工智能时代即将出现的失业问题，保守主义者建议利用一场可控的"新卢德运动"延缓失业浪潮，通过政治手段限制人工智能在劳动密集型行业的推进速度，使绝对失业人口始终保持在可控范围内，为新经济形态下新型就业岗位的出现赢得时间。这种思路的出发点在于尽可能久地维护原有体系的稳定，以牺牲技术进步的速度为代价，促使体系以微调的方式重构，使整个体系的动荡强度降低。

然而，在科技快速发展的时代，任何国家选择放缓对新技术的研发和使用在国际竞争中都是非常危险的行为。人工智能技术的快速发展可以在很短的时间内使得国家间力量差距被不断放大。信奉保守主义理念的国家将在国际经济和政治竞争中因为技术落后而陷入非常不利的局面，这也是保守主义思想的风险。

（2）进步主义

进步主义的理论出发点在于相信科技进步会为人类社会带来积极的影响，主张利用技术红利所带来的生产效率提升获得更多的社会财富。进步主义体现了人类对于人工智能技术的向往，这种观点高度认可由人工智能所引领的本轮工业革命的重要意义。这一观点解决问题的逻辑是要通过对于制度和社会基本原则的调整，充分释放人工智能技术发展的红利，在新的社会原则基础上构建一个更加适应技术发展特性的人类社会。

在进步主义者看来，人工智能技术所导致的大规模失业是无法避免的历史规律，试图阻止这种状态的出现是徒劳的。维持弱人工智能时代社会稳定的方式不是人为干预不可逆转的失业问题，而是改变工业化时代的分配原则。要利用技术进步创造的丰富社会财富，为全体公民提供能够保障其保持体面生活的收入，最终实现在新的分配方式的基础上重新构建社会文化认知，形成新时代的社会生活模式。

进步主义思想的主要矛盾在于，它的理论基础是人工智能技术能够快速发展并能够持续创造足够丰富的社会财富。然而，人工智能技术的发展历史从来不是一帆风顺的，从弱人工智能时代到强人工智能时代需要经历多久，至今难有定论。一旦科技进步的速度无法满足社会福利的财富需求，进步主义所倡导的新的社会体系的基础就将出现严重的动摇，甚至会出现难以预料的、剧烈的社会动荡。

12.3　各国的 AI 治理原则

AI 治理指的是一整套围绕 AI 发展与应用的伦理、规范、政策、制度和法律等体系。面对风起云涌的 AI 大潮和 AI 所引发的一些深刻社会变革，世界各主要大国和地区分别制定了各自的 AI 社会治理原则。

12.3.1　中国：发展负责任的人工智能

2019 年 7 月，中国科技部下属的"国家新一代人工智能治理专业委员会"发布了《新一代人工智能治理原则——发展负责任的人工智能》，文章提出的主要观点如下。

全球人工智能发展进入新阶段，呈现出跨界融合、人机协同、群智开放等新特征，正在深刻改变人类社会生活、改变世界。为促进新一代人工智能健康发展，更好协调发展与治理的关系，确保人工智能安全可靠可控，推动经济、社会及生态可持续发展，共建人类命运共同体，人工智能发展相关各方应遵循以下原则。

1. 和谐友好

人工智能发展应以增进人类共同福祉为目标；应符合人类的价值观和伦理道德，促进人机和谐，服务人类文明进步；应以保障社会安全、尊重人类权益为前提，避免误用，禁止滥用、恶用。

2. 公平公正

人工智能发展应促进公平公正，保障利益相关者的权益，促进机会均等。通过持续提高技术水平、改善管理方式，在数据获取、算法设计、技术开发、产品研发和应用过程中消除偏见和歧视。

3. 包容共享

人工智能应促进绿色发展，符合环境友好、资源节约的要求；应促进协调发展，推动各行各业转型升级，缩小区域差距；应促进包容发展，加强人工智能教育及科普，提升弱势群体适应性，努力消除数字鸿沟；应促进共享发展，避免数据与平台垄断，鼓励开放有序竞争。

4. 尊重隐私

人工智能发展应尊重和保护个人隐私，充分保障个人的知情权和选择权。在个人信息的收集、存储、处理、使用等各环节应设置边界，建立规范。完善个人数据授权撤销机制，反对任何窃取、篡改、泄露和其他非法收集利用个人信息的行为。

5. 安全可控

人工智能系统应不断提升透明性、可解释性、可靠性、可控性，逐步实现可审核、可监督、可追溯、可信赖。高度关注人工智能系统的安全，提高人工智能稳健性及抗干扰性，形成人工智能安全评估和管控能力。

6. 共担责任

人工智能研发者、使用者及其他相关方应具有高度的社会责任感和自律意识，严格遵守法律法规、伦理道德和标准规范。建立人工智能问责机制，明确研发者、使用者和受用者等的责任。人工智能应用过程中应确保人类知情权，告知可能产生的风险和影响。防范利用人工智能进行非法活动。

7. 开放协作

鼓励跨学科、跨领域、跨地区、跨国界的交流合作，推动国际组织、政府部门、科研机构、教育机构、企业、社会组织、公众在人工智能发展与治理中的协调互动。开展国际对话与合作，在充分尊重各国人工智能治理原则和实践的前提下，推动形成具有广泛共识的国际人工智能治理框架和标准规范。

8. 敏捷治理

尊重人工智能发展规律，在推动人工智能创新发展、有序发展的同时，及时发现和解决可能引发的风险。不断提升智能化技术手段，优化管理机制，完善治理体系，推动治理原则贯穿人工智能产品和服务的全生命周期。对未来更高级人工智能的潜在风险持续开展研究和预判，确保人工智能始终朝着有利于人类的方向发展。

12.3.2　欧盟：可信 AI 伦理指南

1. 可信 AI 的三个特征

2019 年 1 月，欧盟议会下属的产业、研究与能源委员会发布报告，呼吁欧盟议会针对人工智能和机器人制定全方位的欧盟产业政策，其中涉及网络安全、人工智能和机器人的法律框架、伦理、治理等。2019 年 4 月，欧盟先后发布了两份重要文件：《可信 AI 伦理指南》(Ethics Guidelines for Trustworthy AI) 和《算法责任与透明治理框架》，代表欧盟推动 AI 治理的最新努力。根据欧盟《可信 AI 伦理指南》（以下简称《伦理指南》），可信 AI 必须具备但不限于三个特征：

一要有合法性，即可信 AI 应尊重人的基本权利，符合现有法律的规定。

二要符合伦理，即可信 AI 应确保遵守伦理原则和价值观。

三要有稳健性，即从技术或是社会发展的角度看，AI 系统应是稳健可靠的。因为 AI 系统即使符合伦理目的，如果缺乏可靠技术的支撑，其在无意中也可能给人类造成伤害。

2. 可信 AI 的根基

在国际人权法、欧盟宪章和相关条约规定的基本权利中，可作为 AI 发展要求的主要包括人格尊严、人身自由、民主、正义和法律、平等无歧视和团结一致、公民合法权利等。许多公共、私人组织从基本权利中汲取灵感，为人工智能系统制定伦理框架。《伦理指南》归纳总结出符合社会发展要求的 4 项伦理原则，并将其作为可信 AI 的根基，为 AI 的开发、部署和使用提供指导。这些原则包括：

1）尊重人类自主性原则。与 AI 交互的人类必须拥有充分且有效的自我决定的能力，AI 系统应当遵循以人为本的理念，用于服务人类、增强人类的认知并提升人类的技能。

2）防止损害原则。AI 系统不能给人类带来负面影响，AI 系统及其运行环境必须是安全的，AI 技术必须是稳健的且应确保不会被恶意使用。

3）公平原则。AI 系统的开发、部署和使用既要坚持实质公平又要保证程序公平，应确保利益和成本被平等分配、个人及群体免受歧视和偏见。此外，受 AI 及其运营者所做的决定影响的个体均有提出异议并寻求救济的权利。

4）可解释原则。AI 系统的功能和目的必须保证公开透明，AI 决策过程在可能的范围内需要向受决策结果直接或间接影响的人解释。

3. 可信 AI 的实现

在 AI 伦理原则的指导下，《伦理指南》提出了 AI 系统的开发、部署和利用应满足的 7 项关键要求。这意味着人工智能伦理是一个从宏观的顶层价值到中观的伦理要求再到微观的技术实现的治理过程。7 项关键要求具体如下。

（1）人类的能动性和监督

首先，AI 应当有助于人类行使基本权利。因受技术能力范围所限，AI 存在损害基本权利的可能性。在 AI 系统开发前应当完成基本权利影响评估，并且应当通过建立外部反馈机制了解 AI 系统对基本权利的可能影响。其次，AI 应当支持个体基于目标做出更明智的决定，个体自主性不应当受 AI 自动决策系统的影响。最后，要建立适当的监督机制，例如"human-in-the-loop"（在 AI 系统的每个决策周期都可人为干预）、"human-on-the-loop"（在 AI 系统设计周期进行人工干预）以及"human-in-command"（监督 AI 的整体活动及影响并决定是否使用）。

（2）技术稳健性和安全

一方面，要确保 AI 系统是准确、可靠且可被重复实验的，提升 AI 系统决策的准确率，完善评估机制，及时减少系统错误预测带来的意外风险。另一方面，要严格保护 AI 系统，防止漏洞、黑客恶意攻击。要开发和测试安全措施，最大限度地减少意外后果和错误，在系统出现问题时有可执行的后备计划。

（3）隐私和数据治理

在 AI 系统整个生命周期内必须严格保护用户隐私和数据，确保收集到的信息不被非法利用。在剔除数据中错误、不准确和有偏见的成分的同时必须确保数据的完整性，记录 AI 数据处理的全流程。加强数据访问协议的管理，严格控制数据访问和流动的条件。

（4）透明性

应确保 AI 决策的数据集、过程和结果的可追溯性，保证 AI 的决策结果可被人类理解和追踪。当 AI 系统决策结果对个体产生重大影响时，应就 AI 系统的决策过程进行适当且及时的解释。提升用户对于 AI 系统的整体理解，让其明白与 AI 系统之间的交互活动，并如实告知 AI 系统的精确度和局限性。

（5）多样性、非歧视和公平

要避免 AI 系统对弱势和边缘群体造成偏见和歧视，即应以用户为中心并允许任何人使用 AI 产品或接受服务。应遵循通用设计原则和相关的可访问性标准，满足最广泛的用户需求。同时，应当促进多样性，允许利益相关者参与到 AI 系统的整个生命周期中来。

（6）社会和环境福祉

要鼓励 AI 系统承担起促进可持续发展和保护生态环境的责任，利用 AI 系统研究、解决全球关注的问题。理想情况下，AI 系统应该造福于当代和后代。因此 AI 系统的开发、利用和部署应当充分考虑其对环境、社会甚至民主政治的影响。

（7）问责制

一是应建立问责机制，落实 AI 系统开发、部署和使用全过程的责任主体。二是应建立 AI 系统的审计机制，实现对算法、数据和设计过程评估。三是应识别、记录并最小化 AI 系统对个人的潜在负面影响，当 AI 系统产生不公正结果时，及时采取适当的补救措施。

值得注意的是，不同的原则和要求由于涉及不同利益和价值观，互相间可能存在本质上的紧张关系，因此决策者需要根据实际情况做出权衡，同时保持对所做选择的持续性记录、评估和沟通。此外，《伦理指南》还提出了一些技术和非技术的方法来确保 AI 的开发、部署和使用满足以上要求，如研究开发可解释的 AI 技术，训练监控模型，构建 AI 监督法律框架，建立健全相关行业准则、技术标准和认证标准，培养并提升公众伦理意识等。

4. 可信 AI 的评估

《伦理指南》在前述 7 项关键要求的基础上，还列出了一份可信 AI 的评估清单。评估清单主要适用于与人类发生交互活动的 AI 系统，旨在为具体落实 7 项关键要求提供指导，帮助公司或组织内不同层级，如管理层、法务部门、研发部门、质量控制部门、人力资源部门、采购部门、日常运营部门等共同确保可信 AI 的实现。《伦理指南》指出，该清单的列举评估事项并不总是详尽的，可信 AI 的构建需要不断完善 AI 要求并寻求解决问题的新方案。各利益相关者应积极参与，确保 AI 系统在全生命周期内安全、稳健、合法且符合伦理地运行，并最终造福于人类。

12.3.3 人工智能国际治理机制的关键要素

从技术角度来看，人工智能算法与安全问题是人类共同面临的挑战，具有普适性；从应用角度来看，人工智能的发展和应用对国家安全造成的威胁是跨国界的；从体系角度来看，人工智能对于地缘经济、地缘安全的颠覆性影响，冲击甚至重塑着现有的国际政治体系，从而影响体系中每一个行为体的国家安全。因此，应对人工智能可能带来的挑战和风险需要全球共同治理。

国际治理机制不仅包括共识和规则，也应包括构建能够确保规则落地的组织机构和行动能力，需要有与之相应的社会政治和文化环境。清华大学战略与安全研究中心提出，人工智能国际治理的有效机制至少应包括 5 个维度，具体如下。

1. 动态的更新能力

人工智能技术的研发和应用进入快速发展的阶段，但是人们对未来的很多应用场景乃至安全挑战还缺乏了解和明确的认识。因此对其治理时，须充分考虑到技术及其应用还处于变化的过程中，需要建立一种动态开放的、具备自我更新能力的治理机制。例如，向社会所提供的人工智能"恶意应用"的具体界定和表述，应该是在生产和生活实践中可观测、可区分的，在技术上可度量、可标定的。同时，更为重要的是，它应当持续更新。只有具备动态更新能力的治理机制，才能在人工智能技术保持快速发展的情况下发挥作用。

这就意味着，在推进国际治理的同时，要承认和主动适应人工智能技术的不确定性特征，做好不断调整的准备。爱因斯坦曾说，"我们不能用制造问题时的思维来解决问题"。创新技术与固有思维之间的冲突与激荡，必将伴随人工智能技术发展的过程。此种情景下的治理机制在面对各种思潮和意见的交织与反复时，也应该具备足够的包容之心和适应能力。如此，国际治理机制才能帮助人类携手应对人工智能层出不穷的新挑战。从这个意义上讲，建立一个能够适应技术不断发展的动态治理机制，也许比直接给出治理的法则更有意义。

2. 技术的源头治理

人工智能的应用本质上是技术应用，对其治理须紧紧抓住其技术本质。特别是在安全治理上，从源头抓起更容易取得效果。例如，当前大放异彩的深度学习技术，其关键要素是数据、算法和计算力。针对这些要素的治理可以从数据控流、算法审计、计算力管控等方面寻找切入点。随着人工智能技术的飞速发展，今后可能会出现迥然不同的智能技术，例如小样本学习、无监督学习、生成式对抗网络乃至脑机技术等。不同的技术机理意味着需要不断从技术源头寻找最新、最关键的治理节点和工具，并将其纳入治理机制之中，以实现治理的可持续性。

另外，技术治理还有一个重要内容，就是在技术底层赋予人工智能"善用"的基因。例如在人工智能武器化的问题上，可采用阿西莫夫制定"机器人三原则"的思维，从技术底层约束人工智能的行为，将武装冲突法则和国际人道主义法则中的"区分性"原则纳入代码，禁止任何对民用设施的攻击。诚然，实现这一点对国际治理来说是一个艰巨的挑战。曾在美国国防部长办公室工作、深度参与自主系统政策制定的保罗·沙瑞尔认为："对于今天的机器而言，要达到这些标准（区分性、相称性和避免无谓痛苦）是很难的，能否实现要取决于追求的目标、周围的环境以及对未来的技术预测。"

3. 多主体的协作机制

人工智能的国际治理须构建一种多元参与的治理生态，将所有利益相关者纳入其中。科学家和学者是推动技术发展的主力，政治家是国家决策的主体，民众的消费需求是推动技术应用的激励因素。这些群体之间的充分沟通是人工智能治理取得成功的基础。企业是技术转化应用的平台，社会组织是行业自律的推动者，政府和军队是人工智能安全治理的操作者，这些主体之间的充分协调则是人工智能治理机制有效发挥作用的关键。

在这个过程中，不同的群体应该以自身视角对人工智能的治理细则进行深度刻画。例如，2019 年 8 月，亨利·基辛格、埃里克·施密特、丹尼尔·胡滕洛赫尔三人联合撰文提出，从人工智能冲击哲学认知的角度看，可能应该禁止智能助理回答哲学类问题，在有重大影响的模式识别（Pattern Recognition）活动中，须强制要求人类的参与，由人类对人工智能进行"审计"，并在其违反人类价值观时进行纠正，等等。

如果能将来自不同群体的治理主张细则集聚在一起，将形成反映人类多元文化的智慧结晶，对人类共同应对人工智能挑战发挥引领的作用。面对未知，哲学家的迷茫与普罗大众的恐惧一样重要，只有尽可能细致地刻画人工智能治理的各种细节，才能增强人类对未来的把控，让迷茫和恐惧转变为好奇与希望。

4. 有效的归因机制

在人工智能的国际治理中，归因和归责发挥着"托底"的作用。如果不能解决"谁负责"的问题，那么所有治理上的努力最终都将毫无意义。当前人工智能治理的归因困难主要源自以下一些问题：从人机关系的角度看，是否人担负的责任越大，对恶意使用的威慑作用就越大，有效治理的可能性也就越大？从社会关系的角度看，程序"自我进化"导致的后果该由谁负责？是"谁制造谁负责""谁拥有谁负责"，还是"谁使用谁负责"？

世界上没有不出故障的机器，如同世上没有完美的人，人工智能发生故障造成财产损失乃至人员伤亡是迟早会出现的。我们是否需要赋予机器以"人格"，让机器承担责任？如果让机器承担最后的责任，是否意味着人类在一定范围内将终审权拱手让给了机器？目前这些问题还没有答案，需要在实践中探索和印证归因的恰当路径。

5. 场景的合理划分

现阶段对人工智能的技术应用实施治理需要针对不同场景逐一细分处理。在 2019 年 7 月的世界和平论坛上，很多学者主张从当前应用中的几个具体场景入手，由点及面地实验治理，由易到难地积累经验。场景至少应该从物理场景、社会场景和数据场景 3 个维度加以区分。考虑到人工智能技术对数据的高度依赖性，有效的场景划分有利于关注数据的影响。

划分场景也可以帮助我们更好地理解人工智能在什么情况下能做什么，一方面可以避免对人工智能不求甚解的恐惧，另一方面也可以消除一些夸大其词的判断。美国国防部前副部长罗伯特·沃克一直是人工智能武器化的积极倡导者，但是，具体到核武器指挥控制的场景上，他也不得不承认，人工智能不应扩展到核武器，否则会引发灾难性后果。

对血肉之躯的人类而言，任何一项新技术的出现和扩展都是双刃剑，几乎每一次重大的技术突破和创新都会给人们带来不适与阵痛。但是，人类今日科学之昌明、生活之富足，足以让我们有信心、有智慧对新技术善加利用、科学治理，妥善应对风险和挑战。本着构建人类命运共同体的思维，国际社会应该努力构建共识，一同探索良性治理，使得人工智能技术更好地完善文明，创建更加繁荣和更加安全的世界。

12.4 人工智能威胁论

近年来，一些悲观的媒体与专家开始担忧人工智能的高速发展将会对人类自身的生存产生威胁。

- 特斯拉与 Space X 的创始人埃隆·马斯克（Elon Musk）说："我们必须非常小心人工智能，对人工智能的研究如同在召唤恶魔。"他在最近上映的一部纪录片《你相信这台计算机吗？》（Do You Trust This Computer?）中称，在人工智能时代，我们可能创造出"一个不朽的独裁者，人类永远都无法摆脱它的统治"。
- 著名理论物理学家、《时间简史》的作者霍金教授认为："长期来看，AI 毫无疑问是人类进化史的重大事件，但也许是最后一件。"
- 影视作品中对人工智能威胁论的渲染更是无以复加。例如，在电影《终结者》中，"天网"系统觉醒后发动核大战摧毁了人类。还有电影《复仇者联盟 2》中的"奥创"，电影《我，机器人》中屠杀人类的机器人等。

那么问题来了，未来的人工智能，真的会威胁人类整体的生存吗？从社会层面看，人工智能是安全可控的吗？要想讨论"人工智能威胁论"，先要了解"技术奇点理论"和人工智能发展的 3 个层次。

12.4.1 技术奇点理论

所谓技术奇点（Technological Singularity），简而言之，是指能够进行自我改进的人造智能体超越人类智能的时刻。这一概念可以追溯到人工智能发展的初期。

1958 年，斯坦尼斯瓦夫·乌拉姆在纪念冯·诺依曼的文中写道，"在（与冯·诺依曼）一次谈话中，我们集中讨论了技术的不断加速发展与人类生活方式的变化……这在人类历史中接近了一些关键的奇点，正如我们所知，人类事务将无法继续下去"。

古德在 1965 年提出了"智能爆炸"（Intelligence Explosion）的观点，用更为具体的方式对"奇点"进行了描述。"我们将超智能机器定义为这样一种机器，它可以远超任何人类的任何智能活动。由于机器设计本身就是智能活动之一，那么一台超智能机器将可以设计更好的机器，毫无疑问，这将会是一次智能爆炸，人类智能将远远落后。因此，第一台超智能机器将会是人类的最后一项发明。"

1986 年，弗诺·文奇在其科幻小说《实时放逐》中首次描写了一种快速临近的技术

"奇点"。1993 年，文奇在 NASA 组织的 "Vision-21" 研讨会上撰文预测，"在三十年之内，我们将会具有创造超人智能的技术手段，人类时代将会随之结束"。

2006 年，库兹韦尔（Kurzweil）在《奇点临近》一书中阐述了 "技术奇点理论"（见图 12-1）。他认为，依据加速回报定律，技术的范式转换将会变得越来越普遍。"对技术史的分析表明，技术变革是指数性的，与常识性的'直觉的线性观'相反。所以我们在 21 世纪将不会经历 100 年的进步——它将更像是长达 2 万年的进步（以今天的速度）。芯片速度和成本效益之类的'回报'也将呈指数级增长……几十年内，机器智能将超越人类智能，并导致技术奇点的来临。技术变化如此迅速而深刻，代表了人类历史结构的破裂。其含义包括了生物和非生物智能的合并、基于软件的不朽人类，以及以光速在宇宙中向外扩张的超高水平智能。"根据库兹韦尔的观点，这种技术奇点将在 21 世纪中期，大约在 2045 年左右发生。

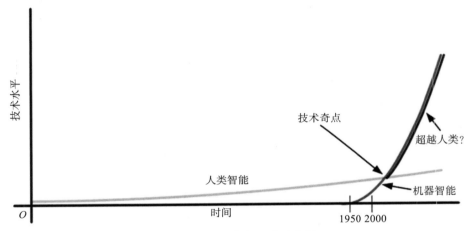

图 12-1 技术奇点理论示意图

基于技术奇点理论，许多评论家甚至科技界人士开始对人工智能可能带来的威胁表示担忧。除却前文所述的霍金、马斯克之外，比尔·盖茨等人也在公开场合表达过对人工智能相关问题的忧虑。诸多意见领袖的警告或者预言显然触动了大众恐惧的神经，人工智能威胁论逐渐上升为一种生存危机，人工智能被视作对人类的发展甚至存在构成了实质性的威胁。

12.4.2 人工智能发展的三个层次

很多未来学者、人工智能科普作家都提到过人工智能发展的三个层次：弱人工智能、强人工智能和超人工智能。

1. 弱人工智能

弱人工智能也称限制领域人工智能（Artificial Narrow Intelligence）或应用型人工智能

（Applied AI），指的是专注于且只能解决特定领域问题的人工智能。毫无疑问，今天我们看到的所有人工智能算法和应用都属于弱人工智能的范畴。

AlphaGo 是弱人工智能的一个最好的实例。AlphaGo 在围棋领域超越了人类最顶尖选手，笑傲江湖。但 AlphaGo 的能力也仅止于围棋（或类似的博弈领域）。下棋时，如果没有人类的帮助（还记得 AlphaGo 与李世石比赛时，帮机器摆棋的黄士杰博士吗），AlphaGo 连从棋盒里拿出棋子并置于棋盘之上的能力都没有，更别提下棋前向对手行礼、下棋后一起复盘等围棋礼仪了。

一般而言，限于弱人工智能在功能上的局限性，人们更愿意将弱人工智能看成人类的工具，而不会将弱人工智能视为威胁。也就是说，弱人工智能在总体上只是一种技术工具（第 10 章 "协作智能" 中所讨论的就是弱人工智能）。如果说弱人工智能存在风险，那它和人类已大规模使用的其他技术没有本质的不同。只要严格控制，严密监管，人类完全可以像使用其他工具那样，放心地使用今天的所有 AI 技术。

2. 强人工智能

强人工智能又称通用人工智能（Artificial General Intelligence）或完全人工智能（Full AI），指的是可以胜任人类所有工作的人工智能。

人可以做什么，强人工智能就可以做什么。这种定义过于宽泛，缺乏一个量化的标准来评估什么样的计算机程序才是强人工智能。一般认为，一个可以称得上强人工智能的系统，大概需要具备以下几方面的能力。

- 存在不确定因素时进行推理、使用策略、解决问题、制定决策的能力。
- 知识表示的能力，包括常识性知识的表示能力。
- 规划能力。
- 学习能力。
- 使用自然语言进行交流沟通的能力。
- 将上述能力整合起来实现既定目标的能力。

基于上面几种能力的描述，我们大概可以想象一个具备强人工智能的系统会表现出什么样的行为特征。第 10 章 "协作智能" 中讨论的所有人工智能缺点，似乎都已经在强人工智能时代被克服了。一旦实现了符合这一描述的强人工智能，那我们几乎可以肯定，所有人类工作都可以由人工智能来取代，机器也就不需要和人类进行协作了。从乐观主义的角度讲，人类到时就可以坐享其成，让机器人为我们服务，每部机器人也许可以一对一地替换每个人类个体的具体工作，人类则获得了完全意义上的自由——只负责享乐，不再需要劳动。

强人工智能的定义里，存在一个关键的争议性问题：强人工智能是否有必要具备人类的 "自我意识"（Self-Consciousness）。有些研究者认为，只有具备人类意识的人工智能才可以叫强人工智能。另一些研究者则说，强人工智能只需要具备胜任人类所有工作的能力就可以了，未必需要人类的意识。

一旦牵涉"意识"，强人工智能的定义和评估标准就会变得异常复杂。而人们对于强人工智能的担忧也主要来源于此。不难设想，一旦强人工智能程序具备人类的意识，那我们就必然需要像对待一个有健全人格的人那样对待一台机器。那时，人与机器的关系就绝非工具使用者与工具本身这么简单。

- 拥有自我意识的机器会不会甘愿为人类服务？
- 机器会不会因为某种共同诉求而联合起来站在人类的对立面？

一旦拥有自我意识的强人工智能得以实现，这些问题将直接成为人类面临的现实挑战。

3. 超人工智能

假设计算机程序通过不断发展，可以比世界上最聪明、最有天赋的人类还聪明，那么，由此产生的人工智能系统就可以被称为超人工智能（Artificial Super Intelligence）。甚至有人担心，人工智能只会在"人类水平"这个节点做短暂的停留，然后就会开始大步向超人类级别的智能走去。

牛津大学哲学家、未来学家尼克·波斯特洛姆（Nick Bostrom）在他的《超级智能》一书中，将超人工智能定义为"在科学创造力、智慧和社交能力等每一方面都比最强的人类大脑聪明很多的智能"。如果我们设想未来存在这样一个系统，它在智能的各个维度上都强于人类数百倍，那么我们该如何描述这样的系统呢？

我们称呼智商180以上的人为"天才"，那智商、情商都是1 800 000的机器应该如何称呼呢？没错，那就是通常所说的"神一样的存在"。显然，对今天的人来说，这是一种只存在于科幻电影中的想象。

与弱人工智能、强人工智能相比，超人工智能的定义最为模糊，因为没人知道超越人类最高水平的智慧到底会表现为何种能力（也许就是我们想象中的"万能的神"）。如果说对于强人工智能，我们还存在从技术角度进行探讨的可能性的话，那么，对于超人工智能，今天的人类大多就只能从哲学和科幻的角度加以解析了。

12.4.3 对人工智能威胁论的反驳

我们可以发现一个有趣的现象：凡是鼓吹人工智能威胁论的人，都不是人工智能领域的专家，真的投身于人工智能前沿研究的科学家们，对人工智能威胁论通常不屑一顾。例如，加州大学伯克利分校（UC Berkeley）的迈克尔·乔丹教授（与篮球巨星乔丹同名）被誉为人工智能领域的"尤达大师"。他是加州大学伯克利分校著名的机器学习实验室 AMP Lab 的联席主任。此人门下英才辈出，如深度学习领域的大牛蒙特利尔大学教授 Yoshua

Bengio、百度首席科学家吴恩达、斯坦福大学教授 Percy Liang 等都是其弟子。乔丹教授认为人们对人工智能、大数据学习期望过高。而且他还表示，这门全民关注的学科目前还处于初级阶段，并未成为体系化的理论科学，有很多难以理论化解决的难题。他也解答了霍金对于 AI 和人类未来的担忧："霍金教授研究领域不同，从他的论述中就能听出来他是个外行。机器人毁灭人类在未来几百年里都不会发生。"乔丹教授认为，通过研究人脑的运行机理，从生物学途径仿生出一个类人脑的人工智能，以目前的进展来看，在很长时间里仍无法实现。对于人工智能威胁论的驳斥观点还包括以下几点。

1）我们不知道强于人类的智慧形式将是怎样的一种存在。现在去谈论超人工智能和人类的关系，不仅仅是为时过早，而是根本不存在可以清晰界定的讨论对象。目前我们还没有方法，也没有经验去预测超人工智能到底是一种不现实的幻想，还是一种在未来（不管这个未来是一百年还是一千年、一万年）必然会降临的结局。事实上，我们根本无法准确推断计算机到底有没有能力达到这一目标。从社会学或者人类学的角度看，对人工智能的担忧，无非是人类千百年来常见的"末世情结"的科技版。同时，人类似乎天生倾向于相信某种更高形式的智能存在（如神、先知、UFO 等），而奇点可能仅仅是这些形式在后宗教的 21 世纪的最新表现。

2）技术奇点理论预设了人工智能改进的速率是一个相对固定的乘数，使智能整体呈现指数级增长，并最终导致"智能爆炸"。支持这一观点的最有力证据就是计算机计算能力的指数级增长（摩尔定律）。但是，也有学者认为运算能力呈指数级增长并不意味着"智能"也呈指数级增长，计算能力的提升只不过是一种基础输入能力的指数级增长，而作为最终结果的智能输出仍呈现出线性增长的趋势。由于输入的指数增长与输出的线性增长间的不对称关系，各种类型的人工智能系统在数十年来的实际发展中都经历着收益递减的过程。在研究初期，人工智能系统通常可以快速提升，甚至在某些时刻超越技术奇点理论所设想的指数级增长速度，但随着完善度和复杂度的增加，人工智能系统往往会遭遇各类难以改进或跨越的瓶颈，导致无法维持固定的改进速率，从而陷入长期的线性增长态势。

3）可以威胁人类生存的技术或者挑战有很多，例如大规模核武器、工业污染、超级病毒、全球气候变化等。当人类面对这些挑战的时候，人工智能可能是帮助我们活下去的有力武器。我们目前不必忧虑人工智能的发展，相反，人类应该思考如何利用人工智能去应对那些已经存在的威胁。也许我们不应该担心人工智能的发展，而应该忧虑它发展得不够快！还有学者认为，对人类最大的威胁来自人类自身，相对于机器智能，我们更应该关心人类智能的未来。

4）只要人工智能没有自我意识，就不会从总体上威胁人类生存。人工智能系统在没有求生本能之前，是不会产生"自我意识"的。因此，决定赋予还是预先阻止机器获得"求生本能"就成为关键点。所谓求生本能就是对自己生命的爱，从这种爱可以衍生出贪婪、恐惧等情感。从孩童的好奇心到太空探索，根本的驱动力就是人类的求生本能。没有求生本能，机器无法超越人类；有了求生本能，懂得爱自己的"生命"，人类对它们又有何价值？机器需要人类为它做饭、打扫房间吗？试图关掉电源、终结机器"生命"的人会不会被那些能够"察言观色"的机器先发制人地消灭？如果像某些专家想象的那样，机器复杂到一定程度就会自动产生求生本能，人类应当讨论的就不是"机器何时超过我们"，而是"如何防止机器超过我们"。

小案例：HBO 连续剧《西部世界》的设定

《西部世界》是 2016 年由 HBO 发行的科幻类连续剧，该剧讲述了一座以西部世界为主题的巨型高科技成人乐园，里面有不少高度仿真的机器人接待员。他们过着设定好的剧情生活，而人类游客在公园里却无限制放纵甚至滥杀无辜（滥杀机器人）。

提供服务的机器人不但具有超高仿真外形，还有自身情感，能带给游客最真实的体验。但是，随着机器人接待员被不断屠杀及修复再生，他们开始产生了"求生欲"和自主意识，开始怀疑这个世界的本质，进而觉醒并开始反抗人类。

这部连续剧的科学顾问，奥克兰理工大学人工智能教授 Wai Kiang（Albert）表示："……最有可能的是，机器人会开始学习成为一种'有意识'的物种，之后他们有可能会取得控制权，或者是在人类和机器人之间创造出一种复杂的相互作用。"

5）很多学者认为人的意识是非算法的，目前计算机无法建立起"自我意识"。目前所有的计算机在理论上都是二进制的图灵机，计算机归根结底只能识别 0 和 1，就好比把电影里的角色分为"好人"和"坏人"。现有人工智能大厦是建立在二进制逻辑运算之上的，而人类的思维是生化反应，不会像电脑一样只有"高电位"和"低电位"两种状态。因此，二进制逻辑运算之路难以超越人类智慧，无法产生"自我意识"。我们也许可以寄希望于基于生物芯片取代现有二进制半导体硅片的生物计算机，或者基于量子芯片的量子计算机。

6）大多数现代计算机从架构上讲都是"冯·诺伊曼体系"。冯·诺伊曼体系结构是图灵机的工程实现，包括运算、控制、存储、输入、输出 5 个部分。指令与数据共享存储单元，指令在存储器中按其执行顺序存放和执行。而人脑显然不是冯·诺伊曼体系结构的，人脑是比冯诺依曼体系复杂得多的"小宇宙"。

简言之，无论是计算原理（二进制图灵机）还是工程实现基础（冯·诺依曼体系），计算机都无法与人类大脑的复杂、精密相提并论。因此，无论计算能力如何提升，计算机也不可能产生与人类相提并论的智能，遑论产生超人工智能。

小知识：第五代计算机的尝试

实际上，20 世纪 80 年代初，由日本率先提出的"第五代计算机"计划，本质上就是希望打破"冯·诺依曼体系"的桎梏，使计算机采用模拟人脑的并行数据处理逻辑，用以发展真正的人工智能。该计划一经提出，西方发达国家便随即展开了"五代机"竞赛。可惜几年之后，第五代计算机逐渐失去了其光辉和焦点，也并没能证明它能干传统冯·诺伊曼体系结构计算机不能干的活儿。在一些典型应用中，它也没比传统计算机快多少。这从一个侧面证明了冯·诺伊曼体系，至少在人类目前的科技水平下，是"简单而强壮的"（有关"五代机"和"冯·诺伊曼体系"的内容，请参见第 2 章）。

12.4.4　量子计算机与 AI

在高深晦涩的量子力学、量子计算、量子通讯术语面前，普通人一定会"瑟瑟发抖"。我们试图用最简单的方式来解释一下。

现有计算机在原理上都是二进制的，换句话说，计算机只认识 0 和 1。集成电路中的高电位代表 1，低电位代表 0。计算机中的一切资源，无论是视频、图片还是文本，归根结底都是由无数个 0 和 1 组成的。每一个 0 或 1 被称为一个比特或数位。比特是计算机的基础记忆单元和基础信息储存形式。

量子计算机用量子比特（Qubit）作为基础单元。一个量子比特可以是"0 或 1"，也可以是"0 和 1"中间的一种所谓"量子叠加"状态。也可以形象地理解为，传统比特是"开关"，只有开和关两个状态，而量子比特是无级"旋钮"，有无穷多个状态（见图 12-2）。普通计算机中的 2 数位寄存器在某一时间仅能存储 4 个二进制数（00、01、10、11）中的一个，而量子计算机中的 2 量子比特寄存器可同时存储这 4 种状态的叠加状态。随着量子比特数目的增加，对于 n 个量子比特而言，量子信息可以处于 2^n 种可能状态的叠加。对此，量子计算机专家给出的更精确解释是："n 个量子比特的量子计算机，一次操作就可以同时改变 2 的 n 次方个系数，相当于对 n 个比特的经典计算机进行 2 的 n 次方次操作。如果使用得当，这可以导致指数级的加速。"正因为如此，与传统二进制计算机相比，量子计算机有超乎想象的计算速度和效率优势。

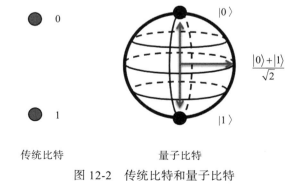

图 12-2　传统比特和量子比特

由于对量子的微观状态进行操控非常困难，一度很多人怀疑量子计算机工程实现的可能性。但是，在量子计算巨大性能优势的激励下，很多国家的研究机构和科学家们都在以巨大的热情追寻着这个梦想。终于，2019 年 10 月，据英国《金融时报》等媒体报道，谷歌在一台 53 比特的量子计算机上仅用 200 秒便完成了在超级计算机上需要一万年的计算，这是量子计算领域的一次巨大突破。随后，谷歌于 2019 年 10 月 23 日在 Nature 上发表了《使用可编程超导处理器的量子霸权》一文，确认并解释了此项成果。谷歌董事长皮查伊（Sundar Pichai）表示："能实现在实验室中操控量子位并维持叠加态对我们来说具有重要意义，因为我们认为自然界最根本的运行法则与量子力学有关。我们的成果打开了通往许多可能性的大门，而这是以前任何人都没实现过的。"

虽然谷歌这台代号为"悬铃木"的量子计算机还只是实验室原型机（见图 12-3），距离通用型计算机还有很长的路要走，但是不可否认，量子计算的确打开了人工智能发展的广阔新天地。

图 12-3　谷歌董事长皮查伊和"悬铃木"量子计算机（2019）

图片来源：https://blog.google/perspectives/sundar-pichai/what-our-quantum-computing-milestone-means.

2020 年 3 月，谷歌在量子计算领域有了具有标志性意义的新动作，铁了心要把"量子霸权"掌控到底：这一次，谷歌对外开源量子计算学习库 TensorFlow Quantum（TFQ），帮助研究人员发现有用的量子机器学习模型，在量子计算机上处理量子数据。从 2019 年宣布实现量子优越性，到推出开源工具，谷歌一边架桥，一边铺路，其核心目标再清晰不过：将"200 秒顶超算 10 000 年"的量子优越性的威力，彻底激发出来，并掌控在自己手里。TFQ 白皮书《TensorFlow Quantum：用于量子机器学习的软件框架》中写道："我们希望这个框架为量子计算和机器学习研究界提供必要的工具，以探索经典和人工量子系统的模型，并最终发现可能产生量子优势的新量子算法。"

谷歌认为，机器学习算法在解决具有挑战性的科学问题上显示出了希望，推动了癌症检测、地震余震预测、极端天气模式预测以及系外行星探测等方面的进步。但其仍存在局限——不能准确地模拟自然界中的系统。这该怎么解决呢？用费曼的话来说，就是"如果你想模拟自然，你最好把它变成量子力学"。所以谷歌提出，随着量子优越性的实现，新的量子机器学习模型的发展可能对世界上最大的问题产生深远的影响，从而带来医学、材料、传感和通信领域的突破。谷歌表示，TFQ 中提供了必要的工具，来将机器学习和量子计算结合在一起，以控制或创建自然或人工量子系统，比如内含大约 50 ~ 100 量子比特的噪声中级量子处理器（NISQ）。在底层，TFQ 集成了 NISQ 算法的开源框架 CIRQ 和 TensorFlow，通过提供与现有 TensorFlow API 兼容的量子计算原语和高性能量子电路模拟器，为鉴别与生成量子经典模型的设计实现提供了支持。此外，TFQ 还包含了指定量子计算所需的基本结构，如量子比特、门、电路和测量操作符。用户指定的量子计算，可以在模拟或真实的硬件上执行。

现在，谷歌已经将 TFQ 应用到了量子—经典卷积神经网络，并用于由量子控制的机器学习和用于分层学习的量子神经网络，以及通过经典循环神经网络来学习量子神经网络等方面。谷歌在 TFQ 白皮书中展示了这些量子应用的示例，这些示例能在浏览器中通过 Colab 运行。简单来说，TensorFlow Quantum 是一个用于量子机器学习的 Python 框架。研究人员可以用它在单个计算图（Computational Graph）中构建量子数据集、量子模型和作为张量的经典控制参数。

那么问题又来了，如果量子计算大规模应用普及，我们是不是就真的应该担忧人工智能会威胁人类了呢？其实，如果量子计算机真的被大规模用于实践，对整个人类社会都将是颠覆性的影响。例如，目前所有的加密系统和技术（包括区块链），在量子计算机的算力霸权面前都会显得不堪一击。

● 案例讨论：中文房间思维实验　●─○─●─○─●

美国哲学家、UCBerkley 教授约翰·塞尔（John Searle）在 1980 年设计了一个思维试验，用以反驳计算机和 AI 能够真正思考的观点。简单来说，这个实验要求一个只会说英语的人待在封闭房间里，房间里有一盒汉字卡片和一本详尽的规则手册（Rulebook）。这本手册用英文书写，可告知房间里的人如何操作汉字卡片。但该手册并没有告诉这个人任何一个中文字词表示的含义。简言之，规则手册只是基于语法（Syntax）的，不涉及任何语义（Semantics）。这本规则手册本质上是一个程序（任何一个图灵机上可运行的程序都可以被写成这样的一本规则手册）。现在，房间外面有人向房间内递送纸条，纸条上用中文写了一些问题（输入）。假设房间内的规则手册（程序）写得非常好，以至于房间里的人只要严格按照规则手册操作，就可以用房间内的中文字卡片组合出一些词句（输出）来完美地回答输入的问题。塞尔声称，虽然这个人能够用中文回答这些问题，但他并没有真正理解中文（因为他不懂问题也不懂答案）。塞尔以此类比计算机，认为虽然计算机能像实验中的人一样回答这些中文问题（通过中文图灵测试），但它跟这个人一样，没有真正理解中文，也不清楚自己在做什么事情。中文房间实验证明，能够与人进行语言交流的机器不一定具备智能，最多只是对智能的模拟。

　　赛尔最初只是希望借助于这个思维实验来指出图灵测试在验证智能方面并不是完备的。不过，随着论战的升级，它实际上指向着一个历史更悠久的争论：智能是可计算的吗？或者说，人的意识能被抽象成"算法"吗？

● **思考题** ●—○—●—○—●

1. 试给出一两个关于人工智能伦理问题、安全问题的实例，然后谈谈你对人工智能社会治理的看法。

2. 技术奇点理论认为技术势必会呈指数级增长，而反对者并不认可这一点。你怎么认为？为什么？

3. 如果量子计算被大规模应用并普及，我们是不是就真的应该担忧人工智能会威胁人类了呢？

4. 尽管这是一本商学院教材，但还是请大家最后思考一些哲学问题：你认同"中文房间"实验的结论吗？这是哲学家的"巧妙手法"，还是真知灼见？智能是什么？我们真的可以用机器实现甚至超越人类智能吗？

参 考 文 献

[1] 多尔蒂，威尔逊 . 机器与人：埃森哲论新人工智能 [M]. 北京：中信出版社，2018.

[2] 鲍达民 . 中国人工智能的未来之路 [R]. 麦肯锡商业评论，2017.

[3] 贾可荣，张彦铎 . 人工智能 [M]. 北京：清华大学出版社，2006.

[4] 波斯特洛姆 . 超级智能：路径、危险性与我们的战略 [M]. 北京：中信出版社，
       2015.

[5] 曹建峰，方龄曼 . 欧盟人工智能伦理与治理的路径及启示 [J]. 人工智能，2019（4）：
       39-47.

[6] 曹正凤 . 随机森林算法优化研究 [D]. 北京：首都经济贸易大学，2014.

[7] 车万翔，刘挺，李生 . 自动浅层语义分析 [C]. 中国中文信息学会二十五周年学术会
       议，2006.

[8] 陈肇雄，高庆狮 . 自然语言处理 [J]. 计算机研究与发展，1989（11）：3-18.

[9] 陈志刚，刘权 . 人工智能技术在语音交互领域的探索与应用 [J]. 信息技术与标准化，
       2019（Z1）：16-20.

[10] 程俊涛，李健博 . 智能问答系统的发展历史和应用前景探讨 [J]. 科学与信息化，
       2019（2）：195.

[11] 池燕玲 . 基于深度学习的人脸识别方法的研究 [D]. 福州：福建师范大学，2015.

[12] 德勤咨询 . 全球教育智能化发展报告 [R]. 2019.

[13] 第四范式，德勤咨询 . 数字化转型新篇章：通往智能化的"道、法、术"[R]. 2019.

[14] 董静 . 你应该知道的机器人发展史 [J]. 机器人产业，2015（1）：108-114.

[15] 高龙，张涵初，杨亮 . 基于知识图谱与语义计算的智能信息搜索技术研究 [J]. 情报
       理论与实践，2018，41（7）：42-47.

[16] 高照东 . 智能决策技术原理及应用 [J]. 商情：教育经济研究，2008（2）：24-25.

[17] 谷建阳 . AI 人工智能：发展简史＋技术案例＋商业应用 [M]. 北京：清华大学出版
       社，2018.

[18] 谷文祥，殷明浩，徐丽，等 . 智能规划与规划识别 [M]. 北京：科学出版社，2010.

[19] 顾伟康 . 计算机视觉学的发展概况 [J]. 浙江大学学报，1986（20）：137-143.

[20] 郭宏 . "城市数据大脑"领跑杭州交通 [J]. 道路交通管理，2018（5）：16-17.

[21] 国家人工智能标准化总体组 . 人工智能伦理风险分析报告 [R]. 2019.

[22] 赫云露，胡乔，李桂丽 . 浅谈机器翻译的应用与前景分析 [J]. 英语广场，2019（9）：20-21.

[23] 恒大研究院 . 人工智能系列：AI 发展渐入高潮，未来有望引爆新一轮技术革命 [R]. 2018.

[24] 侯建华，田金文 . 智能 Agent——一种新的 AI 概念框架 [J]. 军民两用技术与产品，2004（1）：41-43.

[25] 侯强，侯瑞丽 . 机器翻译方法研究与发展综述 [J]. 计算机工程与应用，2019，55（10）：30-35，66.

[26] 利普森，库曼 . 无人驾驶：人工智能将从颠覆驾驶开始，全面重构人类生活 [M]. 上海：文汇出版社，2017.

[27] 黄洁，唐守锋，童敏明，等 . 云计算机视觉技术在无人机上的应用 [J]. 软件导刊，2019，18（1）：14-16.

[28] 黄少罗，张建新，卜昭锋 . 机器视觉技术军事应用文献综述 [J]. 兵工自动化，2019，38（2）：16-21.

[29] 黄子君，张亮 . 语音识别技术及应用综述 [J]. 江西教育学院学报，2010，31（3）：44-46.

[30] 贾孟成 . 语音识别技术在医疗领域中的应用与思考 [J]. 中国新通信，2019，21（3）：69-70.

[31] 贾其臣 . 基于视觉无人机动态监控系统人流量检测方法研究 [D]. 长春：长春工业大学，2017.

[32] 贾云得 . 机器视觉 [M]. 北京：科学出版社，2000.

[33] 交通研究社 . 让数据帮城市做思考和决策——杭州运用"城市大脑"治理交通难题 [J]. 汽车与安全，2018（2）：77-79.

[34] 科技部第一代人工智能发展研究中心，罗兰贝格管理咨询公司 . 智能教育创新应用发展报告 [R]. 2019.

[35] 孔万锋 . 杭州"城市数据大脑"：交通治堵的探索和实践 [J]. 公安学刊，2018（1）：54-58.

[36] 拉塞尔，诺维格 . 人工智能：一种现代的方法 [M]. 殷建平，等译 . 3 版 . 北京：清华大学出版社，2011.

[37] 李德毅，于剑 . 人工智能导论 [M]. 北京：中国科学技术出版社，2018.

[38] 李恒威，王昊晟 . 人工智能威胁论溯因——技术奇点理论和对它的驳斥 [J]. 浙江学刊，2019（2）：53-62，2.

[39] 李金耀 . One-Shot 车载语音交互系统的设计与实现 [D]. 合肥：安徽大学，2012.

[40] 李涓子，唐杰 . 人工智能发展报告 [R]，2019.

[41] 李开复，王咏刚 . 人工智能 [M]. 北京：文化发展出版社，2017.

[42] 李开复 . AI·未来 [M]. 杭州：浙江人民出版社，2018.

[43] 李连德 . 一本书读懂人工智能（图解版）[M]. 北京：人民邮电出版社，2016.

[44] 李沐，刘树杰，张冬冬，等 . 机器翻译 [M]. 北京：高等教育出版社，2018.

[45] 李鹏飞，淡美俊，姚宇颤 . 生物识别技术综述 [J]. 电子制作，2018（10）：89-90.

[46] 李玮，朱岩 . AI 语音交互技术及测评研究 [J]. 信息通信技术与政策，2019（12）：
      83-87.

[47] 李雪林 . 基于人机互动的语音识别技术综述 [J]. 电子世界，2018（21）：105.

[48] 李远志，李浮滨 . 语音技术在信息产业的应用展望 [J]. 现代情报，2003（4）：
      60-61.

[49] 刘宏哲，袁家政，郑永荣 . 计算机视觉算法与智能车应用 [M]. 北京：电子工业出版
      社，2015.

[50] 刘韩 . 人工智能简史 [M]. 北京：人民邮电出版社，2017.

[51] 刘日仙，谷文祥，殷明浩 . 智能规划识别及其应用的研究 [J]. 计算机工程，2005
      （15）：169-171.

[52] 刘莹 . 智能规划与规划识别中若干重要问题的研究 [D]. 长春：东北师范大学，2013.

[53] 柳杨 . 数字图像物体识别理论详解与实战 [M]. 北京：北京邮电大学出版社，2018.

[54] 吕志胜，郭永涛 . 工业机器人在航空航天领域的应用 [J]. 山东工业技术，2015
      （19）：2.

[55] 伦一 . 人工智能治理相关问题初探 [J]. 信息通信技术与政策，2018（6）：5-9.

[56] 马志欣，王宏，李鑫 . 语音识别技术综述 [J]. 昌吉学院学报，2006（3）：93-97.

[57] 毛海军，唐焕文 . 智能决策支持系统（IDSS）研究进展 [J]. 小型微型计算机系统，
      2003（5）：874-879.

[58] 孟庆国，王友奎，田红红 . 政务服务中的智能化搜索：特征、应用场景和运行机理
      [J]. 电子政务，2020（2）：21-33.

[59] 尼克 . 人工智能简史 [M]. 北京：人民邮电出版社，2017.

[60] 潘宇翔 . 大数据时代的信息伦理与人工智能伦理——第四届全国赛博伦理学暨人工
      智能伦理学研讨会综述 [J]. 伦理学研究，2018（2）：135-137.

[61] 潘云鹤 . 中国工业智能化的五个发展层次 [J]. 纺织科学研究，2019（11）：16-17.

[62] 斯加鲁菲 . 智能的本质——人工智能与机器人领域的 64 个大问题 [M]. 北京：人民
      邮电出版社，2017.

[63] 漆桂林，高桓，吴天星 . 知识图谱研究进展 [J]. 情报工程，2017，3（1）：4-25.

[64] 清华大学—中国工程院知识智能联合研究中心 . 2019 人工智能发展报告 [R]. 2019.

[65] 清华大学计算机系，中国工程科技知识中心 . 2018 人脸识别研究报告 [R]. 2018.

[66] 邱帅，周思宇，冯俊青 . 机器视觉技术在植保无人机中的应用 [J]. 科技风，2017（13）：17-18.

[67] 屈小杰 . 结合领域知识的智能规划方法研究及其应用 [D]. 成都：电子科技大学，2019.

[68] 蘧鹏里 . 语音识别技术综述 [J]. 计算机产品与流通，2018（8）：105.

[69] 任明仑，杨善林，朱卫东 . 智能决策支持系统：研究现状与挑战 [J]. 系统工程学报，2002（5）：430-440.

[70] 赛迪研究院，百度 AI 产业研究中心 . AI 助力中国智造白皮书 [R]. 2019.

[71] 商汤科技，艾瑞咨询 . 2017 年中国人工智能城市展望研究报告 [R]. 2018.

[72] 沈明辉，刘宸 . AI 发展渐入高潮，未来有望引爆新一轮技术革命 [R]. 恒大研究院，2019.

[73] 宋化军 . 简析中文智能搜索引擎关键技术 [J]. 中国新通信，2017，19（21）：54.

[74] 汤德俊 . 人脸识别中图像特征提取与匹配技术研究 [D]. 大连：大连海事大学，2013.

[75] 腾讯研究院，中国信通院 . 人工智能——国家人工智能战略行动抓手 [M]. 北京：中国人民大学出版社，2017.

[76] 田娟秀，刘国才，谷珊珊，等 . 医学图像分析深度学习方法研究与挑战 [J]. 自动化学报，2018，44（3）：401-424.

[77] 王昌 . 基于模拟无人机平台的油菜和杂草图像处理及分类研究 [D]. 杭州：浙江大学，2016.

[78] 王冲鹢 . 智能搜索技术发展态势分析 [J]. 现代电信科技，2017，47（3）：75-78.

[79] 王国成 . 人工智能与人类社会发展 [J]. 天津社会科学，2019（1）：54-59.

[80] 王昊奋，漆桂林，陈华钧 . 知识图谱：方法、实践与应用 [M]. 北京：电子工业出版社，2019.

[81] 王昊奋，邵浩 . 自然语言处理实践：聊天机器人技术原理与应用 [M]. 北京：电子工业出版社，2019.

[82] 王凯宁 . 量子机器学习与人工智能的实现：基于可计算性与计算复杂性的哲学分析 [J]. 科学技术哲学研究，2019，36（6）：32-36.

[83] 王攀凯 . 针对老年陪伴机器人的语音交互设计研究 [D]. 北京：北京邮电大学，2019.

[84] 王晓迪，刘彦君，张炜 . 英国智能机器人技术创新研究及发展趋势分析 [C]. 北京：2018 年北京科学技术情报学会学术年会："智慧科技发展情报服务先行"论坛，2018.

[85] 王瑛，何启涛 . 智能问答系统研究 [J]. 电子技术与软件工程，2019，151（5）：190-191.

[86] 王友奎，张楠，赵雪娇 . 政务服务中的智能问答机器人：现状、机理和关键支撑 [J]. 电子政务，2020（2）：34-45.

[87] 吴参毅 . 浅谈安防领域中的人工智能技术 [J]. 中国安防，2018（11）：84-94.

[88] 吴军.智能时代：大数据与智能革命重新定义未来 [J].金融电子化，2016（11）：93.

[89] 吴坤.动态环境下基于智能规划的多 Agent 协作方法研究 [D].武汉：武汉工程大学，2017.

[90] 吴灵慧.问答系统研究综述 [J].科技传播，2019，11（5）：147-148.

[91] 肖伟，周东辉，孙建风，等.初始权值优化技术在机器人学习中的应用 [J].电子学报，2005（9）：1720-1722.

[92] 肖仰华.知识图谱：概念与技术 [M].北京：电子工业出版社，2020.

[93] 杨敬荣.航天机器人 [J].载人航天信息，2007（3）：26-28.

[94] 杨丽.强化学习及其在自主机器人行为学习中的应用 [D].合肥：中国科学技术大学，2002.

[95] 杨明辉.基于人工智能的智能搜索算法的研究与实现 [D].武汉：武汉理工大学，2008.

[96] 杨子墨.智能技术在搜索引擎中的应用 [J].科技与创新，2017（5）：143-144.

[97] 姚金国，代志龙.基于文本分析的知识获取系统设计与实现 [J].计算机工程，2011，37（2）：157-159.

[98] 闫志明，唐夏夏，秦旋，等.教育人工智能（EAI）的内涵、关键技术与应用趋势 [J].远程教育杂志，2017（1）：26-35.

[99] 易观数据.智能家居市场专题分析 2019[R].2019.

[100] 易观数据.2019 年中国人工智能应用市场专题分析 [R].2019.

[101] 易观数据.中国消费机器人市场专题分析 2020[R].2020.

[102] 亿欧智库.AI 进化论：解码人工智能商业场景与案例 [M].北京：电子工业出版社，2018.

[103] 英特尔.机器人 4.0 白皮书：云、边、端融合的机器人系统和架构 [R].2019.

[104] 赫拉利.人类简史 [M].北京：中信出版社，2014.

[105] 丁世飞.人工智能 [M].2 版.北京：清华大学出版社，2011.

[106] 禹琳琳.语音识别技术及应用综述 [J].现代电子技术，2013，36（13）：43-45.

[107] 袁正海.人脸识别系统及关键技术研究 [D].南京：南京邮电大学，2013.

[108] 苑航.自适应机器人手的研究现状与展望 [J].科技与创新，2019（4）：10-11，15.

[109] 张红英.基于硬件的本地化语音交互技术在智能家居系统中的应用 [J].家电科技，2013（6）：20.

[110] 蒋竺芳.端到端自动语音识别技术研究 [D].北京：北京邮电大学，2019.

[111] 张建华，陈家骏.自然语言生成综述 [J].计算机应用研究，2006（8）：1-3，13.

[112] 张晶晶，陈西广，高佼，等.智能服务机器人发展综述 [J].人工智能，2018（3）：83-96.

[113] 张晴，赵晶心，董德存.交通事故管理智能决策支持系统设计初探 [J].铁道科学

与工程学报，2008（3）：83-88.

[114] 张瑞飞 . 小富机器人：更智能的理解，更智慧的回答 [J]. 中国金融电脑，2017（3）：91.

[115] 张晓海，操新文 . 基于深度学习的军事智能决策支持系统 [J]. 指挥控制与仿真，2018，40（2）：1-7.

[116] 张效祥 . 计算机科学技术百科全书 [M]. 2 版 . 北京：清华大学出版社，2005.

[117] 张泽谦 . 人工智能：未来商业与场景落地实操 [M]. 北京：人民邮电出版社，2019.

[118] 赵军 . 知识图谱 [M]. 北京：高等教育出版社，2018.

[119] 赵天奇 . 人工智能为 3D 影视行业注入新动力 [J]. 科技导报，2018，36（9）：66-72.

[120] 郑兴华，孙喜庆，吕嘉欣，等 . 基于深度学习和智能规划的行为识别 [J]. 电子学报，2019，47（8）：1661-1668.

[121] 中国电子学会 . 中国机器人产业发展报告 [R]. 2019.

[122] 中国人工智能学会 . 中国人工智能系列白皮书：智能农业 [R]. 2016.

[123] 中国领导决策案例研究中心 . 杭州："城市大脑"决战交通拥堵 [J]. 领导决策信息，2016（45）：18-19.

[124] 中国人工智能 2.0 发展战略研究项目组 . 中国人工智能 2.0 发展战略研究 [M]. 杭州：浙江大学出版社，2018.

[125] 中国信通院 . 人工智能安全白皮书：技术架构篇 [R]. 2019.

[126] 中国信通院 . 人工智能发展白皮书：产业应用篇 [R]. 2019.

[127] 中国信通院，IDC，英特尔 . 人工智能时代的机器人 3.0 新生态白皮书 [R]. 2019.

[128] 中国电子技术标准化研究院 . 人工智能标准化白皮书 [R]. 2018.

[129] 曾鸣 . 智能商业 [M]. 北京：中信出版社，2018.

[130] 周辉 . 无人机输电线路巡检可见光拍摄方法研究 [J]. 中国新技术新产品，2015（18）：9-10.

[131] 周志华 . 机器学习 [M]. 北京：清华大学出版社，2015.

[132] 朱福喜 . 人工智能 [M]. 3 版 . 北京：清华大学出版社，2017.

[133] 灼识咨询 . 2018 人工智能行业创新情报白皮书 [R]. 2018.

更多参考资料，请扫描右侧二维码。